权威·前沿·原创

皮书系列为
"十二五"国家重点图书出版规划项目

中国社会科学院创新工程学术出版项目

上海蓝皮书

BLUE BOOK OF
SHANGHAI

总　编／王　战　于信汇

上海资源环境发展报告（2016）

ANNUAL REPORT ON RESOURCES AND ENVIRONMENT
OF SHANGHAI (2016)

长三角环境保护协同发展与协作治理

主　编／周冯琦　汤庆合　任文伟

社会科学文献出版社
SOCIAL SCIENCES ACADEMIC PRESS (CHINA)

图书在版编目（CIP）数据

上海资源环境发展报告. 2016：长三角环境保护协同发展与
协作治理/周冯琦，汤庆合，任文伟主编. —北京：社会科学文献
出版社，2016.1
（上海蓝皮书）
ISBN 978 - 7 - 5097 - 8663 - 5

Ⅰ. ①上… Ⅱ. ①周… ②汤… ③任… Ⅲ. ①环境保护 - 研究
报告 - 上海市 - 2016 ②长江三角洲 - 环境保护 - 研究报告 -
2016 Ⅳ. ①X372.51

中国版本图书馆 CIP 数据核字（2015）第 313817 号

上海蓝皮书

上海资源环境发展报告（2016）
——长三角环境保护协同发展与协作治理

主　　编／周冯琦　汤庆合　任文伟

出 版 人／谢寿光
项目统筹／郑庆寰
责任编辑／炊国亮　吴　丹

出　　版／社会科学文献出版社·皮书出版分社（010）59367127
　　　　　地址：北京市北三环中路甲 29 号院华龙大厦　邮编：100029
　　　　　网址：www.ssap.com.cn
发　　行／市场营销中心（010）59367081　59367090
　　　　　读者服务中心（010）59367028
印　　装／北京季蜂印刷有限公司

规　　格／开 本：787mm × 1092mm　1/16
　　　　　印 张：21　字 数：315 千字
版　　次／2016 年 1 月第 1 版　2016 年 1 月第 1 次印刷
书　　号／ISBN 978 - 7 - 5097 - 8663 - 5
定　　价／79.00 元

皮书序列号／B - 2006 - 048

本项目研究得到世界自然基金会的支持

上海蓝皮书编委会

总　编　王　战　于信汇

副总编　王玉梅　黄仁伟　叶　青　谢京辉　王　振
　　　　　何建华

委　员　（按姓氏笔画排序）

王世伟　石良平　刘世军　阮　青　孙福庆

李安方　杨　雄　杨亚琴　肖　林　沈开艳

季桂保　周冯琦　周振华　周海旺　荣跃明

邵　建　屠启宇　强　荧　蒯大申

主要编撰者简介

周冯琦　上海社会科学院生态与可持续发展研究所常务副所长，上海社会科学院生态经济与可持续发展研究中心主任、博士生导师、研究员，上海市生态经济学会副会长兼秘书长。主持国家社科基金重大项目"我国环境绩效管理体系"研究、重点项目"主要国家新能源战略及我国新能源产业发展制度研究"。

汤庆合　上海市环境科学研究院低碳经济研究中心主任，高级工程师。主要从事低碳经济与环境政策等研究，先后主持科技部、环保部、上海市科委、上海市环保局等相关课题和国际合作项目 40 余项，公开发表各类论文 30 余篇。

任文伟　世界自然基金会（WWF）上海保护项目主任。目前领导 WWF 上海项目办实施上海及长江河口地区的生态保护项目，包括水源地保护、世界河口伙伴、低碳城市、长江湿地保护网络，以及企业水管理先锋等项目。

摘　要

区域生态环境是一个不可分割的整体，各环境要素之间相互影响。随着经济的快速发展，环境污染及生态破坏已成为中国主要区域共同面临的问题。生态环境的区域性和整体性在客观上要求打破行政区界限，加强区域环境治理协作。推进经济一体化与环境保护一体化的协调发展，是实现区域生态文明建设目标的必然要求。区域环境治理协作就是将单个地区的环境保护整合为跨多个行政区边界的生态区域治理的一种状态或过程，在这个生态区域内，制度壁垒被削弱或消除，环境治理要素趋于自由流动。改革开放以来，伴随工业化和城市化的快速发展，长三角发展成为我国经济水平较高、综合实力较强的区域之一，在经济社会快速发展的同时，区域性生态环境问题的不确定性与复杂性日益激增，解决区域生态环境问题的诉求日益迫切。从《长江三角洲地区环境保护合作协议（2009～2010年）》到建立长三角区域大气污染防治协作机制，长三角地区环境保护合作开展了多种形式的沟通、协商和协调，推进了区域各项环保合作的具体落实到位，并取得了一定的积极成效。但受行政壁垒、经济社会发展区域差异、社会治理能力发展不均衡等制约因素的影响，长三角环境保护协同发展仍面临着较大的挑战。

为了客观评价长三角各地区环保协同发展水平及趋势，本年度蓝皮书总报告构建了区域环境保护协同发展评价体系，评价结果表明：长三角三省一市的环境保护水平都在不断地朝有序化方向发展，其中，上海市环境保护有序度改善幅度最大，浙江省、江苏省和安徽省环境保护有序度虽然也有所改善，但改善幅度低于上海市，上升趋势不是很显著。长三角三省一市之间环境保护总体上处于协同演进状态，但各个地区环境保护协同度数值均较小，最大的仅为0.266，说明各地区环境保护协同发展水平还较低。长三角三省

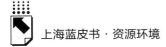

一市中，上海与浙江的协同度最高，安徽省与其他三个省市环境保护协同度均处于相对较低水平。

目前，长三角大气污染治理合作方式主要为2014年建立的区域大气污染联防联控协作机制。在此基础上，先后协商出台了《长三角区域落实大气污染防治行动计划实施细则》《长三角区域空气重污染应急联动工作方案》，启动了区域空气质量预测预报体系建设，并取得了阶段性进展。长三角区域水环境合作主要有两种方式：一是三省一市自发的协商模式，如长三角区域合作与发展联席会议下的环保合作专项机制；二是中央部委主导的流域合作，如太湖流域、新安江流域水环境综合治理。长三角区域大气污染治理和水环境治理合作面临着许多相似的障碍，主要包括：环境合作的法律法规体系不健全，责任机制和强制力度不足；行政分割导致区域环境统一管理难以实施；环境管理机构职能单一有限，无法有效承担综合协调与监督管理职责；缺少具有区域执法权的监督管理机构；市场机制在区域环境治理合作中未充分发挥作用。此外，长三角大气污染治理和水环境管理也分别面临新的问题及任务，如各类产业园区已经成为长三角经济发展的重要引擎，对流域水环境的影响巨大。由于管理体制较为混乱，部分产业园区存在较大的水环境风险。长三角地区拥有数量庞大的机动车和船舶，污染物排放量对城市的大气环境影响较为显著，由于流动性强，移动污染源的执法监管困难重重。

当前，长三角一体化发展已提升至国家战略层面。长三角区域一体化进程的加速，使得地区间相互依赖关系逐渐增强，给地区间建立环保协作机制、优化资源配置、创新环境治理技术、构建区域一体化的环保市场等带来很好的机遇，将有力地促进区域环保合作的发展。长三角环境保护合作重点要解决时空问题：在空间上协调好各地区间的发展差距，在重点地区先行突破；在时间上分阶段稳步推进，由共同关心的突出环境问题入手，逐步覆盖环保全领域。随着长三角经济社会一体化的推进，区域环境保护整体规划编制、建立流域生态补偿机制、区域环保基础设施共建共享、区域环保产业发展和市场开放、构建区域排污权交易市场、优化区域能源结构、合作共建生态产业园区、打造城际低碳绿色交通等将成为长三角区域环境保护合作的重点领域。

在流域水环境治理创新方面，首先，应完善流域协调机制和执行架构，统筹建立"中央主导、地方参与、流域机构主管"的协调监管机制；其次，实施区域水环境协同治理战略，统筹管理目标和功能布局，加强水环境治理标准的统一性和合理性，构建流域水联动的环境监测预警机制；再次，重视流域产业园区水管理创新，落实产业园区水环境保护的主体责任，落实产业园区污染物总量减排目标，完善园区水管理组织体系，建立健全流域产业园区环境统计制度。

在区域大气联防联控方面，首先，强化顶层设计，突破行政辖区分割瓶颈，建立"纵横"两级组织管理体系；其次，强化区域协同联动，实施区域统一规划、统一防治、统一监测、统一评估和统一监管；再次，加强流动污染源防治的区域联动，摸清长三角区域船舶及机动车大气污染物排放状况及其环境影响，建立区域流动污染源信息共享平台，加强本地车船用燃油质量监管，出台区域统一的污染防治标准，研究建立长三角区域车船污染防治协作区。

关键词： 长三角 环境治理合作 流域水治理 大气污染联防联控

目　录

Ⅰ　总报告

Ⅱ　综合篇

Ⅲ 专题篇

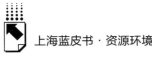
Ⅳ　案例篇

Ⅴ　附　录

皮书数据库阅读**使用指南**

总 报 告

General Report

B.1

长三角环境保护协同发展
评价与推进策略

周冯琦　程　进*

摘　要：　长三角地区面临的环境保护形势比较复杂和严峻，大气复合
污染、流域水污染等成为区域共同面对的问题，因此，区域
环境协同治理成为近年来长三角地区间合作的重要内容之一。
为了客观评价长三角各地区环保协同发展水平及趋势，本报
告构建了区域环境保护协同发展评价体系，评价结果表明：
长三角地区环境保护水平都在不断地朝有序化方向发展，其
中，上海市环境保护有序度改善幅度最大。研究期内长三角
三省一市之间环境保护总体上处于协同演进状态，但各个地

*　周冯琦，上海社会科学院生态与可持续发展研究所，研究员；程进，上海社会科学院生态与
可持续发展研究所，博士。

区环境保护协同度数值均较小，各地区环境保护协同发展水平还较低，长三角环境保护协同关系还需要采取有效措施加以强化。当前，长三角环境保护协同发展仍面临着行政壁垒、经济社会发展及环境污染的区域差异较大、环保社会参与能力不均衡等制约因素。因此，长三角环境保护协同发展水平的进一步提升，首先需要做好区域环保合作的顶层设计，环保目标的设定需要考虑各地区发展的阶段差异，从小尺度空间进行突破，以点带面形成区域一体化格局；同时，需要统一区域环境监测网络，实现环保信息的共享。

关键词：　环境保护协同　长三角　环境治理　协同度

改革开放以来，伴随工业化、城市化的快速发展，我国用30余年时间走完了西方发达国家上百年的工业化过程，并发展起来一批经济水平较高、综合实力较强的区域，如长三角、珠三角、京津冀等地区。在经济社会快速发展的过程中，西方发达国家工业化进程当中分阶段产生的生态环境问题也在这些区域集中爆发，区域生态环境问题所呈现的不确定性与复杂性日益激增，解决区域生态环境问题已迫在眉睫。

生态环境的区域整体性特征在客观上要求打破行政边界，实施区域协同治理。一个具有独特生态环境特征的区域边界同国家的行政区边界在空间上并非总是一致的，为了调和在经济、社会、环境保护等方面有密切联系的两个以上区域之间的关系，消除行政边界造成的环境保护合作的障碍，就产生了区域环境协同治理的需求和驱动力。区域环境协同治理就是将单个区域的环境保护整合为跨多个区域边界的生态区域的一种过程，在这个生态区域内，行政壁垒等障碍因素被削弱或消除，环境治理要素趋于自由流动。

一　区域环境治理须加强协同推进

区域环境治理不是简单地依靠单个地区的投入和努力就能彻底解决，而是嵌于区域治理主体多元化、治理结构的协同性等方面。因此，区域环境保护协同发展是生态环境保护的客观趋势和规律。正确认识这一趋势和规律，准确把握区域环保协同发展的条件及主要特征，科学构建区域环保协同发展运行机制，是区域环境保护一体化发展的内在要求。区域环境保护协同应该在环境治理和预防领域加强协同推进，通过协同作用，使得各地区环境要素从无序向有序转化，促进区域生态环境成为一个具有整体功能的整体。

协同发展一般是指系统内部以及各子系统之间，通过相互适应、相互协作和相互促进，形成一种同步、协作以及和谐发展的良性循环过程。[①] 协同发展除了反映区域各要素的相互协作和有机整合的状态，更强调在差异基础上实现区域之间各要素的协调发展，从而实现系统整体的协同效应。[②] 具体到区域协同发展，其本质则是资源与要素的协同，从区域环境保护一体化的视角来看，每个地区的环境要素在自身发展变化的同时，又与其他地区环境要素之间相互作用。各个地区环境要素之间相互作用所形成的关系，既对地区环境的发展演化产生影响，又对整个区域生态环境系统的发展产生影响。因此，区域环境保护协同发展是"发展—协同—持续"的综合反映，其关键是区域内部和区域之间的协调、合作和同步。通过区域环境保护的协同推进，协调各区域之间的资源配置与要素流动，发挥各区域的环境保护比较优势，使其协同工作。

区域环境治理须加强协同推进，主要体现在两个方面：首先，在区域生态环境保护实践过程中，如果忽略了协同问题，则无法从根本上实现区域环境质量的有效提升。不协调、不能共同发展的区域生态环境系统是无法长期

---

① 穆东、杜志平：《资源型区域协同发展评价研究》，《中国软科学》2005 年第 5 期。
② 刘英基：《中国区域经济协同发展的机理、问题及对策分析：基于复杂系统理论的视角》，《理论月刊》2012 年第 3 期。

共存和演进的，区域之间互相独立、条块分割运行的生态环境系统也是无法协调发展的。区域只有在结构上和功能上进行协同和耦合，才能实现地区资源环境与经济社会可持续发展。其次，区域环保协同发展，有利于促进区域环保资源的充分利用，为区域之间环保合作创造条件，有利于在环保合作中达到互惠共赢，形成区域环境保护的竞争合力。此外，还能促进区域环境治理结构的优化，增强区域综合实力和环境竞争力，为区域间经济社会其他领域的发展合作提供重要基础。

二 长三角环境保护协同发展评价

区域环保协同发展有效评价分为区域内部环保协同发展有效评价和区域之间环保协同发展有效评价，本报告主要讨论区域之间的环保协同发展有效评价。由于区域之间的组合方式有多种，有某一区域对其他区域的协同发展有效，也有两个区域之间或多个区域之间的协同发展有效，本文只涉及两个区域之间的组合情况。区域之间环保协同发展度反映不同区域环保之间的协同推进状况。

（一）区域环境保护协同发展评价体系

选择科学合理的区域环境保护协同发展评价指标是协同度准确测量的关键环节，该指标体系必须能够全面反映出区域环境保护的协同发展程度，而且应避免信息冗余。一般认为，协同是在系统的动态演化过程之中产生的，因此，本报告从时间维度上来衡量区域环境保护协同发展度。区域环境保护的协同是环境状态、环保投入和环保产出等方面协同并共同作用的结果，本文基于区域环境保护过程管理与状态效应的视角来选择协同发展度评价指标，并按照科学性、完备性和可操作性原则，构建区域环境保护协同发展评价指标体系（如表1所示）。

整个评价指标体系由四个层次组成。第一层次是目标层，即环境保护协同指数，综合度量环境保护协同发展的总体水平。第二层次是主题层，包括环境状态、环境压力和治理响应三个评价主题。第三层次为评价指标层，即各评价主题由哪些可直接测量的指标构成，环境状态包括环境质量和生态空间；环境压力来自污染物排放、资源消耗和环境风险；治理响应包括污染物减排、资源利用效率、环境基础设施建设、产业结构调整、政府管理、公众参与等，共选取了21个评价指标。

表1　三省一市环境保护协同评价指标体系

目标层	主题层	指标层
环境保护协同指数	环境状态	可吸入颗粒物年均浓度(微克/立方米)
		地表水国控断面好于三类水质比例(%)
		建成区绿化覆盖率(%)
		自然保护区覆盖率(%)
	环境压力	单位面积工业 SO_2 排放量(吨/平方千米)
		单位面积工业 COD 排放量(吨/平方千米)
		城市居民人均生活垃圾产生量(吨/人)
		单位面积工业固废产生量(万吨/平方千米)
		单位面积能源消费量(万吨标准煤/平方千米)
		工业危废占工业固体废物的比例(%)
		制造业比重(%)
	治理响应	单位 GDP 工业 COD 排放量(千克/万元)
		单位 GDP 工业 SO_2 排放量(千克/万元)
		污水处理率(%)
		工业固废综合利用率(%)
		单位 GDP 能耗(吨标准煤/万元)
		单位农作物播种面积化肥使用量(吨/公顷)
		第三产业增加值比重(%)
		财政支出中环境保护占比(%)
		地方环境法规累计数量(个)
		每万人拥有社会组织数量(家)

（二）评价模型与方法

区域环境保护协同发展度是指区域之间在环境保护演化中彼此协调发展的程度，它反映了区域环境保护系统由无序走向有序的发展趋势和程度。本

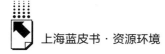

报告借鉴复合系统协调度模型①，构建长三角区域环境保护协同发展度测度模型，具体包括子系统有序度模型和复合系统协同度模型。

对于子系统有序度模型，将三省一市视为复合系统 $S = \{S_1, S_2, S_3, S_4\}$ 其中 S_1 为上海市环境保护子系统，S_2 为安徽省环境保护子系统，S_3 为浙江省环境保护子系统，S_4 为江苏省环境保护子系统。对于子系统 S_j，$j \in [1, 2, 3, 4]$，设其发展过程中的序参量为 $e_j = (e_{j1}, e_{j2} \cdots e_{jn})$，其中 $n \geq 1$，$b_{ji} \leq e_{ji} \leq a_{ji}$，$i = 1, 2 \cdots n$，$a_{ji}$、$b_{ji}$ 为序参量分量 e_{ji} 的最大值和最小值。假定 e_{j1}，$e_{j2} \cdots e_{jk}$ 为正向指标，e_{jk+1}，$e_{jk+2} \cdots e_{jn}$ 为逆向指标，设 $\mu_j(e_{ji})$ 为环境保护子系统 S_j 的序参量分量 e_{ji} 的系统有序度，$\mu_j(e_{ji}) \in [0, 1]$，$\mu_j(e_{ji})$ 数值越大，则表明 e_{ji} 对系统有序的贡献越大。则有：

$$\mu_j(e_{ji}) = \begin{cases} \dfrac{e_{ji} - \beta_{ji}}{a_{ji} - \beta_{ji}}, i \in [1, k] \\[2mm] \dfrac{a_{ji} - e_{ji}}{a_{ji} - \beta_{ji}}, i \in [k+1, n] \end{cases}$$

采用线性加权求和法对 $\mu_j(e_{ji})$ 进行集成，可得到序参量变量 e_j 的系统有序度 $\mu_j(e_j)$，$\mu_j(e_j) \in [0, 1]$，$\mu_j(e_j)$ 数值越大，则表明环境保护子系统 S_j 的有序程度就越高，反之则环境保护子系统 S_j 的有序程度就越低。

$$\mu_j(e_j) = \sum_{i=1}^{n} \lambda_i \mu_j(eji), \lambda_i \geq 0, \sum_{i=1}^{n} \lambda_i = 1$$

对于复合系统协同度模型，假设在评价的初始年份 t_0，区域 1 的环境保护系统有序度为 $\mu_1^0(e_1)$，区域 2 的环境保护系统有序度为 $\mu_2^0(e_2)$，在环保系统发展演变过程中的另一年份 t_1，区域 2 的环境保护系统有序度为 $u_1^1(e_1)$，区域 2 的环境保护系统有序度为 $\mu_2^1(e_2)$，则两个区域环境保护系统的协同发展度为：

---

① 王宏起、徐玉莲：《科技创新与科技金融协同度模型及其应用研究》，《中国软科学》2012年第6期。

$$C = zig(\cdot) \times \sqrt{\mid u_1^1(e_1) - u_1^0(e_1) \mid \times \mid u_2^1(e_2) - u_2^0(e_2) \mid}$$

$$zig(\cdot) = \begin{cases} 1, u_1^1(e_1) - u_1^0(e_1) > 0 \text{ 且 } u_2^1(e_2) - u_2^0(e_2) > 0 \\ -1, \text{其他} \end{cases}$$

区域环境保护协同发展度模型综合考虑了不同区域环保子系统的运行状况，提供了一种对区域环保系统实施基于协同治理效果的评价标准。区域环境保护协同发展度 $C \in [-1, 1]$，其数值越大，表明区域环保协同发展程度就越高，反之则越低。协同发展度 C 为正值表明区域环保系统处于协同演进状态，C 为负值表明区域环保系统处于非协同演进状态。当一个区域环保有序度提升幅度较大，而另一个区域环保有序度提高幅度较小，此时环境保护协同发展度指数虽然为正值，但数值较小，说明了区域环境保护协同发展程度处于较低水平。

随着区域经济一体化的不断推进，长三角的影响范围也在不断发生变化，根据当前长三角环境保护一体化的发展需求和实践特征，本报告的评价对象为长三角地区的上海市、江苏省、浙江省和安徽省，数据来源于 2007～2015 年各省市统计年鉴、国民经济统计公报、环境状况公报等。

（三）评价结果

1. 各省市环境保护有序度计算结果

通过计算长三角各省市环境保护系统序参量各分量的有序度，得到历年长三角各省市环境保护系统的有序度计算结果，如表 2 和图 1 所示。2006～2014 年，长三角三省一市地区环境保护有序度都呈上升的态势，说明这些区域的环境质量提升、环境压力的改善和环境治理的水平都在不断地朝有序化方向发展。但是，四省市也表现出不同的发展趋势。其中，上海市环境保护有序度改善幅度最大，由 2006 年的 0.171 发展至 2014 年的 0.747。浙江省、江苏省和安徽省环境保护有序度虽然也有所改善，但改善幅度要低于上海市，上升趋势不是很显著，在个别年份甚至还出现下降现象。此外，安徽省环境保护有序度在 2008 年有一个峰值，达到 0.527，后续年份波动下降，

2014 年虽然调整至 0.515，但也没有超过 2008 年水平。安徽省环境保护有序度改善情况要落后于其他三个省市。

表2　2006~2014 年长三角各省市环境保护有序度结果

年份	上海	江苏	浙江	安徽
2006	0.171	0.432	0.408	0.462
2007	0.280	0.337	0.469	0.486
2008	0.444	0.346	0.477	0.527
2009	0.570	0.346	0.519	0.517
2010	0.558	0.420	0.473	0.513
2011	0.647	0.373	0.434	0.444
2012	0.626	0.436	0.501	0.499
2013	0.649	0.498	0.486	0.485
2014	0.747	0.535	0.531	0.515

长三角各省市环境保护有序度变化趋势说明区域环境保护有序度与区域经济发展水平和所处发展阶段之间存在一定的联系，两者总体上呈正相关。这是因为不同经济发展水平和发展阶段城市的环境保护能力不同，除了经济投入以外，区域产业结构转型升级能力、全社会环境保护综合参与能力都会影响到环境保护有序度的变化。

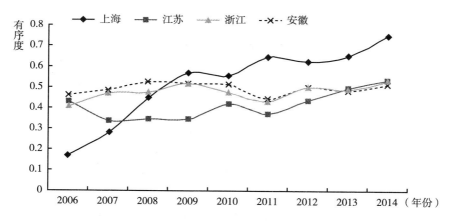

图1　2006~2014 年长三角各省市环境保护有序度趋势

2. 长三角环境保护协同度计算结果

将历年长三角各省市环境保护系统的有序度计算结果代入公式，得到 2006~2014 年期间长三角四个省市之间环境保护协同度计算结果，如表 3 所示。从表中可以看出，在研究期内，长三角三省一市之间环境保护协同度 都大于 0，说明区域环境保护总体上处于协同演进状态，但各个地区环境保护协同度数值均较小，最大的仅为 0.266，说明长三角环境保护协同发展水平还较低。其中上海与浙江的协同度最高，其次是上海与江苏的协同度。安徽省与其他三个省市环境保护协同度均处于相对较低水平，这将在一定程度上影响长三角地区环境治理的协同推进。

表3　2006~2014 年长三角三省市之间环境保护协同度矩阵

项目	上海	江苏	浙江	安徽
上海	—			
江苏	0.244	—		
浙江	0.266	0.113	—	
安徽	0.175	0.074	0.081	—

为了进一步分析长三角各省市之间环境保护协同度的演变历程，分年度计算长三角各省市之间环境保护协同度如表4所示。从表中可以看出，各地区环境保护协同度呈现波动演变态势，整体上在 [−0.1, 0.1] 区间震荡，反映出区域环境保护协同推进水平整体偏低，长三角地区环境保护良性协同机制尚未形成。虽然江苏、浙江、上海于 2008 年签订了《长江三角洲地区环境保护合作协议（2009~2010 年）》，但从 2009~2011 年各省市环境保护协同度的结果看，区域环保协同推进效果并不是很显著，主要原因还在于各地区的经济发展水平差异较大、环保合作中仍存在行政壁垒、对区域环保协同推进的认识尚不深刻等。近年来，随着区域性雾霾、流域水污染等区域性环境问题日益严重，长三角地区环境保护合作再次得到重视，区域环境保护合作的范围和深度得到了加强，这在 2014 年各地区间环境保护协同度均有不同程度上升得到了很好的体现。但历年中各地

区间环境保护协同度出现反复，说明长三角地区环境保护合作关系还需要采取有效措施加以强化。

表4 历年长三角环境保护协同度结果

年份	上海＆江苏	上海＆浙江	上海＆安徽	江苏＆浙江	江苏＆安徽	浙江＆安徽
2007	− 0. 102	0. 082	0. 051	− 0. 076	− 0. 048	0. 038
2008	0. 038	0. 036	0. 082	0. 008	0. 019	0. 018
2009	0. 000	0. 073	− 0. 035	0. 000	0. 000	− 0. 020
2010	− 0. 030	− 0. 023	− 0. 007	− 0. 058	− 0. 017	− 0. 014
2011	0. 065	− 0. 059	− 0. 078	− 0. 043	− 0. 057	− 0. 052
2012	0. 036	0. 038	0. 034	0. 065	0. 059	0. 061
2013	0. 038	− 0. 019	− 0. 018	− 0. 030	− 0. 029	− 0. 014
2014	0. 060	0. 066	0. 054	0. 041	0. 033	0. 037

上海与江苏、浙江、安徽的环境保护协同度变化趋势如图2所示。其中上海与江苏的环境保护协同度仅在2007年和2010年为负值，说明上海市与江苏省在环境保护协同推进方面基本上较为稳定，虽然改善幅度较小，但总体上协同发展水平在不断提升。而上海与浙江、安徽的环境保护协同度都呈现出明显的波动变化，且波动幅度较大，非协同演进状态的年份也较为集中，说明上海市与浙江、安徽的环境保护协同发展关系还不稳固，容易受到内外部因素的影响，在未来的环境保护合作中需重点加强。

到2014年，上海与江苏、浙江、安徽的环境保护协同度都有一个较大幅度的提升，说明近年来以长三角区域大气污染防治协作机制建立为代表的区域环境合作治理机制开始发挥作用，区域环境保护协同推进状况有所改善。但此时上海与江苏、浙江、安徽的环境保护协同度仅位于0.06左右，上海与其他三个省份环境保护协同推进水平还较低，还远远不能满足区域环境保护协同治理的要求，必须采取进一步措施促进上海与江苏、浙江以及安徽在环境保护领域的协同发展。

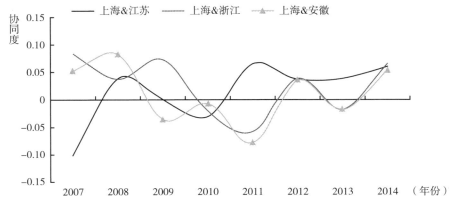

图 2　2007～2014 年长三角各省市环境保护协同度趋势

三　长三角环境保护协同推进面临的挑战

长三角三省一市发展水平存在一定差距，各地区的经济水平、环境状况、环保诉求有所不同，行政因素、经济因素、环境因素共同衍生出区域环保协同推进的各种挑战。

（一）环境保护协同推进仍面临行政壁垒

从环境保护方面看，长三角地区是一个不可分割的整体，各环境要素间相互影响。尽管各省市都理解环境协作的重要性和必要性，在大气联防联治等环保领域已初步完成审议多项行动计划，而在此过程中，由于环境管理实行属地管理原则，行政阻隔的存在所衍生的体制性障碍使得区域内环境保护协作面临诸多困难和不畅。

从地方环境保护顶层制度设计来看，受制于行政区划的限制，长三角三省一市环保政策和管理衔接不足，各地方环保法规、环境排放标准和环境管理措施不一致，区域环境合作也缺乏明确的量化目标、清晰的职责以及完善和合理的考核机制，严重制约了长三角地区环境保护的统筹协调力度。虽然过去长三角三省一市之间也开展了环境保护合作，但并未形成明确的环保合

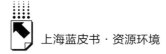

作机制，随着区域环境保护需求和力度的不断增强，更要加强环境管理部门的统筹引导和规划，科学引导环保资源服从和服务于区域环境保护战略。

从地方部门之间的环境保护职责分工来看，部门之间的行政壁垒同样存在。环境管理交叉错配现象严重，除了环保部门，在其他部门也存在环保职能交叉，环境保护力量分散，区域环境保护合作要协调到多个部门的职能权力，难度较大。制订区域环境保护协作计划的基础工作是对区域污染源进行解析，并编制区域污染清单，这项工作需要大量环境监测数据来支撑，并在此基础上进行建模分析和预警预报。然而，由于各地环境数据观测涉及多个管理部门，不仅监测标准尚未统一，且部门分割导致数据资源难以共享，这些都为区域环保协同推进带来难度。

（二）经济社会发展差距制约环保协同发展

长三角区域经济发展水平差距在很大程度上影响了发展要素在区域内的合理布局。2014 年，上海市三产比重为 64.98%，江苏、浙江、安徽三产比重分别为 46.7%、47.9% 和 34.8%，上海、江苏、浙江、安徽人均 GDP 分别为 9.73 万元、8.18 万元、7.30 万元、3.46 万元，长三角经济社会发展存在明显的区域不均现象。总体上可以分为三个梯队，上海市作为直辖市，在资源配置和要素集聚中具有先天优势，经济发展水平在长三角地区最高，产业结构调整和转型升级已率先展开，并取得快速进展。江苏省和浙江省工业化开展时期较早，20 世纪 90 年代两省工业化就已进入高速发展时期，经济总量和人均水平也处于较高水平。与前面三个省份相比，安徽省工业化和城市化进程相对落后，在吸引资源集聚中处于劣势地位。

上海等发达地区集聚了优质的经济和环保资源，与安徽等地区环保服务落差较大，影响了环保要素的区际流动及区域协同。一方面，经济社会发展差距使得各地区的经济发展和环境保护诉求不同，当区域之间缺乏合理的利益协调与补偿机制时，就会在环境治理合作领域产生障碍。另一方面，区域经济社会发展差距使得各地区的环保投入能力不同，各地环境管理的技术手段参差不齐，环保系统能力建设的差距较大，部分地区环境监测等基础设施布点不足，并且没有实现有效的互联共享，给区域环境决策带来难度。

（三）区域环境污染差异考验协调能力

虽然长三角地区面临着大气污染、水污染等共同的环境问题，但受区域经济社会发展差距的影响，长三角三省一市的主要污染源和突出环境问题还表现出一定的空间差异。上海已进入后工业化发展阶段，浙江和江苏的工业化也基本完成，工业污染物减排取得了很大的成绩，安徽整体上还处于工业化的中期，工业污染物减排面临压力较大，以工业二氧化硫排放为例，2005～2014年，上海、江苏、浙江、安徽工业二氧化硫排放量分别下降了49.8%、33.7%、30.7%和4.3%。可见，经济发展阶段的不同使得各地污染物排放存在一定差距，不仅如此，由于长三角各地区处于工业化和城镇化发展的不同阶段，前期快速发展进程中不同经济社会发展阶段所累积下来的环境问题类型多样、成因复杂，难以得到有效解决。未来几年还将是长三角地区工业化完成、城镇化推进的重要阶段，环境污染新增压力仍将处于较高水平。既要应对气候变化、跨界雾霾、水环境污染、土地退化、生态破坏等传统环境问题，还要统筹解决细颗粒物、重金属、水质安全等新出现的环境问题，协同治理的挑战正在加大。

由于长三角各地区所处的发展阶段不同，不同地区的经济社会发展存在差距，环境污染源及面临的突出环境问题也不尽相同，对环境现状的评价与环境质量的提升需求也就不同，环境保护的意愿也有所差异，实施环境保护协同推进，会使经济较为落后地区产生经济利益受到损害的担忧，同时由于各地对环境保护的诉求有所差异，这些都考验着区域决策者的决心和地方政府部门的协调能力。

（四）环保公众参与能力发展不均衡

相对于政府管理部门来说，公众参与可以有效地弥补环境保护中政府和市场的不足，环保社会组织更是实现区域环境一体化目标的重要推动力，能够对公众参与环境保护加以引导，在宣传环保意识、组织并参与环保活动、帮助政府实施环保政策、监督企业环境行为等方面具有优势，同时也可以辅助政府间的环境合作，未来在区域环境保护协作中会起到越来越重要的作用。当前长三角地区环保公众参与发展较为迟缓，总体上缺乏扶持环保社会组织发育和环保公众参与的积极性和动力，使得各类环保社会组织在专业知识和自身能力方面还存在很大的局限性，环保公众参与的层次还比较低，在环境决策、环境监督和保证环境表达权等领域的参与较少，难以在环境保护中承担推进区域协调发展的职能。

长三角环保社会参与面临的一大合作障碍是各地区环保社会力量发育不均衡，以社会组织为例，2014 年，上海、江苏、浙江和安徽每万人拥有社会组织数量分别为 5.1、8.9、7.3 和 3.7，各省市社会组织发育水平存在很大差距，其中江苏社会组织发育水平最高，而安徽与其他三个地区之间存在较大差距。长三角地区经济发展的不均衡是导致社会组织区域差异的原因之一，经济落后地区社会组织的发展远落后于发达地区，在数量和质量上均与发达地区存在很大差距。社会组织培育的区域差异必然导致环境保护公众参与的区域差异，使得各地区环保公众参与水平参差不齐，难以形成合力，这是制约社会公众实际参与环境协作的重要原因之一。

四 长三角环境保护协同发展策略

长三角环境保护协同发展重点要解决空间和时间的问题，在空间上协调好各地区间的发展差距，在重点地区先行突破；在时间上分阶段稳步推进，由共同关注的环境问题入手，逐步覆盖环保全领域。而这些又都离不开基于区域统筹的顶层设计和环境信息能力建设。

（一）做好区域环境保护合作的顶层设计

近年来，长三角先后发布了《长江三角洲区域环境合作倡议书》《长江三角洲地区环境保护合作协议》《长三角城市环境保护合作（合肥）宣言》

等，并建立了环境保护联席会议制度。不过，现有协议的制度化程度很低，也不具有强制性，形式大于实际意义，在执行过程中难以真正落实，也难以在区域环境协作治理中发挥稳定作用，需要打破行政壁垒，从区域统筹视角进行环保顶层设计。

一是统筹协调区域环保法规政策。长三角地区尚无区域性环境法规，各省市地方环保法规还存在因同类事项规定不一致而产生负面效果的现象，给环境保护协同带来巨大的障碍或给环保主体带来不公。必须重视区域整体环境法规政策建设，可以由国家相关部门牵头协调，站在长三角环保一体化建设的高度制定跨行政区环境治理配套的法规体系，基于区域整体布局对区域相关环保法规进行修订，区域性法规建设将有利于实现共同的环保目标。

二是制定区域环境保护协同规划。依据可持续发展理念，在分析区域环境容量和承载力的基础上，合理规划区域环境资源的调配使用，强化资源环境约束，在区域范围内进行整体功能定位，优化产业和功能的空间布局。区域环保规划不仅要制定环境治理目标、提出治理措施，更重要的是进行一些体制机制创新。最终实现借助统一规划机制驱动长三角地区产业升级和区域环境质量的提升。

三是统一区域环境标准。统一环保标准是区域环境协同治理的先导，根据标准统一难度，可以先统一区域环境质量标准，再以环境质量标准过渡至污染物排放标准的统一，推动污染物排放标准低的地区提高标准，率先对限制类产业或污染较大的产业实施区域统一排放标准，以避免污染较大的行业企业利用标准漏洞在区域内部转移。

（二）环境保护目标要综合考虑时空差异

长三角各地区处于不同的发展阶段，所面临的环境压力和环保诉求也有所差异，若要求相对落后地区在短时期内达到发达地区的环保水平，既不现实也不合理，这就要求区域环保目标的设定需要综合考虑各地区发展的时空差异，根据区域经济、环境、资源等方面的发展差异，制定出合理的环境质量提升目标、污染物削减目标等，明确各地区环境权责。

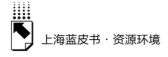

首先，分区域、分层级确立长三角中长期环境保护目标，依据经济发展水平、污染物传输规律、地理位置等要素，划定不同类别的环境管理区，设计区域性总量控制指标。根据环境质量改善的需要，逐步由目标总量控制过渡到基于环境容量的总量控制。综合考虑长三角各地区环境容量时空差异，针对环境容量的时空分布特点，采取差异化的环境容量控制，环保目标指标体现出区域差异。

其次，区域环境保护目标的设立也要因时而异，对于经济社会发展较为落后地区而言，短时期内很难达到发达地区同样的环保目标，因而最好的方式是给这些地区设立分阶段目标和任务，为其环境保护目标的实现设置相应的缓冲期，根据经济社会发展的阶段特征，分阶段落实环保目标和任务，强化环保目标的可实现性。随着时间的推移，落后地区与发达地区的差距将逐渐缩小，不同阶段的环保目标宜采取阶梯式目标设定，根据经济社会发展水平的提升而逐步提升其环保目标，最终实现各地区的协同推进。

（三）以点带面逐步形成区域环保一体化格局

长三角地区空间范围较大，各个地区之间的发展水平、环境状况都有很大差异，短时期内难以实现环境保护全面协同，可以先期加大重点地区和重点环保领域的协同推进，集中力量予以重点突破，由易到难，积累经验，最终逐步扩大到整个地区以及环境保护全领域，通过示范带动，以点带面推进区域环境保护一体化进程。

在空间上，实施"以点带面"的环境治理措施。在太湖流域、新安江流域、黄浦江上下游、淮河流域、淀山湖等跨界环境问题较为集中、治理任务较为明确的小尺度空间地域，先期解决环境治理联动机制、跨界环境治理绩效、跨界生态补偿标准和环境制度体系建设等关键问题，在"点源"治理的基础上，不断加大环境治理的空间范围，最终实现全区域范围整体环境问题的综合治理，推动整体环境质量的有效改善。

在环保协同的内容上，可以先期对三省一市共同面临的环境问题和环保难点进行深入合作，因为在共同的环境问题治理上各个地区具有协同的动力和条件。以长三角大气污染联防联控为例，当前针对区域移动污染源的管理合作已基本达成共识，开始协同推进区域高污染车辆船舶的治理工作，异地执法监管、统一排放标准、统一提高油品标准等协同措施逐步实施。除此之外，可以选择当前社会关注度较高的环境问题开展区域协同，在清洁能源替代、区域共性污染源治理、生态产业园区共建、环保市场机制建设和环保公众参与合作等重点领域进行探索破解，逐步完善区域环境保护协同推进的内容。

（四）构建区域节能减排的市场化机制

长三角是我国能源消耗量和污染物排放量较大的区域之一，虽然在一些城市开展了碳排放和排污权交易试点，但长三角尚未建立跨区域的节能减排交易市场。鉴于区域之间经济发展的紧密联系以及环境的整体性特征，长三角地区有必要建立区域性排污权交易市场。

首先，应统一制定长三角环境总量及各地区环境总量指标，进而确定整个长三角的碳排放和污染物排放总量。碳排放权和排污权初始分配应与区域产业转型升级紧密结合，在坚持公平原则的基础上，应兼顾地区产业发展导向，通过加强资源配置管理，引导产业转型升级，促进区域经济一体化发展。

其次，在区域交易市场构建的初期，应该以免费分配为主、拍卖为辅，逐渐过渡到配额的全部拍卖。尝试运用交易价格机制调控碳排放和污染物排放的区域均衡。由于区域发展水平的差异，碳排放和排污权在地区间买进和卖出，存在地区间污染转嫁的风险。通过发挥区域排污权交易价格机制的调节作用，能够避免特定地区污染物排放过于集中。

再次，建设专门的交易平台。根据目前长三角地区碳排放交易和排污权交易市场建设情况，区域节能减排市场交易可依托上海环境能源交易所，建立长三角节能减排交易电子平台。此外，还需要加强交易后的监控和监督，对于违规现象进行惩治，保障交易市场的公平有序。

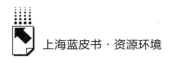

（五）增强区域环保协同推进的信息支撑能力

长三角区域环境容量核定、环境风险评估、环境成本核算、环境绩效评价对指导区域环保协同推进具有重要意义，而这些工作的开展都对环境信息有较高要求，而当前各地环境信息统计自成体系，在统计口径、统计范围、使用方式等方面存在很大差异，标准规范与信息发布不统一，环保数据的共享程度不高，制约了环境信息支撑作用的发挥。

首先，需要健全长三角环境监测网络，近期先在大气环境、流域水环境等区域共同关心的环保领域实现突破，连通三省一市现有的大气环境、水环境监测网络，实现长三角区域环境监测网络的共享。在此基础上，各地区环保部门根据区域环境治理所需数据支撑的客观要求，通过科学分析，统一规划、整合优化环境监测点位，建设涵盖多个环境要素在内的环境监测网络，按照统一的监测标准和规范开展监测评价，客观反映区域环境质量状况，为区域环境保护协同推进战略决策提供科学依据。

其次，打造区域环保信息共享平台，包括区域之间共享、政府部门与社会共享等，增强区域环境信息透明度。区域统一的环境监测网络一旦连通，由环保信息共享平台统一发布，通过信息共享，各个地区可以获得整个区域的环境数据，根据区域环境质量状况和变化趋势，可以提早进行环境污染状况预判，再根据自身污染情况启动应急预案，减轻突发环境事件的影响程度，提高区域环境管理水平和区域环保合作效率。同时向全社会公开相关环境信息查询系统，为环境保护的跨界公众参与提供信息支撑，增加区域环境保护公众参与的广度和深度。

参考文献

穆东、杜志平：《资源型区域协同发展评价研究》，《中国软科学》2005 年第 5 期。

刘英基：《中国区域经济协同发展的机理、问题及对策分析：基于复杂系统理论的视角》，《理论月刊》2012 年第 3 期。

王宏起、徐玉莲：《科技创新与科技金融协同度模型及其应用研究》，《中国软科学》2012 年第 6 期。

黄斌欢、杨浩勃、姚茂华：《权力重构、社会生产与生态环境的协同治理》，《中国人口、资源与环境》2015 年第 2 期。

余敏江：《论区域生态环境协同治理的制度基础——基于社会学制度主义的分析视角》，《理论探讨》2013 年第 2 期。

曹卫东、王梅、赵海霞：《长三角区域一体化的环境效应研究进展》，《长江流域资源与环境》2012 年第 12 期。

综 合 篇

On General View

B.2

长三角一体化背景下环境
治理协作重点研究

程 进*

摘　要：　长三角在我国经济发展中占有重要地位，随着经济的快速发展，长三角地区面临着巨大的生态环境压力，生态环境的整体性特征决定了长三角地区必须通过区域协作进行环境治理。当前，长三角经济社会一体化发展已上升到国家战略层面，长三角各地区间相互合作关系不断增强，给地区间建立环保协作机制、优化资源配置、创新环境治理技术、构建区域一体化的环保市场等带来很好的机遇，将有力地促进区域环保一体化的发展。在这样的背景下，区域环境治理应在区域环境保护整体规划、流域生态补偿机制、区域环保基础设施共

* 程进，上海社会科学院生态与可持续发展研究所，博士。

建共享、区域环保产业发展和市场开放、区域排污权交易市场、区域能源结构优化、生态产业园区合作共建、城际低碳绿色交通等重点领域加强合作。

关键词： 区域一体化　环境治理　区域协作　长三角

长三角三省一市（安徽省、江苏省、浙江省和上海市）已成为我国经济增长速度最快、经济总量最大的区域。2014 年，长三角地区人口占全国的16.07%，国土面积占全国的 3.7%，GDP 占全国的 21.19%，人均 GDP 达到61377 元，在全国国民经济中占有十分重要的地位。当前，长三角区域一体化发展已成为国家层面的战略决策，长三角区域经济一体化发展进入新阶段，互助合作已经成为区域发展的主旋律。长三角的生态环境也是一个不可分割的整体，各个环境要素之间相互影响。随着经济的快速发展，环境污染及生态破坏已成为三省一市所面临的共同问题。加强区域环境治理协作，通过推进经济一体化与环境保护一体化的协调发展，是实现区域生态文明建设目标的必然要求。

一　长三角区域经济社会发展和生态环境保护状况

长三角地区区域优势明显，在我国经济发展中处于举足轻重地位，然而在经济增长的同时其主要污染物排放量也大幅增加，经济快速发展和资源过度开发使环境形势十分严峻。

（一）长三角区域经济社会发展状况

1. 区域经济规模差距有所缩小

从长三角三省一市的经济总量来看，2004 年江苏省 GDP 在长三角的占比是安徽省的 3.33 倍，到 2013 年该比重降至 3.12 倍，区域经济规模整体差距有所缩小。2004～2014 年，江苏省和安徽省 GDP 占三省一市 GDP 总量的比重均逐渐增加，江苏省由 40.14% 增加至 43.5%，安徽省由 12.05% 增加至 13.9%。而上海市和浙江省 GDP 占三省一市 GDP 总量的比重均逐渐下降，上海市所占比重由 20.5% 下降至 15.7%，浙江省由 29.5% 下降至 26.8%（见图 1）。

长三角三省一市经济总量的变化情况，说明上海市 GDP 增长速度开始放缓，低于江苏省和安徽省经济增长速度，上海已经历了经济规模快速扩大的发展时期，正处于调结构的创新驱动、转型发展期。鉴于三省一市经济发展处于不同的阶段，在制定区域一体化和环境治理协作政策时必须考虑各省市的经济社会发展现状，体现出区域差异性。

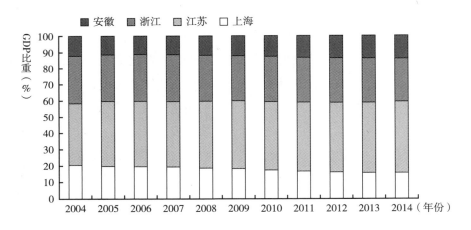

图 1　2004～2014 年长三角三省一市 GDP 所占份额

资料来源：2004～2014 年长三角三省一市国民经济和社会发展统计公报。

2. 人均 GDP 不断增加，区域差距逐渐缩小

2004～2014 年三省一市人均 GDP 保持增长态势，上海市人均 GDP 在长三角地区一直处于最高水平，由 2004 年的 4.4 万元增加至 2014 年的 9.73 万元；人均 GDP 最低的安徽省则由 2004 年的 0.76 万元增加至 2014 年的 3.44 万元，浙江省和江苏省均有不同程度的增长，上海市、浙江省和江苏省人均国内生产总值已突破 1 万美元，按照国际标准，已经进入中等富裕地区行列（见图 2）。2004 年上海市人均 GDP 是安徽省的 5.8 倍，到 2014 年

降低至2.8倍,区域人均GDP差距在不断缩小。

随着经济发展和结构优化,经济发展的成果将能够为污染治理和生态环境修复提供物质保障,环境质量将不断得到改善和提高,这也正是环境库兹涅茨曲线所揭示的一种发展规律。世界上发达国家和地区的实践表明,环境库兹涅茨曲线拐点一般位于人均国内生产总值5000~10000美元。现在,长三角地区人均GDP的平均水平基本突破10000美元,这也说明长三角各省市开始进入有利于改善环境的发展阶段。

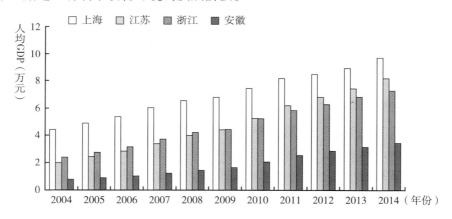

图2 2004~2014年长三角三省一市人均GDP情况

资料来源:2004~2014年长三角三省一市国民经济和社会发展统计公报。

3. 经济结构持续优化,服务业比重整体增加

以"制造业高地"著称的上海、江苏和浙江三省市,近年来服务业快速发展,同时,大量产业向中西部地区转移。2004~2014年,上海、江苏和浙江三产比重一直呈上升趋势,分别由2004年的50.75%、34.65%、39.35%增加至2014年的64.8%、46.7%、47.9%,说明上海、江苏和浙江三个省市的产业转型升级不断取得成效;安徽省的三产比重在2012年之前整体上处于下降趋势,由2004年的41.26%下降至2011年的32.52%(见图3),到2014年虽然升至34.8%,但相对于其他三个省市仍较低,说明安徽省目前正在承接上海、江苏和浙江的制造业产业转移,制造业比重仍处于高位。

长三角各省市三产比重的变化,正是长三角经济一体化发展的结果,上

海市在长三角各省市中三产比重最高，近年来在区域经济一体化发展和产业转移中多扮演"输出方"的角色。2011 年，上海就提出了"研发和销售两头在沪、中间在外"的产业转移发展模式。因此在长三角经济一体化进程中应承担起提供金融、保险、信息、涉外贸易服务、生产性服务等功能。对安徽省等制造业承接区进行技术扩散，发挥上海市在长三角一体化发展中的龙头带动作用。

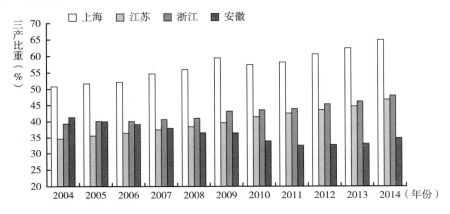

图 3　2004～2014 年长三角三省一市三产比重变化情况

资料来源：2004～2014 年长三角三省一市国民经济和社会发展统计公报。

4. 制造业具有一定的同构性，产业联动发展不断加强

通过比较 2013 年长三角三省一市产值比重排名前十的制造业行业分布情况，可以看出区域制造业具有一定的同构性（见表 1），计算机、通信等电子设备制造业、化学原料和化学制品制造业、电气机械和器材制造业、装备制造业等行业在长三角三省一市均占有较大比重，说明区域内进行产业互补合作的基础良好。

三省一市的制造业产业集中情况有所差异，上海排名前十的制造业行业产值比重合计 74.09%，而浙江省该比重仅为 57.44%，说明上海市制造业行业分布较为集中，如计算机、通信和其他电子设备制造业与汽车制造业产值占比分别达到 16.97% 与 15.22%，在该行业具有明显的产业优势；浙江省制造业行业分布较为分散，各行业产值占比均低于 10%。

表1 2013年长三角三省一市工业产值比重排名前十制造业行业一览表

单位: %

排序	上海		江苏		浙江		安徽	
	行业	比重	行业	比重	行业	比重	行业	比重
1	计算机、通信和其他电子设备制造业	16.97	计算机、通信和其他电子设备制造业	12.87	纺织业	9.30	电气机械和器材制造业	12.08
2	汽车制造业	15.22	化学原料和化学制品制造业	11.14	电气机械和器材制造业	9.05	农副食品加工业	7.57
3	化学原料和化学制品制造业	8.16	电气机械和器材制造业	10.86	化学原料和化学制品制造业	8.95	黑色金属冶炼和压延加工业	6.17
4	通用设备制造业	7.66	黑色金属冶炼和压延加工业	7.81	通用设备制造业	6.69	汽车制造业	5.83
5	电气机械和器材制造业	6.63	通用设备制造业	5.35	黑色金属冶炼和压延加工业	4.28	化学原料和化学制品制造业	5.82
6	石油加工、炼焦和核燃料加工业	5.48	纺织业	4.83	计算机、通信和其他电子设备制造业	4.00	非金属矿物制品业	5.76
7	黑色金属冶炼和压延加工业	4.85	汽车制造业	4.28	化学纤维制造业	3.89	有色金属冶炼和压延加工业	5.21
8	专用设备制造业	3.46	金属制品业	4.03	金属制品业	3.79	通用设备制造业	5.12
9	金属制品业	2.94	专用设备制造业	3.73	有色金属冶炼和压延加工业	3.77	专用设备制造业	3.46
10	橡胶和塑料制品业	2.73	非金属矿物制品业	3.11	纺织服装、服饰业	3.73	橡胶和塑料制品业	3.43
合计		74.09		68.00		57.44		60.45

（二）长三角区域能耗和污染物排放情况

1. 单位GDP能耗不断下降

2005～2014年长三角三省一市单位GDP能耗均呈下降趋势，其中上海市下降了44.3%，江苏省下降了47.8%，浙江省下降了47.5%，安徽省下降了51.1%（见图4）。2005年上海市单位GDP能耗最低，为0.889吨/万元，之后虽然三省一市均呈下降趋势，但各省市能源利用率提升速度和幅度有所差异，上海市的钢铁、化工等高能耗产业比重较大，使得2008年上海市单位GDP能耗开始高于浙江省和江苏省，到了2014年，上海市单位GDP能耗为0.495吨/万元，分别比江苏省和浙江省高出2.6%和2.5%。

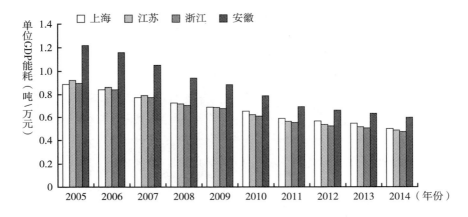

图4 2005~2014年长三角三省一市单位GDP能耗情况

资料来源：2006~2015年三省一市统计年鉴。

2. 单位工业增加值工业废水排放量差距减小

2005~2014年长三角三省一市单位工业增加值工业废水排放量均有不同幅度下降，但各省市排放水平差距较大。安徽省单位工业增加值工业废水排放量由2005年的42.79吨/万元下降至2014年的7.35吨/万元，下降幅度达到82.8%，在长三角三省一市中下降幅度最大。上海市单位工业增加值工业废水排放量由2005年的12.66吨/万元下降至2014年的5.96吨/万元，下降幅度为52.9%，在三省一市中下降幅度最小（见图5）。虽然上海市排放水平下降幅度低，但上海市工业废水排放在三省一市中一直处于最高水平，近年来其他地区在节能减排领域加强措施，使得差距逐渐缩小。2005

年，单位工业增加值废水排放量最大值是最小值的 3.38 倍，2014 年降低至
1.21 倍，各地区间的排放水平差距在减小。

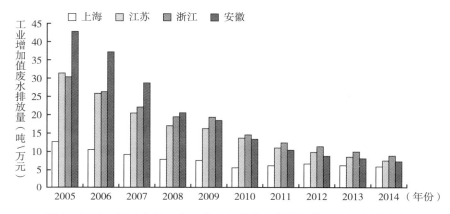

图 5　2005~2014 年长三角三省一市单位工业增加值工业废水排放量

资料来源：2006~2015 年三省一市统计年鉴。

3. 单位工业增加值工业废气排放量差距变化平稳

2005~2014 年三省一市单位工业增加值工业废气排放量变化较为平稳，
安徽省由 2005 年的 4.69 标立方米/元下降至 2014 年的 3.09 标立方米/元，
下降了 34%，上海市和浙江省则分别下降了 15.8% 和 21.6%，江苏省单位
工业增加值工业废气排放量在 2005~2010 年下降了 24.29%（见图 6）。

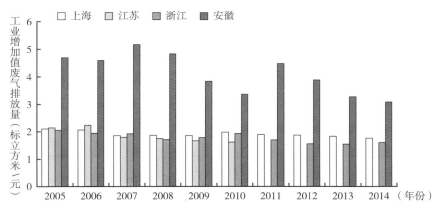

图 6　2005~2014 年长三角三省一市单位工业增加值工业废气排放量

资料来源：2006~2015 年三省一市统计年鉴。

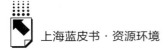
从各省市排放水平的差距来看，2005 年单位工业增加值废气排放量最大值是最小值的 2.28 倍，2014 年变为 1.92 倍，三省一市排放水平差距有所缩小，但总体上变化不大。

二　长三角地区面临的生态环保问题

长三角三省一市自然地理条件相仿，长江、太湖、东海以及纵横交错的河道水系将长三角三省一市的生态环境连成一个整体，这些特征造成长三角地区单一污染事件很容易扩散成为区域共同的环境问题，区域生态环境问题具有明显的相似性。

（一）流域上游水质不断恶化

随着城市化的发展，长三角地区水环境污染加剧，河道富营养化严重，水质不断恶化，水环境污染已成为三省一市所面临的共同问题。根据长三角三省一市的监测数据，2014 年，各省市主要河道水质断面比重见表 2，从中可以看出，除安徽省优于Ⅲ类水（含Ⅲ类）的河道比重达到 77.9% 以外，上海、江苏优于Ⅲ类水的河道比重较低，其中，上海市河道水质总体水平较差，劣Ⅴ类河道占 49.3%，江苏省劣Ⅴ类河道也占到了 21.5%。

表 2　2014 年三省一市主要河道水质比重

单位：%

项目	优于Ⅲ类水（含Ⅲ类）	Ⅳ类水	Ⅴ类水	劣Ⅴ类水
上海	24.7	16.9	9.1	49.3
江苏	36.9	29	12.6	21.5
浙江	63.8	17.7	8.1	10.4
安徽	77.9	13.5		8.6

资料来源：2014 年三省一市环境状况公报。

需要注意的是，长三角地区流域上游水质处于不断恶化的趋势，从表 3 可以看出，2006 年 1 月，长江干流安徽和江苏境内断面主要为Ⅱ类水，上海市朝阳断面为Ⅲ类水。到了 2015 年 1 月，长江干流江苏段水质几乎均变为Ⅲ类水（见图 7），说明近 10 年间，长三角境内长江干流上游水质在不断降低。未来随着长三角区域经济一体化程度加深，更多的生产活动将向河流的上游地区转移，安徽和江苏境内的长江干流水质面临的环境压力将不断加大，因此，必须从流域层面统筹考虑，制定流域水污染联动治理方案和措施。

表 3　2006 年 1 月长江干流断面水质

断面名称	所在地区	断面水质
皖河口	安徽省安庆市	Ⅱ
前江口	安徽省安庆市	Ⅱ
洪家湾	安徽省铜陵市	Ⅲ
东西梁山	安徽省芜湖市	Ⅱ
江宁县三兴村	安徽省马鞍山市	Ⅱ
江宁河口	江苏省南京市	Ⅱ
九乡河口	江苏省南京市	Ⅱ
焦山尾	江苏省镇江市	Ⅱ
姚港	江苏省南通市	Ⅱ
朝阳	上海市	Ⅲ

资料来源：中国环境监测总站，《2006 年 1 月全国地表水水质月报》，2006。

此外，长三角在全国属于水资源相对丰富的区域，但人口密度大，人均水资源拥有量少，水体大面积污染使区域内同时出现水质性缺水，使水资源紧缺问题日益突出。2013 年上海、江苏、浙江和安徽人均水资源分别为116.9 立方米、357 立方米、974 立方米、1697 立方米，远低于全国人均水平 2059 立方米[①]，也低于世界缺水警戒线（世界缺水警戒线为 1700 立方米，低于该警戒线属于用水紧张）。

（二）近海海域污染严重

长三角拥有近千公里的海岸线，整个区域借海洋之利取得了举世瞩目的经

---

① 数据来源：《中国统计年鉴 2014》。

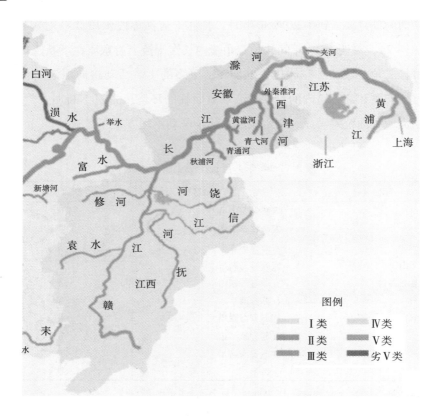

图7　2015年1月长江干流断面水质

资料来源：中国环境监测总站，《2015年1月全国地表水水质月报》，2015。

济成就。然而，对海洋资源的长期过度开发和利用，以及沿海地区高强度经济生产活动产生的大量污染物，也造成长三角地区近海生态环境的严重破坏。

长三角近海海域严重污染主要发生在长江口、杭州湾和宁波近岸。2014年《中国海洋环境状况公报》显示，2014年杭州湾海区100%为劣Ⅳ类海水，长江口、杭州湾为重度富营养化海域。长江口的生态环境处于亚健康状态，杭州湾生态监控区生态系统处于不健康状态。长三角沿海海域生态环境健康状况堪忧，究其原因，长三角乃至整个长江流域是我国经济发展强度较高的区域之一，经济发展过程中所产生的大量污染物随长江排入东海，从图8中可以看出，2010～2014年长江携带入海污染物在全国入海污染物总量中占有很大比重，2010～2012 年长江携带入海的 COD 量占到全国入海 COD 总量的 50% 以上，氨氮也占到 40% 以上。2013 年虽然有小幅下降，COD 和氨氮入海量所占比重仍高于 45%，2014 年，长江携带入海的 COD 和氨氮量占全国入海的比重又有所回升。大量污染物排入近海海域，给近海海域环境质量和生物资源造成很大破坏。

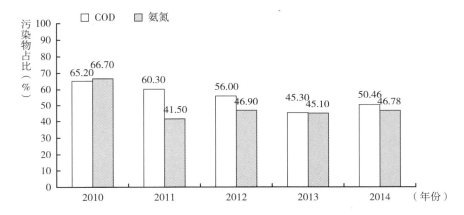

图 8　2010～2014 年长江携带入海污染物占全国入海污染物的比重

资料来源：2010～2014 年中国海洋环境状况公报。

（三）区域大气污染呈现同步化趋势

当前长三角地区空气污染一体化和同步化趋势较为突出，大气污染物浓度超标城市的比重超过了 80%。根据环境保护部 2015 年发布的《2014 年重点区域和 74 个城市空气质量状况》，长三角 25 个城市中有 24 个城市的 $PM_{2.5}$ 年均浓度超标，有 22 个城市的 PM_{10} 年均浓度超标，有 11 个城市的 NO_2 年均浓度超标。监测数据显示，长三角大气环境污染不仅仅局限于单个城市，整个区域的大气污染过程表现出明显的同步性，大气污染的区域性特征十分显著。

长三角地势平坦，无大型水力发电条件，地区主要以火电为主，再加上工业生产过程中消耗大量燃煤，二氧化硫等大气污染物的集中排放导致长三角酸雨频繁发生。目前，长三角核心区 16 个城市中的 14 个属于酸雨控制区。2014 年，上海、江苏、浙江、安徽降水 pH 平均值分别为 4.9、4.56、4.74、5.75。浙江省 69 个县级以上城市中有 66 个被酸雨覆盖，酸雨覆盖城市超过 95%，其中，7 个属于重酸雨区，而江苏省沿江地区的酸雨污染程度更加显著。总体上长三角地区近年来酸雨情况并没有得到明显改善，酸雨污染依然严重。

（四）跨界环境风险日益突出

长三角区域生态环境是一个紧密联系的整体，各个环境要素之间跨过行政边界而相互影响。随着长三角区域经济合作的加强，区域共同发展带动了周边地区经济快速增长，但区域内跨界环境风险及其引发的环境冲突日益突出。从跨界环境风险源的分布来看，长三角跨界环境风险主要包括以下三种类型。

一是流域上、下游型跨界环境风险。长三角地区河网发达、水资源丰富，但由于江河水系的流向往往跨行政区域分布，因此区域内上下游间水环境污染风险十分突出。以太湖流域为例，2015 年 2 月太湖流域省界河流断面监测中，苏沪边界六个监测断面中的二个断面水质为Ⅳ类，四个断面水质为劣Ⅴ类。苏浙边界 14 个监测断面中的三个断面水质为Ⅳ类，五个断面水质为Ⅴ类，二个断面水质为劣Ⅴ类。浙沪边界 12 个监测断面中的四个断面水质为Ⅳ类，三个断面水质为Ⅴ类，二个断面水质为劣Ⅴ类[1]。可以看出，位于苏、浙、沪边界的交界地区是流域上、下游型跨界环境风险的重点发生地。

二是点源型跨界环境风险。长三角地区分布有大量的垃圾焚烧厂、危险化学品仓库，长江沿线密布的各类大型重化工企业等均属于点源型跨界环境风险的重要来源。点源型跨界环境风险来源在空间上表现在一个或若干个区域点位，一旦爆发环境风险，都会威胁到相邻的区域。

三是交互影响型跨界环境风险。近年来频繁爆发的涵盖整个长三角地区

---

① 太湖流域水资源保护局：《太湖流域及东南诸河省界水体水资源质量状况通报》，2015。

的雾霾污染是这类跨界环境风险的典型案例。由于地理空间上的相邻，苏浙沪皖地区不仅大气污染问题与污染特征趋同，而且彼此间相互影响、相互叠加、相互作用，形成了交叉型、复合型的大气污染风险。

（五）需要进一步加强产业园区的环境管理

产业园区是长三角产业集群的重要载体和组成部分，产业园区支撑长三角区域经济社会发展的作用不断增强。截至 2014 年年底，长三角三省一市共有省级以上开发区 326 家，其中国家级 85 家，省级 241 家（见表 4）。这还不包括数量庞大的各类市区级开发区。2014 年，上海市产业园区工业总产值占全上海市比重达到 70% 以上，工业生产活动不断向产业园区集中。2014 年前 11 个月，安徽省产业园区工业增加值占全省比重达到 62.5%，同比增长 15.6%。2014 年江苏省产业园区工业增加值占全省比重超过 70%，75% 的实际到账外资也集中在产业园区，产业园区外贸总额占全省的比重更是超过了 80%。2014 年，浙江省国家级开发区合同利用外资、实际利用外资、实现进出口总额分别占全省的 32.4%、38.2% 和 25.7%。

表 4   长三角各地区省级以上开发区数量

项　　目	国家级开发区数量	省级开发区数量
上海	9	29
江苏	38	93
浙江	21	46
安徽	17	73

产业园区是长三角区域经济增长的"引擎"，对于长三角地区改善投资环境，吸收利用外资，调整产业结构和经济布局有着重要的作用。但产业区在促进地区经济社会发展的同时，也不可避免地成为区域污染物排放的集中区。长三角地区产业园区主要以工业生产为主，具有明显的综合性、外向型产业园区的产业结构。区域内产业园区建立之初主要由劳动密集型的"三来一补"等工业项目组成，污染源多样化和复杂化，并造成环境污染物的

种类和来源复杂。此外，不少地方政府和产业园区的管理部门，还没有摆脱经济发展优先的发展思路，没有充分认识到产业园区对区域生态环境的影响，只注重基础设施的改善，忽视了园区的生态环境建设，长三角产业园区存在着不同程度的园区规划区域环境容量有限、环保基础设施建设滞后、环保机制不健全、规划环评具有滞后性等问题。目前，长三角地区326家省级以上开发区中，仅有16家获批命名为国家级生态工业示范园区就是明显的一个例证。产业园区虽然是污染物排放的密集地，但污染源空间集中也为环境治理提供了相对便利的条件。未来应借助长三角地区合作共建开发园区的契机，在园区经济合作的基础上，强化生态环保合作。

（六）区域环保合作创新能力不足

随着大规模集中治理污染以及环境第三方治理成为常态，未来环保产业的规模和能级将不断提升，并在区域环境治理合作中发挥重要作用。当前，长三角地区环保产业具有较好的发展基础，是当前我国环保产业发展水平较高的区域之一。其中，江苏省环保产业门类相对较为齐全，在城市污水处理、大气污染治理设备制造等领域处于领先水平，并在南京、苏州等重点城市初步形成环保产业集聚。浙江省在垃圾焚烧设备和节能设备等领域具有发展优势，环保产业主要分布在杭州、绍兴、温州等城市，这些城市环保产业产值占浙江省份额达到80%以上。上海市的整体经济基础较好，近年来，环保产业在除尘脱硫脱硝设施、汽车尾气净化设备和垃圾焚烧设备等领域发展迅速。

长三角地区环保产业虽然在国内发展水平较为领先，并占到较大的市场份额，但仍存在一些共性问题。一是大型的龙头环保企业不多，主要以中小企业为主，进行小规模生产经营，由于环保企业规模较小，融资渠道少，不易获得银行贷款，成为产业发展壮大的障碍。二是环保产业整体技术水平仍位于低位，表现为自主知识产权缺乏、新产品开发能力弱、部分关键技术与核心元器件及材料仍依赖进口等，真正具有研发设计的企业数量较少。三是区域环保企业之间合作水平低，长三角区域经济一体化的发展趋势要求环保产业加强区域合作，但目前受地方保护等因素的影响，各地区环保产业还处于自我发展状态，尚未在技术、投融资、公共平台等多领域开展有效合作，也未能形成有效的区域环保产业合作创新网络。

三　长三角区域经济一体化与环保一体化的关系

随着经济社会的快速发展，以及环境问题的相似性与政策的相似性，长三角地区环境治理从最初的自发式合作，逐渐发展到当前科学规划、协调发展的治理模式。

（一）长三角区域环境协作治理的演化历程

1. 区域环境协作治理萌芽阶段

长三角区域合作具有很好的历史基础，20 世纪 80 年代，国家提出建立"以上海为中心的长江三角洲经济区"的发展构想。1992 年，长三角 14 个城市联合建立了长三角经协（委）办主任联席会议制度。1997 年，长三角经协（委）办主任联席会议更名为长江三角洲城市经济协调会，在该发展时期内，经济发展合作是长三角区域合作的主题。

2003 年的长三角第四次经济协调会议除了商讨区域经济发展合作外，还协商讨论了环保领域的交流合作，呼吁长三角地区联合制定区域环保合作规划及相关法规政策，联合实施环境整治和生态治理，联合建立环保基础设施，实现信息资源共享，共同建设区域生态环境保护体系，维护可持续发展的生态环境。从此，长三角区域环境协作治理正式提上议程，生态环境保护与经济社会发展一道成为区域内所有成员共同追求的目标，也标志着长三角区域环境协作治理意识已经基本形成。

2. 区域环境协作治理制度化推进阶段

在长三角各地区确立环境保护合作新目标之后，不断加强政府间的环保合作。2006 年召开的第六次长三角经济合作与发展座谈会就商讨了区域跨界环境污染治理合作事宜，编制太湖水污染防治"十一五"规划、深化跨界污染联防机制、建立和完善跨界污染应急预案等，不断完善区域环境保护制度。

2008年12月，江苏省、浙江省和上海市共同签署《长江三角洲地区环境保护合作协议（2009～2010年)》，协议进行了区域环境保护合作的制度创新，包括区域环境准入和污染物排放标准、企业环境行为信息评级标准、区域环境监管与应急联动机制、区域环境信息共享与发布制度等。根据协议，江苏省、浙江省和上海市联合建立长三角环境保护合作联席会议制度，定期研究区域环保合作的重大事项，推进环境保护合作协议的具体落实。通过建立并逐步完善区域环境协作治理制度，开展多种形式的沟通和协商，进而推动区域各项环保合作的进程。

3. 区域环境协作治理实质性操作阶段

2009年，长三角环境保护合作联席会议第一次会议在上海召开，标志着长三角环境保护合作进入实质性操作阶段。长三角各省市环保部门在多个环保领域制定具体合作部署，加强区域环保联合执法，组织开展长三角企业环境行为信息评级，这些举措进一步推动了区域环境保护合作的发展。2012年，长三角环境保护合作联席会议签订了《2012年长三角大气污染联防联控合作框架》协议，对建立大气环境质量联合预报预警、大气污染联防联控机制等达成共识。

虽然定期研究区域环保合作重大事项，长三角环境保护合作联席会议制度总体上还较为松散，对于区域环境联防联治的紧密合作作用有限。随着区域环境保护形势日益严峻，2014年1月，安徽、浙江、江苏、上海等三省一市召开长三角区域大气污染防治协作机制工作会议，以此为契机，长三角地区环境保护合作的内容更加具体和具有操作性，在煤炭消费总量控制、能源结构调整、节能减排升级与改造、产业结构调整、工业污染防治、移动污染源防治等领域加强合作。总体看来，长三角环境保护合作向更深层次发展，有利于打破区域行政分隔，实现资源共享和优势互补，最终实现环境保护一体化发展。

（二）长三角经济一体化与环保一体化的相互关系

近年来，长三角成为多个国家层面发展战略的叠加地，"一带一路"、上海自贸区、长江经济带等重大战略与新一轮长三角一体化发展紧密相关。在长三角地区协同发展过程中，区域经济一体化有力地促进了环保一体化的发展。

1. 区域一体化打破行政分割，有助于建立区域环保协作机制

区域经济一体化的重要特征之一就是打破管理制度的行政界限，通过宏观调控组织引导，建立功能合理、产业协调、技术融合、人才流动的经济区域。长三角经过前期的经济要素一体化发展阶段，基本实现了人才流、物流、商流、技术流、资金流和信息流的汇聚、扩散和整合。当前，长三角地区已进入制度一体化发展阶段，是经济、社会、人口、资源、环境"五位一体"的一体化。2010年发布的《长江三角洲地区区域规划》，从国家发展战略层面对长三角各地区合作加以指导，有利于消除地方保护及恶性竞争现象。

2014年，根据国家发布的长江经济带发展指导意见，"打破行政区划界限和壁垒，加强规划统筹和衔接"是长三角区域协调发展机制的内容之一。因此，长江经济带等新时期区域一体化发展战略有助于打破区域行政分割，加快长三角区域环境保护合作治理机制的建立，促进整个区域共同推进环境保护机制创新。

2. 形成合理的地域分工格局，促进资源的有效配置

长三角各城市的发展水平存在梯度差异，通过区域一体化发展逐渐在地区间形成一种配套协作、优势互补的空间关系，拓展了各地区的腹地和市场。2014年，国家发布的长江经济带发展指导意见明确提出，长三角要建设以上海为中心，南京、杭州、合肥为副中心的城市群。国家"一带一路"发展愿景中对长三角沿海城市的定位是"一带一路"特别是21世纪海上丝绸之路建设的排头兵和主力军。因此，未来长三角地区将强化优势互补、合作共享的分工格局，特别是将进一步强化上海的龙头带动作用，上海将在产

业、资金、技术、环保，甚至体制机制创新、发展理念等领域对长三角地区进行全方位的带动，并对整个长三角地区城市的功能完善起到补充作用，相互促进。

长三角各地区之间形成良好的竞合关系，能够通过合理的地域分工，在区域内优化资源配置。特别是上海未来作为全球资源配置的重要节点，能够在资金、信息、技术等环境治理要素方面辐射整个长三角地区，促进各地有效发挥资源禀赋优势，以及促进区域内进行有利于环境保护的产业布局调整，进而整体提升环境容量及自然资源的利用效率。

3. 区域创新一体化发展，为环境合作提供技术支撑

长三角是我国技术、知识高度密集的区域之一，2008 年，江苏、浙江和上海三省市制订了《长三角科技合作三年行动计划（2008～2010 年）》，为提高长三角区域科技创新合作水平提供了行动指南。而国务院在长江经济带发展指导意见中明确提出发展区域产业技术创新战略联盟，这些政策措施将进一步促进长三角区域创新一体化发展。

长三角地区科技创新资源众多，区域科创合作能够充分发挥各地区的科研优势进行分工合作。经济一体化的发展也将会推动整个区域技术研发水平的升级。随着技术创新和进步，经济增长中技术投入越来越多，区域的污染排放将进一步降低。在新一轮的长三角一体化发展中，除了实现传统行业关键工艺、技术的创新，还将促进环境治理自身的技术创新，加快环保产业的标准化、系列化、现代化体系建设。

4. 区域市场一体化发展，有助于激活区域环保市场

长三角地区市场化水平较高，区域一体化发展很好地促进了区域市场一体化发展。2014 年，安徽、浙江、江苏和上海共同签署"推进长三角区域市场一体化发展合作协议"，未来长三角地区将有效发挥上海自贸区溢出效应，在共建市场规则体系、创新市场模式、共治市场监管、互联市场流通设施、互通共享市场信息、互认市场信用体系等方面加强合作，推进长三角区域市场一体化建设。

长三角市场一体化机制的建立和发展，必将进一步激发区域环保市场活

力，促进长三角地区环保市场的一体化发展，促进各地区互相开放环保市场，互认环保资质，打破环保市场的发展壁垒，为环保企业在区域内的经营合作提供条件和通道，加快实现长三角区域环保市场一体化发展。

四　长三角区域一体化背景下推进环境治理协作的重点领域

长三角区域一体化进程的加速，使得地区间相互依赖关系逐渐增强，作为一体化重要载体的区域生态环境，必须形成一体化治理体系，实现区域环保基础设施共建共享，发挥市场机制在区域环境治理协作中的作用。长三角区域一体化背景下推进环境治理协作的重点集中在以下八个方面。

（一）制定长三角区域环境保护整体规划

长三角三省一市面临着共同的区域性环境问题，但各地区经济社会发展水平、所处阶段和功能定位存在很大差异，各地区各自为政编制的环保规划，不能很好地协调区域间环境治理活动，也不利于区域环境治理整体目标的实现。因此，应当从区域层面探索编制《长三角生态环境协同保护规划》，长三角区域环保规划主要定位于中长期规划，制定中长期分阶段区域环保目标，并提出近中期区域环境合作治理举措。通过研究长三角地区资源环境承载能力，划定区域生态红线，强化区域经济社会发展的资源环境约束，以此作为区域产业升级和空间布局调整的依据。

（二）探索建立流域生态补偿机制

长三角地区水系发达，主要水系流域往往跨多个行政区域，当前的生态补偿活动主要以省域行政单元展开，行政区划对流域生态环境系统的割裂，导致流域的跨界管理问题渐渐凸显。因此，长三角需要在各省市流域生态补偿机制的基础上，建立区域性流域生态补偿机制。流域生态补偿包括对资源生态价值的补偿、资源环境利用者对资源环境保护者的补偿、上下游水环境质量考核结果的惩罚和奖励等内容。探索由中央财政补助、地方共同出资建立长三角生态环境保护建设基金，以此作为长三角流域生态补偿的操作平台。制定《长三角地区流域生态补偿条例》及其实施细则，在国家相关法律政策框架的前提下，就长三角地区流域生态补偿的主体、范围、标准、措施、法律责任等做出详细规定。补偿资金主要用于在环境治理过程中发生的居民财产、收入减少的补偿、与环境治理密切相关的环境监测、污染治理等基础设施建设。除了直接补偿，还应提供含有支持、优惠的政策、投资等间接补偿，对在环境治理过程中各地区经济利益损失进行补偿。

（三）区域环保基础设施共建共享

当前，长三角地区环境治理设施建设各自为政，各种类型环境治理基础设施存在重复建设、利用水平低等问题。因此，有必要促进区域环保基础设施的共建共享。一是区域环境监测设施共建共享，加强长三角各地区环境监测工作的合作，使各地区能够及时、完整地掌握区域环境质量数据及其变化趋势，为区域水污染及大气污染防治和环境质量预警决策提供科学依据。二是引导相邻地市共建共享环境治理设施，避免重复建设和资源浪费，比如在区域内共建垃圾焚烧发电、固体废物安全填埋、工业危险废物以及医疗废物综合利用等重大环保基础设施，强化危险废物的区域集中处置，鼓励邻近城市的污水处理厂联合建立跨区污泥处置设施。

（四）促进区域环保产业发展和市场开放

当前，长三角地区是我国环保产业发展水平较高的地区之一，环保产业发展基础良好。但目前各地区环保产业发展自成体系，尚未形成合力，技术研发合作、市场共享还有很大拓展空间。因此，长三角三省一市应共同促进环保产业发展和市场开放，一是促进上海市环保产业的技术扩散，增强对长三角地区的辐射服务功能，为其他地区环保产业发展提供技术标准、资金扶持等援助。二是消除区域环保市场壁垒，互相开放环保产业市场，尽快实现区域环保产业市场准入、标准规范的对接和统一。三是组成区域环保产业联盟，为长三角环保产业合作搭建更加市场化的平台，发挥产业联盟中企业强项，实现优势互补，提高行业竞争力，同时各企业共同承担风险，保障区域环保产业稳健发展。四是推动长三角地区互认环保企业和产品资质，在政府采购、税收减免等领域采取相同的区域优惠政策。

（五）构建区域排污权交易市场

长三角是我国环境污染物排放总量较大的区域之一，实施排污权有偿使用和交易能够促进企业等主体的节能减排。目前，长三角部分城市进行了排污权交易试点，但尚未建立区域层面的跨区排污权交易市场。鉴于区域之间经济发展的紧密联系以及环境的整体性特征，长三角地区有必要建立区域性排污权交易市场，首先，应统一制定长三角环境总量及各地区环境总量指标，进而确定整个长三角区域污染物的排放总量。其次，在区域排污权交易初期，配额以免费分配为主、公开拍卖为辅，并逐渐过渡到全部配额公开拍卖。再次，建立专门的交易平台。根据目前长三角地区排污权交易以及碳交易市场试点情况，可依托上海环境能源交易所建立长三角排污权交易电子平台。最后，加强排污权交易后的监控和监督，对于违规现象进行惩治。

（六）推进区域能源结构不断优化

长三角地区是我国能源消费量较大的区域之一。当前，长三角地区一次能源结构中煤炭所占比重超过50%，而清洁能源所占比重还比较低。尽管长三角地区能源结构已明显优于我国其他地区，但与世界平均水平相比还存在较大的差距。因此，为减少区域性大气污染的压力，长三角地区需要共同实施压减燃煤措施，进一步开发利用清洁能源。一方面，短期内要大力推进区域能源结构调整，降低煤炭等化石能源在一次能源消费中的比重，减少能源消耗。推广各种经济有效的煤炭洁净技术的应用范围，降低能源利用过程的污染排放，大力发展分布式能源，推行优质能源梯级利用。另一方面，长期则要提高优质能源使用比例，加大新能源扶持力度，优先发展太阳能，积极发展风能、水能、潮汐能，稳步发展核能，逐步提高新能源在能源结构中的比重。

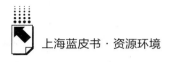
（七）推进生态产业园区合作共建

2010 年，长三角产业园区共建列入经济合作专题，并组建了"长三角园区共建联盟"，产业园区合作共建亦是目前长三角一体化合作的重要内容。鉴于长三角产业园区是区域污染物产生的主要空间载体，在当前长三角园区共建的基础上，推进生态产业园区合作共建是环境协作的一项重要内容。

生态产业园区合作共建可以包括多种共建模式，特别是先发地区与后发地区合作，将先发地区生态产业园区建设经验，包括管理理念、产业发展模式、循环经济体系、资金、人才等向后发地区扩散，共同负责生态产业园区的生态化改造等工作。生态产业园区合作共建的目标，除了让有条件的开发区启动国家生态工业示范园区创建工作，并获得验收，更主要的是长三角产业园区能够依据循环经济原理，在区域经济一体化进程中形成一种新型产业组织形态。此外，长三角各地区环保部门还应建立产业园区环保基础数据库，涵盖园区入驻企业的排污数据、园区环境质量数据、环保基础设施建设数据，为园区生态建设的科学决策提供翔实、有力的基础数据。

（八）构建城际低碳绿色交通

汽车污染是长三角区域大气污染源之一，截至 2014 年年末，长三角三省一市民用汽车保有量已超过 3800 万辆，占全国民用汽车保有量的 25%，这一数字仍在高速增长。为改善交通污染状况，长三角各城市先后在城市内部试点构建绿色交通体系，但在城际联系日益紧密的今天，长三角城市间人员流动频繁，打造城际绿色交通体系对改善区域交通拥堵、减少汽车污染物排放至关重要。

首先，提高区域机动车燃油标准，当前，上海、江苏和浙江部分城市已经实施相当于国五标准汽油，未来三年应在长三角区域内的重点城市全面实施国五标准，并逐步覆盖至长三角整个区域；其次，应建设区域性绿色低碳化基础设施系统，如电动汽车充电桩，为新能源汽车的区域出行提供条件；

最后，改善区域公交出行环境，包括实现相邻城市公共交通无障碍换乘、完全实现公共交通卡跨地区通用等，提高长三角公众公交出行比例。

参考文献

刘志彪：《区域一体化发展的再思考——兼论促进长三角地区一体化发展的政策与手段》，《南京师范大学学报》（社会科学版）2014 年第 6 期。

汪后继、汪伟全、胡伟：《长三角区域经济一体化的演进规律研究》，《浙江大学学报》（人文社会科学版）2011 年第 6 期。

张兆安：《长江三角洲区域经济一体化：演进、现实、趋势》，《联合时报》2007 年 6 月 15 日。

姜宁、奚晨弗、董成：《区域合作、竞争对创新绩效的促进作用分析——基于高技术产业的实证研究》，《商业经济与管理》2012 年第 5 期。

曹卫东：《长三角区域一体化的环境效应研究进展》，《长江流域资源与环境》2012 年第 12 期。

B.3
长三角水环境治理区域合作机制研究

艾丽丽　朱永青*

摘　要：　长三角区域水环境问题是一个整体，仅从局域的角度很难解决全局的问题。本研究在深入分析长三角区域地表水资源、水环境质量现状及污染成因的基础上，探讨长三角区域建立水环境综合治理协调机制的必要性。研究建议，长三角地区要进一步推进流域的环境管理区域合作，完善合作机制，不断提高合作的等级和深度，进一步加强水环境规划、标准的协调统一，推进信息共享，实现区域可持续发展。

关键词：　长三角　水环境保护　合作机制

当前，正值长三角加快建成高质量小康社会和落实丝绸之路经济带、长江经济带和 21 世纪海上丝绸之路建设的关键期。长三角地区江、河、湖泊纵横交错，水是长三角地区自然、社会、经济发展的命脉，但是随着地区经济快速发展和城市一体化建设，区域水环境问题日益凸显，水环境质量改善成为影响区域可持续发展的重要因素。由于长三角地区河海、陆海作用显著，省际、市际的水污染势必相互扩散，引起跨界的矛盾和纠纷。[①] 同时，长三角沿岸也面临着污染排放总量大、资源环境承载力有限和水环境安全隐

---

* 艾丽丽，上海市环境科学研究院工程师；朱永青，上海市环境科学研究院工程师。
① 徐光华：《长江三角洲地区环境保护协同机制研究》，《中国浦东干部学院学报》2010 年第 2 期。

患突出等诸多矛盾。从长三角整个地区来说，水环境恶化的趋势尚未得到彻底扭转。因此，在大力推进长江经济带发展的同时，更要从源头入手处理好发展与保护的关系，加快推进水污染防治的区域协作，联合进行水污染治理和水环境保护已是必然趋势。

一　基本情况

（一）区域水环境状况

1. 水系特征

长江三角洲地区由三角洲平原和周边山地丘陵组成，区域水系发达，区域内有长江中下游干流、太湖流域、淮河下游、钱塘江水系和浙东南诸河等众多河湖水系。其中，长江、钱塘江、淮河三大水系横贯东西，特别是长江口和太湖流域，呈现典型的低洼地区水网格局。

2. 水资源特征

长三角地区气候湿润，降水丰富，平均降水量为 1100～1400 毫米/年，且有长江、钱塘江等较大的水系流经区域，水资源总量较丰富，年均水资源总量达到一万亿立方米以上，占全国地表水资源量的约 2/5。但如剔除长江来水，长三角多年平均水资源量仅剩余 5%，500 多亿立方米为本地来水。并且，由于该地区经济发达，人口密集，人均水资源量较少，约 632 立方米，相当于全国平均水平（2420 立方米）的 1/4。[①] 该区域地表水资源区域分布呈现南部地区较多、北部地区较少、山区较多、平原较少的趋势，平原和北部地区人口较为密集，工农业较为发达，水资源需求量大，导致区域水资源分配不均，与社会经济发展不匹配。从行政区域上看，江苏大部分地区均缺水，而浙江大部分地区地表水资源相对过剩。[②]

---

① 刘杰：《长江三角洲地表水资源问题与对策》，《国土与自然资源研究》2003 年第 3 期。
② 刘杰：《长江三角洲地表水资源问题与对策》，《国土与自然资源研究》2003 年第 3 期。

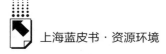
钱塘江流域和浙东南诸河片区水资源相对丰富，多年平均水资源量为340.9亿立方米。由于水资源时空分布和地形地貌条件限制，水资源开发利用率较低，2014年，该片区水资源量998.11亿立方米，总供水量154.96亿立方米，水资源利用率仅15.5%。① 片区水资源时空分布差异显著，西南部山区水资源量占80%，东部平原和滨海地区仅占20%，受梅雨和台风影响，降雨多集中在5~9月份。同时，区域河流具有源短流急等特点，开发利用难度较大。

区域内太湖流域片、淮河流域片和长江下游片区本地水资源量少，除取用本地河湖水资源外，片区供水缺口主要依靠长江过境水来满足。2012年，太湖流域片、淮河流域片和长江下游片总用水量分别为349.5亿立方米、247.2亿立方米、120.6亿立方米，当地水资源供水量仅分别为157.9亿立方米、155.8亿立方米、66.1亿立方米，从长江引过境水量分别为187.5亿立方米、91.4亿立方米、54.5亿立方米，长江水源供水量占片区供水量比例分别为55%、37%和45%。从历年变化趋势上来看，该区域对长江过境水量的依赖程度呈明显增长态势，2007年，三大水利片区长江水源供水量占总供水量的36%，2012年增长至47%。长江口水质直接关系到区域供水安全，长江下游除干流水质较好外，入江支流水质均轻度污染，水质为Ⅳ~Ⅴ类和劣Ⅴ类控制断面分别占27.3%和9.1%。此外，受上游工程建设、自然条件改变影响，长江口水质面临咸潮入侵时间不断延长、盐水上溯距离不断加大的风险。

3. 水源地状况

长三角地区饮用水源地局部地区存在一定程度的污染，江苏省和浙江省饮用水源地水质状况相对较好，处于下游的上海地区饮用水源水质达标率不容乐观。

2014年，江苏省城市集中式饮用水水源地取水量总共约50.93亿吨。其中，长江和太湖取水量分别占总量的60.0%和15.3%。全省监测饮用水

---

① 浙江省水文局：《2014年浙江省水资源公报》。

水源地 98 个，合格率为 96.9%。其中，淮河流域合格率为 92.9%，长江流域合格率为 100%，太湖流域合格率为 100%。[①] 2015 年上半年，地表水和地下水水源地取水量分别占到 98.8% 和 1.2%，综合依据《地表水环境质量标准》和《地下水环境质量标准》评价，全省集中式饮用水源地的水质达标率达到 99.8%。[②]

2014 年，浙江省城市集中饮用水水源地水质达标率为 85.0%。105 个集中式饮用水水源地中，河道型和水库型水源地分别为 29 个和 76 个。水库型水源地主要超标项目为 pH 值、总磷，河道型水源地主要超标因子为总磷、氨氮和高锰酸盐指数，部分水源地铁、锰超标。[③]

2013 年，上海市 35 个饮用水源地监测断面 29 项指标的水质达标率为 68.6%，与 2012 年持平。全市饮用水源地 29 项指标中共有八项指标超标，主要超标因子为氨氮、总磷和粪大肠菌群。[④]

4. 水环境质量

近年来，长三角地区水域水质状况总体比较稳定。2013 年，太湖流域河流全年水质达到Ⅲ类水标准的河长比例为 19.9%，未达到Ⅲ类标准项目为氨氮、高锰酸盐指数、五日生化需氧量、溶解氧、总磷和石油类等。水质状况较上年相比略优，非汛期水质略优于汛期。[⑤] 2015 年 4 月，在太湖流域监测的 34 个省界河流断面中，五个断面的水质状况符合地表水Ⅲ类水标准，达到Ⅲ类水的比例为 14.7%，其余 29 个断面水质均未达到地表水Ⅲ类水标准，其中，水质符合Ⅳ类、Ⅴ类和劣Ⅴ类的断面分别占 23.5%、41.2% 和 20.6%。超标项目主要包括生化需氧量、氨氮、化学需氧量、总磷以及溶解氧。与上年相比，省界河流断面水质达到Ⅲ类水的比例同比不变，环比减少了 2.9%。[⑥]

---

① 江苏省环保厅：《2014 年江苏省环境状况公报》。
② 江苏省环保厅：《江苏省环境质量状况（2015 年上半年）》。
③ 浙江省水文局：《2014 年浙江省水资源公报》。
④ 上海市环保局：《2013 年上海环境质量报告书》。
⑤ 太湖流域管理局：《2013 年太湖流域及东南诸河水资源公报》。
⑥ 太湖流域管理局：《太湖流域及东南诸河省界水体水资源质量状况通报（2015 年 4 月）》。

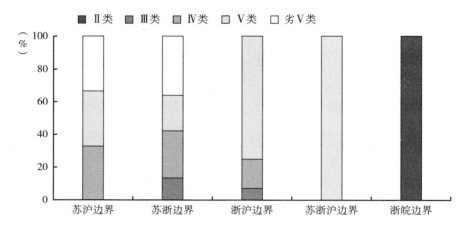

图1 太湖流域省界河流水质类别比例

资料来源：《太湖流域及东南诸河省界水体水资源质量状况通报（2015年4月）》。

长江水体流速较大，自净能力较强，下游干流水环境质量较好，2014
年，江苏省内10个监测断面的水质符合地表水Ⅲ类标准，主要支流水质基
本处于轻度污染水平，41条主要支流河道的45个监测断面中，水质达到Ⅲ
类、Ⅳ~Ⅴ类和劣Ⅴ类的断面比例分别为54.6%、31.8%和13.6%，主要
超标因子为总磷和氨氮。① 2015年上半年，长江干流水质与上年同期相比保
持稳定。主要支流同样受到轻度污染，水质达到Ⅲ类、Ⅳ~Ⅴ类和劣Ⅴ类断
面的比例分别为50.0%、25.0%和25.0%，主要超标因子为氨氮、总磷和
生化需氧量。与上年同期相比，达到Ⅲ类水标准的断面比例下降了3.5%，
达到劣Ⅴ类标准的断面比例上升了8.7%。② 虽然长江干流水质总体良好，
但近年来，干流水质略有恶化趋势，南京、上海、南通、镇江等市的江段存
在明显的岸边污染带。

近年来，钱塘江流域水质总体稳定，2014年，水质达到Ⅱ类和Ⅲ类水
标准的断面比例占74.5%。钱塘江流域金华江、东阳江、南江、武义江和

---

① 江苏省环保厅：《2014年江苏省环境状况公报》。
② 江苏省环保厅：《江苏省环境质量状况（2015年上半年）》。

浦阳浦江段等河段受到污染，主要污染项目为氨氮、总磷和石油类。[①]

淮河干流江苏段水质相对较好，截至2015年上半年，淮河干流四个断面水质均符合Ⅲ类水标准。支流河道水质基本处于轻度污染水平，水质达到Ⅲ类、Ⅳ～Ⅴ类和劣Ⅴ类标准的断面比例分别为62.8%、30.3%和6.9%，主要污染物为化学需氧量、氨氮和总磷。与上年相比，淮河干流和流域主要支流水质基本保持稳定。[②]

东苕溪、西苕溪等山区河流水质总体好于黄浦江、南溪河等集中于平原城市群的河流。山区河流水质基本保持在Ⅱ～Ⅳ类水平。其中，位于山区的河流东苕溪全年水质Ⅱ～Ⅳ类，西苕溪全年水质Ⅱ～Ⅲ类，东西苕溪水质汛期均优于非汛期，南苕溪全年水质以Ⅱ类为主，水质达到Ⅱ类汛期水质略劣于非汛期。[③]

流经城市地区的河流水质基本维持在Ⅲ～劣Ⅴ类水平，总体劣于山区河流水质一到两个类别水平。其中，位于苏杭地区的江南运河江苏段全年水质以Ⅳ～Ⅴ类为主，浙江段全年水质以Ⅴ～劣Ⅴ类为主，水质状况汛期均略优于非汛期；望虞河全年期、汛期和非汛期水质均达到了Ⅲ类水标准；位于上海地区的黄浦江全年期水质状况为Ⅳ类，非汛期与汛期水质均为Ⅳ～Ⅴ类水平，水质状况非汛期略优于汛期；太浦河江苏段40.7千米，上海段15.2千米，浙江段1.7千米，全年期和非汛期水质状况均较优，达到了Ⅲ类水标准，汛期水质为Ⅳ类，水质状况与上年持平；南溪河全年水质为Ⅳ类，水质状况汛期与全年期持平，非汛期水质为Ⅴ类。[④]

长三角地区湖库均存在不同程度的富营养化，营养状态为轻度富营养到中度富营养之间，近年来富营养化程度总体稳定。2015年4月，太湖各湖区中五里湖水质类别为Ⅳ类，东太湖水质类别为Ⅴ类，梅梁湖、竺山湖、贡湖、湖心区、西部沿岸区、东部沿岸区和南部沿岸区水质劣于Ⅴ

---

① 浙江省环保厅：《2014年浙江省环境状况公报》。
② 江苏省环保厅：《江苏省环境质量状况（2015年上半年）》。
③ 太湖流域管理局：《2013年太湖流域及东南诸河水资源公报》。
④ 太湖流域管理局：《2013年太湖流域及东南诸河水资源公报》。

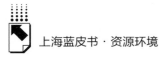

类。全湖主要超标项目为总磷、总氮。太湖营养状态为轻度富营养，各湖区中梅梁湖、竺山湖、贡湖、东太湖、湖心区、东部沿岸区和五里湖为轻度富营养，占湖区面积的75.9%，其他湖区为中度富营养，占24.1%。①

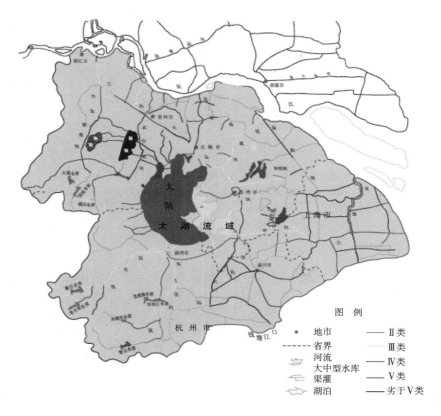

图2　2013年太湖流域水质分布示意图

资料来源：《2013年太湖流域及东南诸河水资源公报》。

2015年4月，淀山湖水质状况劣于Ⅴ类，主要超标项目为总磷、总氮和氨氮，处于中度富营养状态②。西湖水质为Ⅲ类，东钱湖水质为Ⅳ类，鉴湖和南湖水质为Ⅴ类，湖泊营养状态以中营养为主。

---

① 太湖流域管理局：《太湖流域及东南诸河省界水体水资源质量状况通报（2015年4月）》。
② 太湖流域管理局：《太湖流域及东南诸河省界水体水资源质量状况通报（2015年4月）》。

太湖流域七座大型水库中，大溪水库为Ⅲ类，沙河水库为Ⅳ类，横山水库和老石坎水库为Ⅴ类，青山水库、赋石水库和对河口水库水质状况均劣于Ⅴ类，主要超标项目为总氮和总磷。从水库营养状态评价来看，沙河水库、大溪水库和青山水库为轻度富营养，其余均为中营养。[1]

（二）区域污染排放特征

长三角区域水污染物排放强度较高。由表1可知，2013年，长三角地区废水排放总量为123.6亿吨，占同期全国总量的17.8%。其中，生活污水排放总量占长三角地区的70%，为80.6亿吨，工业源废水排放总量为43亿吨，占全国总量的20.5%。长三角地区一市两省中，江苏省废水排放总量、工业废水排放量、生活废水排放量占比最高，分别占长三角地区的48%、48.8%、46.4%，浙江、上海次之。COD及氨氮排放总量分别为214.0万吨、30.1万吨，分别占同期全国总量的9.1%和12.2%。长三角地区内部仍以江苏省排放量居首位，浙江、上海次之。[2]

表1　2013年全国及长三角地区水污染物排放情况

项　目	废水排放量（亿吨）			COD排放量（万吨）				氨氮排放量（万吨）			
	总量	工业	生活	总量	工业	农业	生活	总量	工业	农业	生活
全　国	695.4	209.8	485.1	2352.7	319.5	1125.8	889.8	245.7	24.6	77.9	141.4
长三角	123.6	43.0	80.6	214.0	40.9	60.5	110.8	30.1	2.7	6.7	20.4
占全国比重	17.8	20.5	16.6	9.1	12.8	5.4	12.5	12.2	11	8.6	14.4
上　海	22.3	4.5	17.7	23.6	2.6	3.1	17.3	4.6	0.2	0.3	4.0
江　苏	59.4	22.1	37.4	114.9	20.9	37.6	55.9	14.7	1.4	3.8	9.4
浙　江	41.9	16.4	25.5	75.5	17.4	19.8	37.6	10.8	1.1	2.6	7.0

资料来源：国家统计局等：《中国环境统计年鉴2014》。

---

[1]　太湖流域管理局：《2013年太湖流域及东南诸河水资源公报》。

[2]　国家统计局等：《中国环境统计年鉴2014》。

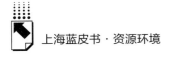

（三）区域主要水环境问题

1. 区域河网普遍受到不同程度的污染，太湖流域流经城市区域的河段污染严重

2015年，太湖流域河流水质达到Ⅲ类水标准的断面比例仅为14.7%，主要超标项目为生化需氧量、氨氮、化学需氧量、总磷以及溶解氧。近年来，长三角地区除长江干流水质略有恶化趋势外，钱塘江流域、淮河干流和流域主要支流水质基本保持稳定。东苕溪、西苕溪等山区河流水质状况总体好于黄浦江、南溪河等集中于平原城市群的河流水体。流经城市地区的河流水质基本维持在Ⅲ～劣Ⅴ类水平，总体劣于山区河流水质一到两个类别水平。总体来看，水质污染多集中于城市地区。

2. 局部地区饮用水水质较差，水源地水质安全面临风险

长三角地区局部饮用水源地受到流域和本地污染影响，水质尚未全面达到饮用水标准。江苏省和浙江省饮用水源地水质相对较好，处于下游的上海市饮用水水质达标率不容乐观。目前，江苏省饮用水水源地合格率达到96.9%，浙江省水源地水质达标率为85.0%，上海市水源地水质达标率仅为68.6%，主要超标因子为氨氮、总磷和粪大肠菌群。此外，受到自然和人为影响，水源地安全还面临其他潜在的风险，一是流域工程和海平面上升等影响，长江口咸潮入侵导致局部水源地安全风险加大；二是流域风险源和流动污染源带来的突发性环境污染事件近年来时有发生，如江苏靖江水污染、杭州苕溪污染、上海黄浦江上游死猪事件等，导致区域饮用水水源地安全仍然面临较大风险。

3. 区域湖泊水库富营养化特征明显，太湖问题较为突出

长三角地区湖库均存在不同程度的富营养化，营养状态为轻度富营养到中度富营养之间。淀山湖处于中度富营养状态。西湖、东钱湖、鉴湖和南湖水质营养状态以中营养为主。太湖流域七座大型水库中，沙河水库、大溪水库和青山水库为轻度富营养，其余均为中营养。近年来，富营养化程度总体稳定。太湖富营养化问题较为突出。2015年，太湖各湖区营养状态为轻—

中度富营养，各湖区中梅梁湖、竺山湖、贡湖、东太湖、湖心区、东部沿岸区和五里湖为轻度富营养，其他湖区为中度富营养。

4. 城市废污水排放量居高不下

导致长三角区域水污染问题的主要因素包括城市工业废水和生活污染排放量居高不下，河网中氨氮、溶解氧、化学需氧量和石油类等污染物不断积累，已远远超出水体的自净能力，从而导致河网水质不断恶化。受河网水质现状的影响，河网水环境容量严重不足，加上入河污染量较大，使得入河污染负荷仍超过水环境容量，这成为地表水质量长期得不到有效改善的重要原因。

5. 流域协调协作机制有待进一步完善

以往长三角地区内的各个地方政府通过强化横向间的协作来实现共同改善环境质量的目标，例如长三角区域大气污染防治协作机制。但目前的这种协作关系基本处于"集体磋商"的形式，没有形成基于协商谈判的上下游水污染协同治理机制，这种磋商的形式往往在触及实质性的利益问题时由于分歧难以调解而无法形成共识。① 因此，缺乏有效的区域合作机制，使得跨区域污染治理的问题变得极为艰难。

二　长三角水环境治理区域合作机制的现状

长三角区域内的各个城市生态环境条件较为接近，长江、太湖、东海以及密集的河湖网，把各个城市紧密地连在一起。改善区域水环境质量，解决频繁发生的跨界水污染纠纷，已不再是单个政府的问题。在过去的二十年间，长三角区域在水污染防治区域协作方面，通过完善协作机制、强化规划引导、加强联合执法等形式，区域水环境治理取得了积极的成效，但流域协调管理机制的不完善，使得跨省市和跨行业协调受到较大程度的制约，影响了流域沟通协作和议事协调。

---

① 黄丽娟：《长三角区域生态治理政府间协作研究》，《理论观察》2014 年第 1 期。

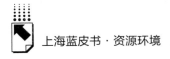

（一）长三角流域协调协作机制现状

国家层面，以太湖流域为例，1981 年 6 月经国务院批准成立了现在的水利部太湖流域管理局。太湖流域管理局的主要职能是保障区域的防洪和供水安全，负责编制流域综合规划和水量分配方案，并根据批准的分配方案开展水量调度，协调处理跨界的水事纠纷和突发污染事故等。1987 年 9 月，水电部和城乡建设环境保护部成立了"太湖流域水资源保护办公室"，实行水电部和环保部的双重领导。太湖局的负责人兼任该办公室的主任，二省一市环保局各派出一位负责人来兼办公室的副主任，办公室成员由水利厅（局）各指派一名处级干部组成。[①] 1995 年设立太湖流域水资源保护委员会，由水利部和国家环保局派人担任主任，委员为二省一市的主管副省（市）长，以及包括来自国家财政部、中国人民银行、国家计委、国家经委等机构的代表。原来这一组织准备成为一个地区间的协调机构，而实际上，自 1995 年召开成立大会之后，只活动过几次，仅进行信息通报，并未起到协调作用。在流域治理方面，"十一五""十二五"时期印发了《长江中下游流域水污染防治规划》，将长江中下游作为全国水污染防治的重点区域，结合总量减排等重点工作将长江中下游规划的水质改善、水源安全等民生目标作为流域规划考核的重点，一批重大工程加快落实。

省市层面，加大落实《水法》和《水污染防治法》，依法依规治水治污。两省一市都制定了相关地方性法规、规章和规划，划定了水功能区和水环境功能区，落实了治污责任和措施，明确了考核机制和保障体系。上海通过五轮环保三年行动计划持续加强饮用水源保护和水环境治理，总投资超过千亿元。浙江推进"五水共治"，治污先行与防洪水、排涝水、保供水、抓节水相结合，全面落实"河长制"，并在跨市域水源保护生态补偿和断面考核上作了积极探索。江苏修订完善了《江苏省太湖水污染防治条例》和《江苏省长江水污染防治条例》，以太湖流域和南水北调东线工程为重点，

---

① 汪耀斌：《太湖流域水资源保护管理体制现状和建议》，《上海水利》1992 年第 4 期。

加强沿线治污。安徽将重点放在淮河和巢湖，以实现政策聚焦和措施合力。

区域合作方面，目前，长三角区域水环境合作主要有两种方式。一是两省一市自发的协商模式，主要是长三角区域合作与发展联席会议下的环保合作专项机制，其中包括水环境污染防治合作内容。二是中央部委主导的流域合作，包括太湖水环境综合治理省部际联席会议制度，由国家发改委、水利部、环保部等 13 个部委和两省一市政府主管领导组成。截至 2015 年 3 月，太湖流域水环境综合治理省部际联席会议已举行了六次。第六次会议认为"国务院相关部门与江、浙、沪两省一市人民政府通过贯彻落实《太湖流域水环境综合治理总体方案》，区域各项污染治理工作取得了积极的成效，实现了'确保饮用水安全、确保不发生大面积水质黑臭'的目标，蓝藻防控能力不断加强，污染物处理水平不断提升，太湖主要水质指标改善明显，富营养化程度逐步减轻，水环境综合治理初见成效"。[①] 通过联席会议这样一个平台，各地方政府和相关行业部门在水污染治理工作中的积极性被充分调动起来。在污染治理方面，区域协作机制在 2007 年应对太湖蓝藻暴发中发挥了积极作用；2008 年国务院编制出台了《太湖流域水环境综合整治总体方案》（2013 年修编），2011 年，国务院又出台了《太湖流域管理条例》，为流域综合整治提供了有力的保障。同时，在太湖流域管理局牵头协调下，江苏、上海的发改委、环保、水利（水务）部门以及苏州市、昆山市、吴江市、青浦区等共同建立了淀山湖水资源保护、水污染防治省市合作机制。在落实《长江中下游流域水污染防治规划》中，也形成了一套以国家部门牵头统筹协调、各省市分头推进落实的工作机制。此外，财政部、环保部牵头实施的新安江流域环境补偿试点也取得了较为明显的成效。

（二）长三角流域协调协作机制存在的主要问题

长三角区域所涉流域水污染问题情况复杂，既有长江干支流的上下游关

---

① 任松筠、杭春燕：《太湖水环境治理省部际联席会召开》，《新华日报》2015 年 3 月 2 日，第 1 版。

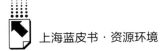

系，又有太湖流域河湖成网关系，既涉及污染排放控制，又涉及水利工程和防洪抗旱。现有流域管理体制机制难以完全适应流域问题变化以及社会经济发展需要。

一是行政区划分割以及各部门职能交叉使得流域无法实现统一管理。流域内地方政府以本地区发展为重，往往不够重视下游的环境利益。部分上游地区将化工、石化、电镀等污染严重的"十小"行业设置在行政区的边界，造成上游向河道排放大量工业生活废水，下游却在该河道取水的情况。此外，有些省际边界的水环境功能分区不匹配，例如，上海市的黄浦江上游地区是水源保护区，水质应满足Ⅱ类水环境功能区的要求，但是，黄浦江上游来水的江浙地区为生态缓冲区，依然存在大量工农业，水质只需达到Ⅳ类或Ⅴ类标准。水环境功能要求目标的差异，使得两地在污染治理措施和治理目标上存在较大差异，对于上海市饮用水源安全也带来了较大的隐患。[①] 又如，上海市建议建设太浦河"清水走廊"，但因涉及江浙两省产业、航运等调整，三方协调难度很大。同时，在部门管理方面比较混乱，水权分散，出现了"多龙管水、多龙治水"的局面。如对于水污染治理，目前的情况是"水利部门不上岸，环保部门不下水"，造成水环境表面看起来岸绿、水净，实质水体污染物严重超标，部分水体甚至黑臭。另外，在水环境监测体系与标准、水质水文等数据共享方面，相关部门缺少有效协调，致使统计的数据缺乏可比性。

二是现有流域管理机构职能单一，无法承担跨部门、跨区域的综合协调任务与责任。尽管《水法》明确了流域管理与区域管理相结合、监督管理与具体管理相分离的新型管理体制，但作为水利部派出机构的长江水利委和太湖流域管理局，其职能主要是执行水利条线的管理，管辖职责比较单一，缺乏对整个生态系统和全流域的综合性管理，在跨部门、跨区域的综合协调中，对各地区的监督职能比较有限，不利于流域综合管理。例如，长江水利委是一个事业单位，主要职责与水利开发利用有关，在水资源保护上主要涉

---

① 陈晶莹：《长江经济带建设与水资源立法探析》，《上海金融学院学报》2015 年第 3 期。

及专业规划、监测，对流域内越权管理、违反流域规划的行为、跨行政区的水污染事件缺乏有力的行政制约手段；同时，长江水利委自身有庞大的水利勘测、设计、施工、运营队伍，在长江水资源开发、保护中形成了一个独立的利益主体。又如，2009 年太湖流域管理局牵头建立水环境综合治理信息共享平台系统，初衷很好，希望实现流域产业发展布局与规划、污染源、基础设施、监测和事故等信息的共享，但至今平台上的信息有限。

三是流域立法滞后，法规标准差异较大。《水法》中规定，国家水利部门组织编制并实施流域综合规划和水资源保护等专业规划，专业规划应服从综合规划；《水污染防治法》中则规定，国家环境保护部门编制并组织实施流域水污染防治规划。现行法律中没有明确综合性规划与专项规划的关系，造成在规划实施过程中存在目标不统一、考核不一致等情况。又如，两部法律都规定由流域水资源保护工作机构进行省界水质监测，但没有规定对省界水体水质的监督管理与解决跨行政区水污染纠纷的法律程序与责任。其次，在标准执行上不统一，处理能力差异大。目前，污水处理排放标准在两省一市就不完全统一，上海采用的是地标，而江苏和浙江两省大部分城市采用的是国标。这些都给区域的统一治理带来不利影响。

四是经济手段和市场机制在水资源管理中未充分发挥作用。十八届三中全会明确，要让市场在资源配置中起决定性作用，加快推进资源价格改革。水资源既有公共属性，也有很强的市场属性。由于水资源产权的不明确，政府、企业和个人在水资源的使用等方面存在权、责、利不清的现象，无法建立水资源合理开发与利用的市场机制。水价也未按其资源成本和工程成本合理定价，不能反映水资源的真实价值，这种状况为区域间水资源的合理配置、水资源的高效利用以及污染减排和治理措施等方面带来了很多不利影响。①

三　对策和建议

长三角地区如何通过制度协调加强水环境保护合作，对于解决长三角

---

① 周刚炎：《中美流域水资源管理机制比较》，《中国三峡建设》2007 年第 3 期。

地区面临的重大区域性水环境问题、对于协调区域经济发展与水环境保护的关系、对于转变区域发展方式和实现可持续发展，具有重要的现实意义。

（一）坚持立法先行，加快长江流域水环境管理立法

根据长三角经济社会发展和生态文明建设及支持长江经济带建设的需要，建议以长江流域为突破口，启动流域立法工作。通过立法重点解决两类问题：一是体制机制问题，包括设定流域管理体制，明确事权划分，建立流域协调、监督和责任追究机制，落实谁来管、管什么、如何管；二是流域管理的原则问题，包括如何落实《中华人民共和国环境保护法》明确的"统一规划、统一标准、统一监测、统一防治措施"原则，如何从产业、城镇建设、航运管理等方面加强源头防治，如何根据长江上、中、下游区域实际和发展阶段性特点分类施策。

（二）加强组织保障，完善流域协调机制和执行架构

参考"长三角区域大气污染防治协作机制"，建议充分发挥环保部、水利部等部委在重点区域、重点流域污染防控中的协调指导作用和各地污染治理的协同作用，完善泛长三角环保合作和长江、太湖流域治理协调机制，尽早实现区域、流域环境同步改善的目标。建议在国务院设立一个全流域管理协调机构，由国务院领导牵头，成员由国家发改委、环境保护部、水利部、交通运输部、住房和城乡建设部以及相关省市人民政府组成，统筹协调全流域水资源保护和水污染防治工作；或者在长江经济带建设中设立总的协调推进机构，这个流域协调机构也可作为下设专项机构。改制一个流域管理执行机构，调整长江水利委为国务院派出机构，业务上受水利部和环保部双重领导，政企分开、政事分开，保留和强化行政管理和监督执法职能，重点可放在完善区域内重大项目建设、排放清单、污染事故的信息通报和信息共享上面，实施跨界影响项目环评共商，构建区域预警应急和联动执法机制，加强环保监测、科研标准合作，完善跨区域生态补偿机制，促进省际、城际生态

补偿机制良性运行。对于太湖流域，可建议设立苏浙沪三地共同组成具有权威性的"长三角环境保护和建设协调委员会"，形成决策系统、执行系统、监督系统和咨询评估系统，解决现行的环境管理行政体制中只要求本地政府对本地环境负责的局限性。

（三）落实规划先导，统筹管理目标和功能布局

加强规划统筹和落实是解决流域问题的关键。建议将流域水资源保护和水污染防治规划两规合一，由流域管理协调机构牵头制定，对其他流域性专项规划提供专业指导意见并统筹衔接工作，确保权威统一。[①] 两规统一重点是处理好发展与保护、上游和下游、流域内和流域外、调水和保水、排污和取水、航运和防污等的关系。一是协调好河流湖泊、上中下游、干流支流的关系，制定差别化的发展导向，兼顾保护和发展的需求。二是科学划定生态保护红线，明确与水源保护、涵养有关的重要生态功能区、环境敏感区、脆弱区，强化分类管控要求，并从水资源最大限度合理利用角度进一步加强长三角区域水资源总体调控，结合流域工业化、城市化发展，研究提出针对不同区域开发建设的水利（水务）和水环境、水生态保护配套标准和要求，探索开展重大工程水安全评估项目（含资源、环境、防洪防涝等），强化流域与边界断面监测，保持并提升既有水环境质量，保障本地及下游的环境生态功能。三是明确跨界水体功能目标，重点可以以保障饮用水安全为目标，确定跨界、临界水源保护区水体功能对接要求，加快上下游功能衔接，如规划建设太浦河等"清水廊道"，并建立流域统一的主要断面（含省界）环境、水文监测体系。四是合理发展航运，处理好长江"黄金水道"建设与水源保护的关系，优化航道和码头设置，特别是危化品泊位布设；规范航运管理，加快淘汰老旧船舶，提高船舶安全标准等级，完善危化品运输和船舶污染事故信息通报制度。

---

① "长三角地区一体化发展"专题调研组：《推进长三角地区一体化发展》，《上海人大》2014年第 11 期。

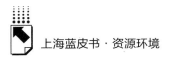

（四）推进标准统一，协调开展污染防治

加强协调沟通，合理确定跨界环境质量适用标准，加强标准的统一性和合理性。建议加快推进五方面措施：一是建立流域内统一的水环境质量评价和治理设施验收规范、水环境监测规范；二是逐步统一市场准入制度、落后企业淘汰的标准，防止污染转移；三是建立工业水耗标准制度，对超标准的用水企业实施差别化水价，从源头推进节水和循环用水；四是建立统一的生态补偿标准，建立补偿和财政转移支付的方法和程序；五是建立统一的污染排放标准，打破行业标准界限，在区域内执行统一的污染物排放标准，这必然有利于区域的产业结构调整，企业也会开展技术改造或加强污染治理。

（五）落实治污责任，健全跨界水污染纠纷协调机制

注重源头控制，严把环境准入关和验收关。建议建立长三角两省一市项目环评审批备案制度，上游地区应严格控制新污染源的排放。强化监督执法，加大污染治理力度。充分发挥媒体和公众的监督作用，对环境违法行为公开曝光；强化执法的力度和对违法的处理。落实治污责任，严格实施跨界环境质量目标考核。建立考评制度，层层分解，严格考核，奖惩分明；进一步严格和优化环保考核机制，强化省界断面水环境质量考核；加强对各地区环评、验收执行率和达标排放情况的监督考核，切实执行环保管理制度。

（六）强化政策创新，利用市场机制加快推进提质增效

长三角区域是我国经济最活跃的区域，应该用好市场机制，提高政府、企业、个人参与水资源保护和水污染防治的积极性，建议重点放在四个方面。一是完善水资源价格政策。探索地区之间水资源交易，促进水资源市场价格的形成；完善居民阶梯水价和单位差别化水价机制。二是完善排污权交易机制。在既定的污染物排放总量控制目标下，通过排污权交易市场，合理排放污染物。这就要求首先构建水排污权交易体系，完善排污权交易法规，制定合理的环境保护目标下的总量控制，建立支持排污权交易的公开信息系

统，明确排污权的初始分配原则，并建立排污权市场交易和相应的监督体系。通过排污权交易，削减治理污染物的社会费用，提高政府控制污染物排放量的效率，保证污染物排放量在计划和可控制范围内，促使企业不断减少污染排放，促进技术的革新。三是建立生态补偿和污染赔偿机制。坚持"谁开发、谁保护，谁破坏、谁恢复，谁受益、谁补偿，谁污染、谁付费"的原则①，在明确断面考核以及健全环保责任机制的基础上，推动长三角区域内开发建设地区、生态受益地区和生态保护地区之间建立完善横向间生态补偿及污染损害赔偿机制。以长三角限制开发和禁止开发区域为重点，加大转移支付力度；以中上游地区为重点，通过有条件的生态补偿、"以奖代补"等形式，加大对城市和工业区环境基础设施（如污水收集处理、垃圾处理等）地高标准建设和运行，以及相关工业区生态创建和循环化改造的支持力度，促使治理达标、任务完成情况与转移支付、生态补偿等挂钩。同步健全生态环境责任追究和环境损害赔偿机制。四是加快推进供水治水市场化机制。推动供水、节水回用、污染治理的第三方服务，鼓励先进技术和管理在流域内的推广应用。

（七）提升能力水平，构建流域水联动的环境监测预警机制

一是建立跨界环保部门的联合预警机制。一方面，建立流域上下游预警联动机制，在上游环保部门发现跨界的河流水质出现异常时，要第一时间向下游环保部门发出预警预报，下游接到通报后，应立即启动水污染应急预案；另一方面，建立下游对上游的反馈和协查机制，下游地区如果发现水质出现恶化情况，应立即联系上游环保部门，协同上游地区共同排查污染源，或者通报上游启动应急减排措施。② 二是建立环保部门与水务部门的联合监测机制。整合水务和环保的监测力量，构建体系完整、方法统一、点位合理、设备先进的环境监测体系。三是实现突发事故的协同应急处理。当发生

---

① 国家环保总局：《关于开展生态补偿试点工作的指导意见》，环发〔2007〕130号。
② 彭丽：《苏鲁皖浙协防联治跨界污染》，《中国化工报》2007年11月5日第6版。

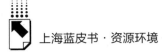
跨界的突发性水污染事件时，交界地区的环保部门需立即上报当地政府，并迅速启动环境突发事件应急预案，第一时间开展污染源排查，确定污染的原因、影响的范围和污染程度，实施相应的应急措施，上下游联动控制和处置突发性水污染事故，将污染影响降至最低。①

（八）推动信息共享和公开，强化政府间协同和社会共同参与

一是建设和完善信息共享平台。建立国家级信息共享平台，完善跨界省市的信息交流模式。建立高效的信息互联互通机制，在各地方政府间相互信任与彼此尊重的基础上，加强政府高层间的会议磋商，与会各方就区域水环境问题开展共同探讨，社会各界可以通过登录信息共享平台来及时了解和监督会议探讨的内容。二是强化信息公开平台建设。建议以长江流域管理执行机构为依托，利用其自身监测管理信息收集体系和强制实施各级政府信息报送制度，建立两套信息平台，一个是政府部门内部的事故应急平台，完善突发事件的应急通报和协同处置机制。第二个是开放式的长三角区域开发建设及水环境保护信息平台，推进开发建设、基础设施、水利水文、环境监测、执法监管、研究评估等信息共享，使之成为政府部门、环保单位、科研院所、相关企业及公众之间的交流平台，以便各级政府能及时把握流域内经济社会发展和水环境变化趋势，做好科学决策，这也有利于公众参与水环境保护，扩大公众的知情权和参与权。三是提高企业环境保护的责任。企业作为大型的利益主体，企业的环境保护责任和意识十分重要，已经成为环境保护重要的战略资源。通过合作平台来公开企业的环境行为和环境绩效评估，将使企业面临更多的来自政府和公众的压力，从而促使企业主动参与改善其环境行为，提高环保合作效率。② 四是加强社会监督。建立政府、企事业单位、公众定期沟通对话的协商平台，拓展企业、公众等利益相关方参与决策的渠道，推行环境公益诉讼，鼓励有失举报，引导新闻媒体，加强舆论监

---

① 《治理跨界污染已是当务之急》，《环境教育》2008 年第 3 期。
② 毕军、俞钦钦、刘蓓蓓、葛俊杰、张炳：《长三角区域环境保护共赢之路探索》，《中国发展》2009 年第 1 期。

督。发挥民间组织在环境社会管理中的积极作用，鼓励和引导环保公益组织参与社会监督。

参考文献

徐光华：《长江三角洲地区环境保护协同机制研究》，《中国浦东干部学院学》2010年第 2 期。

刘杰：《长江三角洲地表水资源问题与对策》，《国土与自然资源研究》2003 年第 3 期。

浙江省水文局：《2014 年浙江省水资源公报》。

江苏省环保厅：《2014 年江苏省环境状况公报》。

江苏省环保厅：《江苏省环境质量状况（2015 年上半年)》。

浙江省水文局：《2014 年浙江省水资源公报》。

上海市环保局：《2013 年上海环境质量报告书》。

太湖流域管理局：《2013 年太湖流域及东南诸河水资源公报》。

太湖流域管理局：《太湖流域及东南诸河省界水体水资源质量状况通报（2015 年 4 月)》。

浙江省环保厅：《2014 年浙江省环境状况公报》。

国家统计局等：《中国环境统计年鉴 2014》。

黄丽娟：《长三角区域生态治理政府间协作研究》，《理论观察》2014 年第 1 期。

汪耀斌：《太湖流域水资源保护管理体制现状和建议》，《上海水利》1992 年第 4 期。

任松筠、杭春燕：《太湖水环境治理省部际联席会召开》，《新华日报》2015 年 3 月 2 日第 1 版。

陈晶莹：《长江经济带建设与水资源立法探析》，《上海金融学院学报》2015 年第 3 期。

周刚炎：《中美流域水资源管理机制比较》，《中国三峡建设》2007 年第 3 期。

"长三角地区一体化发展"专题调研组：《推进长三角地区一体化发展》，《上海人大》2014 年第 11 期。

国家环保总局：《关于开展生态补偿试点工作的指导意见》，环发〔2007〕130 号。

彭丽：《苏鲁皖浙协防联治跨界污染》，《中国化工报》2007 年 11 月 5 日第 6 版。

《治理跨界污染已是当务之急》，《环境教育》2008 年第 3 期。

毕军、俞钦钦、刘蓓蓓、葛俊杰、张炳：《长三角区域环境保护共赢之路探索》，《中国发展》2009 年第 1 期。

B.4
深化长三角大气污染联防联控
机制和对策建议

李 莉* 林 立 黄 成 陈宜然

摘 要： 长三角是我国东部沿海经济最发达的地区，也是我国能源消
耗量最大、大气污染物排放最为密集、大气复合污染最严重
的区域之一。集聚的产业链和密集的交通网络给该区域带来
了巨大的环境压力。2014 年 1 月，长三角区域联防联控协作
机制正式成立以来，在强化区域协作、推动环境质量改善方
面取得了重要成效。然而，还存在体制机制障碍、政策不协
同、缺少具有区域执法权的监督管理机构、缺乏区域层面研
究支撑等瓶颈。本报告在总结分析长三角区域环境问题、协
作机制成效与瓶颈的基础上，借鉴国内外联防联控经验，提
出了深化长三角大气污染联防联控机制的对策建议。

关键词： 长三角 大气复合污染 联防联控

一 长三角城市群战略地位突出

长江三角洲地区包含江苏、浙江、安徽和上海三省一市，区域面积 35
万平方千米，约占我国国土总面积的 3.5%；2013 年区域人口规模 2.18 亿

---

* 李莉，上海市环境科学研究院大气环境研究所所长，博士，高级工程师。

人，全国占比16.1%；2013年地区GDP达13.7万亿元，全国占比21.8%。长三角以占全国3.5%的国土面积，占全国16.1%的人口，创造了全国21.8%的GDP，同时消费了全国17.7%的煤炭；火力发电量占全国的18.8%，钢材产量占20.3%，水泥产量占18.0%，汽车保有量占19.3%[①]，已跻身于国际公认的第6大世界级城市群。

（一）国家层面的优化开发区域

2010年5月，国务院正式批准实施《长江三角洲地区区域规划》，明确了长三角地区的发展战略定位：亚太地区重要的国际门户、全球重要的现代服务业和先进制造业中心、具有较强国际竞争力的世界级城市群。2010年12月，国务院发布《全国主体功能区规划》，长三角地区列入国家优化开发区，其功能定位明确为：长江流域对外开放的门户，我国参与经济全球化的主体区域，有全球影响力的先进制造业基地和现代服务业基地，世界级大城市群，全国科技创新与技术研发基地，全国经济发展的重要引擎，辐射带动长江流域发展的龙头。2014年，长江经济带的开发建设成为我国立足改革开放谋划发展新棋局的重大决策部署，作为长江龙头的长三角地区，其发展与创新，将对整个经济带的梯度开发起到积极的引领作用。

（二）全球重要的交通枢纽

长三角区域内拥有由高速公路、高速铁路等现代化交通设施组成的发达、便捷的交通网络，同时拥有国际贸易中转大港、国际航空港及信息港作为城市群对外联系的枢纽。长三角港口群是我国沿海五个港口群中港口分布最为密集、吞吐量最大的港口群。据统计，长三角港口的货物吞吐量和集装箱吞吐量分别占全国的28%和36%。2013年，长三角三省一市拥有机动船8.8万艘，占全国的56%，区域进出港船舶艘次约达1300万。上海港和宁波—舟山港是长三角港口群船舶交通量最为繁忙的港口之一。其中，2013

---

① 国家统计局：《中国统计年鉴2014》，中国统计出版社，2014。

年，宁波—舟山港货物吞吐量 8.1 亿吨，居世界第一位；上海港货物吞吐量 7.76 亿吨，居世界第二位。长三角地区已形成了我国吞吐量最大的由上海、江苏、浙江的 19 个沿海港口、10 个内河港口组成的长三角港口群①。长三角区域内的上海浦东国际机场、上海虹桥国际机场、杭州萧山国际机场、南京禄口国际机场均为国内重要的国际机场。其中，上海浦东国际机场为中国三大国际机场之一，2013 年浦东国际机场保障飞机起降 371222 架次，旅客吞吐量 4719.2 万人次，货邮吞吐量 291.48 万吨，货运量排名全球第 3 位。长三角有 21 个民用机场，已建成的上海虹桥交通枢纽集航空、高铁、城铁、高速公路、磁浮、地铁、公交等多种交通方式于一体的世界级综合交通枢纽。发达的海陆空交通网络为建设有国际竞争力的世界级城市群提供了有力支撑。

（三）石化产业集中发展区域

长三角地区沿海石化及化工产业布局密集，是我国重要的石化产业核心集聚区之一。全区聚集了 12 家炼油厂，炼油能力达 8000 万吨，乙烯产能 360 万吨，分别占全国的 16% 和 26%。根据 2014 年国家发改委公布的《石化产业规划布局方案》，全国七大石化产业基地中，3 个落户长三角，其中包括连云港、上海漕泾和宁波。石化基地挥发性有机物排放密集、污染物种类和组成繁杂。常见的化合物种类有烃类（烷烃、烯烃和芳烃）、酮类、酯类、醇类、酚类、醛类、胺类、腈（氰）类等有机化合物，其中工业排放量最大的物质为苯类（苯、甲苯、二甲苯）和卤代烃类。除了环境毒性以外，工业排放常见的 VOCs 如三苯类、卤代烃类、硝基苯类、苯胺类等都对人体具有较大的危害作用，长期接触会严重影响人们的身体健康。此外，很大一部分的 VOCs 物质具有异味，严重影响人们的生活质量。

（四）大气污染物排放高度密集

长三角地区是我国经济增长的重要引擎之一，在我国经济社会发展

① 国家统计局：《中国统计年鉴 2014》，中国统计出版社，2014。

中占有重要的地位。近 20 年来，长三角地区社会经济飞速增长，城市化、工业化和机动化发展迅速（见图1）。2013 年，沪苏浙皖三省一市能源消费总量为 72878 万吨标准煤，相当于京津冀和广东省的 1.4 倍和 2.4 倍；民用汽车保有量已增至 2440 万辆，相当于京津冀和广东省的 1.5 倍和 2.1 倍；乙烯、水泥和钢材产量分别相当于广东省的 2.0 倍、3.2 倍和 6.4 倍[①]。

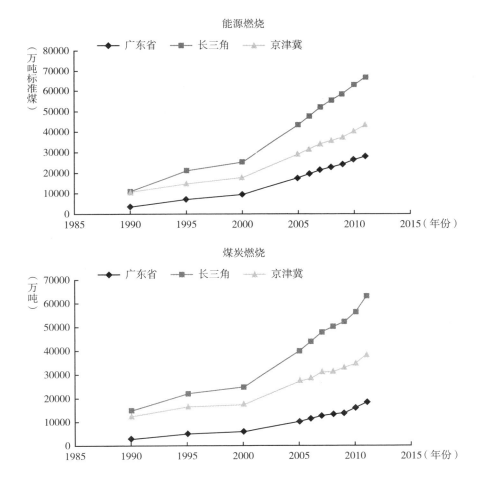

① 国家统计局：《中国统计年鉴 2014》，中国统计出版社，2014。

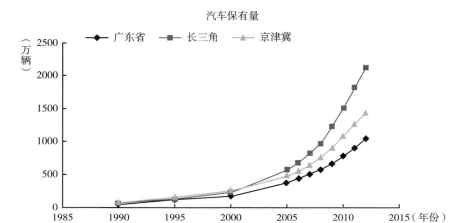

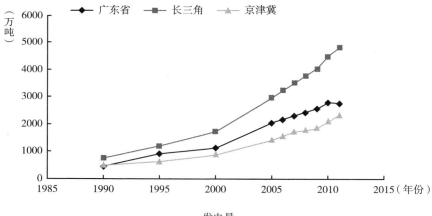

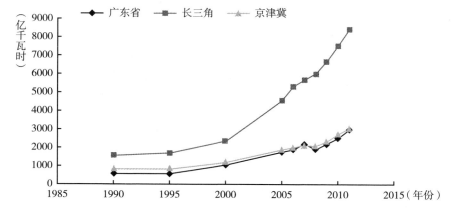

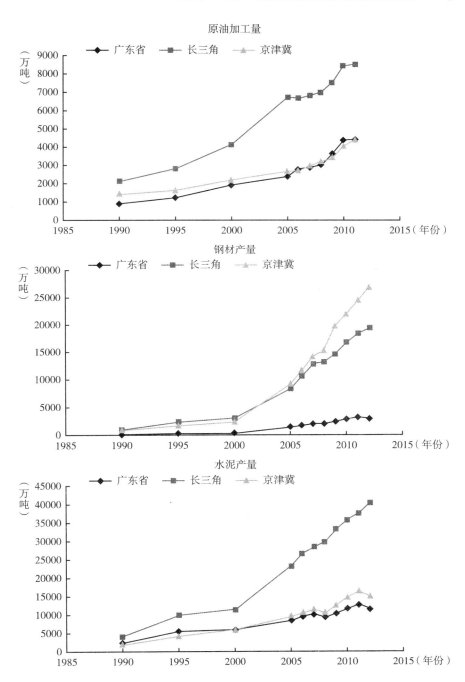

图1 长三角三省一市工业、交通、能耗等各项指标均位居三大重点区域前列

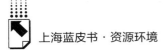

长三角地区结构性污染突出，石油化工、钢铁和电力等重工业基地和工业园区的迅速涌现，加剧了区域环境质量的恶化。区域内的镇海炼油、仪征化工、上海金山石化、高桥石化、南京石油化工、苏州石油化工等大型石油化工企业对整个区域大气复合污染的形成具有突出的贡献。庞大的能源消费总量、快速发展的重化工产业、高强度的工业活动和密集的交通运输形成的高密度立体式大气污染物排放体系，在长三角海陆风气候条件以及强氧化性的化学反应条件下，给长三角地区的环境空气质量造成了前所未有的压力。据测算，2013 年长三角三省一市 SO_2、NO_x、一次 $PM_{2.5}$、VOCs 排放总量分别达到 268.7 万吨、333.4 万吨、171.9 万吨和 648.9 万吨，庞大的污染物排放规模是造成区域大气污染的根本原因，大气污染物排放总量已经远超该地区环境容量。

二　长三角区域大气复合污染受到高度关注

（一）常规大气污染尚未得到有效改善

随着燃煤污染控制步伐的推进，长三角地区 SO_2 年均浓度总体呈下降趋势。然而，随着机动车保有量的逐年上升，江苏省 NO_2 年均浓度呈逐年上升趋势，浙江省和上海市基本持平。PM_{10} 总体呈下降态势，但在 2013 年有所升高，三省一市都超过新的环境空气质量标准限值（见图 2）。由图 2 可见，从历史变化趋势来看，长三角地区三个省市 2006～2014 年 SO_2 浓度均有明显的下降，"十一五"和"十二五"期间脱硫控制对降低长三角地区 SO_2 浓度起到了显著成效；2006～2014 年，上海市 PM_{10} 年均浓度从 86ug/m³ 小幅下降到 71ug/m³，江苏省 97ug/m³ 小幅上升至 106ug/m³，浙江省从 88ug/m³ 下降至 74ug/m³，长三角地区 PM_{10} 的控制效果不显著，存在改善空间；NO_2 浓度除上海市稳中有降之外，江苏、浙江 NO_2 浓度较 2006 年上升明显，长三角地区 NO_x 还存在较大改善空间。

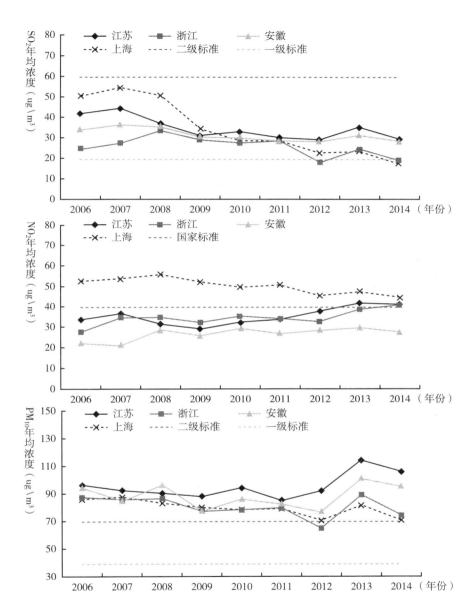

图 2　2006～2014 年长三角地区主要常规大气污染物年均浓度变化

资料来源：上海市环境保护局：《上海市环境状况公报》，2006～2014；江苏省环境保护厅：《江苏省环境状况公报》，2006～2014；浙江省环境保护厅：《浙江省环境状况公报》，2006～2014；安徽省环境保护厅：《安徽省环境状况公报》，2006～2014。

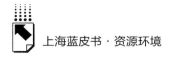

（二）细颗粒物浓度水平居高不下

由于较高的大气污染物排放强度和排放密度，区域 $PM_{2.5}$ 浓度水平总体较高。2014 年，长三角区域 25 个地级及以上城市 $PM_{2.5}$ 年均浓度为 $60\mu g/m^3$，超标 42%。全区仅舟山市达标，其他 24 个城市均超标，特别是在长三角腹地苏锡常一带，污染尤为严重（见图 3）。在秋冬季节不利气象条件作用下，区域灰霾污染事件频发。2013 年 1 月，我国中东部地区出现长时间大范围高强度的灰霾天气，污染面积达 130 万平方千米。期间，上海、南京和杭州大气 $PM_{2.5}$ 日均浓度超标达 20~25 天。2013 年 12 月初，我国中东部地区再次遭受长时间大范围严重大气污染的袭击，全国 20 多个省份、100 多个城市的空气质量达到重度至严重污染程度，长三角成为整个污染事件的重灾区，南京、杭州、上海等多个城市大气 $PM_{2.5}$ 最大小时浓度均超过 $600\mu g/m^3$，空气污染达到严重污染水平。

（三）夏秋季节臭氧污染现象突出

由于区域挥发性有机物、氮氧化物等前体物的大量排放，使得长三角沿海城市群在夏秋季节适宜气象条件下面临严峻的以高浓度臭氧（O_3）为典型特征的光化学污染问题。根据环保部公布的 2014 年地面监测数据，长三角区域 O_3 日最大 8 小时均值第 90 百分位浓度为 $154\mu g/m^3$，同比上升 6.9%，有 10 个城市超标，特别是在长三角腹地以及浙江北部污染尤为突出（见图 4）。2013 年夏季，在副热带高压控制下，上海、杭州、苏州、宁波、南通、嘉兴、湖州等城市连续出现大范围高浓度 O_3 污染，O_3 最大小时浓度超过 $400\mu g/m^3$。根据上海市环境科学研究院地面观测资料，该时段内 O_3 平均浓度为 125（g/m^3），最大小时浓度高达 410（g/m^3），是国家二级空气质量 1 小时浓度标准限值 200（g/m^3）的两倍多。其中，有 29 天 O_3 日最大小时浓度超过二级标准，累计超标小时数长达 177 小时。以日最大 8 小时浓度计，共有 22 天 O_3 最大 8 小时浓度超过二级标准限值 160（g/m^3）。根据环保部发布的实时空气质量监测数据，上海及周边城市（杭州、湖州、嘉兴、宁波、舟山、苏州、南通）光化学污染具有较强的区域同步性。

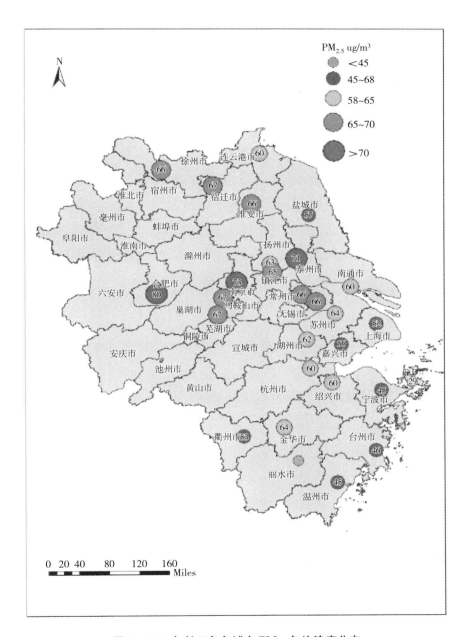

图3　2014年长三角各城市PM₂.₅年均浓度分布

资料来源：环境保护部：《2014年中国环境状况公报》。

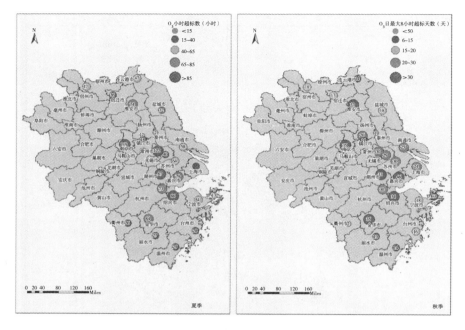

图4 2014年长三角地区夏秋季节（5～10月）O₃小时浓度超标率空间分布

（四）区域间大气污染传输特征显著

长三角区域大气污染是在各种前体物相互作用，不同过程效应相互耦合下，一次排放与二次转化共同作用的结果。大气污染在长三角大气边界层内传输与转化，使得区域内各城市间大气污染相互影响显著。基于长三角地区高分辨率多污染物排放清单，采用WRF－CAMx空气质量数值模型系统，及细颗粒物来源追踪技术，针对长三角地区26个重点城市，选取2013年12月作为典型案例开展了细颗粒物的区域和源类贡献追踪模拟研究。区域贡献分析结果显示，2013年12月在冬季西北风主导风向的影响下，远距离传输对江苏北部城市 $PM_{2.5}$ 浓度影响较大，长三角中部的江浙沪交界及浙江中南部的城市细颗粒物则受区域内部传输影响显著；在不利气象条件影响下，长三角地区城市间细颗粒传输以相邻城市之间少量传输为主；在相对有利的气象条件下则会受主导风向影响，形成显著的传输通道，处在上风向的城市会显著向下风向城市输送颗粒物，区域内跨城市传输占据主导地位（见图 5）。

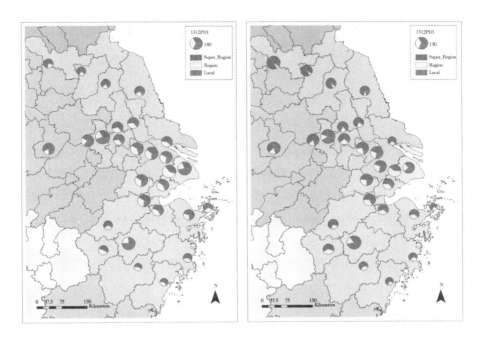

图 5　2013 年 12 月长三角地区 PM$_{2.5}$传输特征（PD1：12 月 5～7 日；PD3：12 月 25～26 日）

三　长三角大气污染联动机制建立以来成绩显著

自 2014 年 1 月长三角区域联防联控协作机制正式建立以来，在区域环境空气质量改善、主要大气污染物减排和区域环境空气质量管理方面成效显著。在空气质量改善方面，根据 2014 年中国环境状况公报统计，长三角区域总体环境质量较 2013 年有所改善，各主要污染物年均浓度均有不同程度的下降；在主要污染物减排方面，2014 年长三角主要大气污染物如 SO$_2$、NO$_x$ 等较 2013 年排放总体上呈下降趋势；在区域空气质量管理方面，长三角区域按照国家要求，结合区域特点，以大气污染联防联控为重点深化环保

合作，加快推进环境保护一体化发展，先后协商出台《长三角区域落实大气污染防治行动计划实施细则》《长三角区域空气重污染应急联动工作方案》，启动区域空气质量预测预报体系建设，并取得了阶段性进展。

（一）机制建立以来空气质量显著改善

2014 年，长三角区域 25 个地级及以上城市 $PM_{2.5}$ 年均浓度为 $60\mu g/m^3$，同比下降 10.4%；PM_{10} 年均浓度为 $92\mu g/m^3$，同比下降 10.7%；SO_2 年均浓度为 $25\mu g/m^3$，同比下降 16.7%；NO_2 年均浓度为 $39\mu g/m^3$，同比下降 7.1%；CO 日均值第 95 百分位浓度为 $1.5\mu g/m^3$，同比下降 21.1%。全区各城市空气污染程度均呈现不同程度的下降。然而，O_3 日最大 8 小时均值第 90 百分位浓度为 $154\mu g/m^3$，同比上升 6.9%，有 10 个城市超标。全年以 $PM_{2.5}$ 为首要污染物的污染天数最多，其次为 O_3 和 PM_{10}（见图 6）。

根据 2013～2014 年长三角主要城市各污染物的浓度变化及超标情况，2014 年长三角区域大气污染防治协作机制建立以来，SO_2、NO_2、PM_{10} 及 $PM_{2.5}$ 浓度均有不同程度的改善，而 O_3 污染改善效果并不明显。同时，尽管颗粒物污染情况有所缓解，但长三角地区 PM_{10}，尤其是 $PM_{2.5}$ 超标情况仍较为严重，将成为近期及未来很长一段时期内的主要环境空气质量问题。

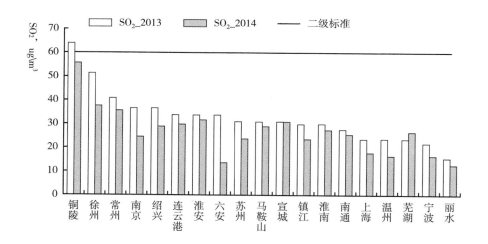

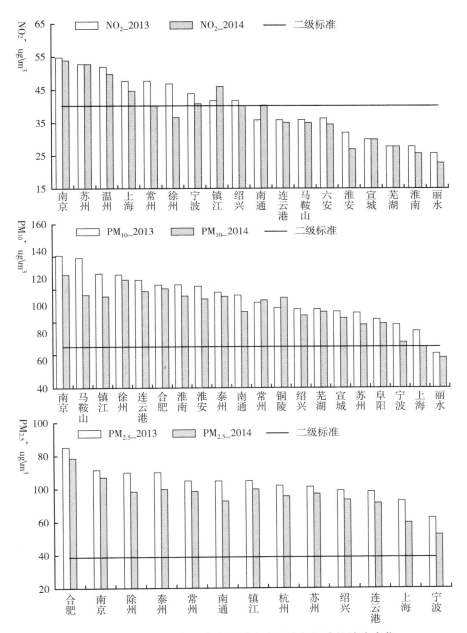

图6 2013～2014年长三角主要城市主要大气污染物浓度变化

资料来源：2014年《中国环境状况公报》，环境保护部，2014，http：//www.zhb.gov.cn/gkml/hbb/qt/201506/t20150604_ 302942.htm。

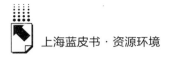

（二）区域协作推动主要领域污染减排

2014 年，机制建立以来，长三角区域内各省市分别在能源、工业、交通、农业、生活等领域加大污染物减排力度，其中包括燃煤机组脱硫脱硝全覆盖、煤电机组超低排放改造；淘汰和化解钢铁、水泥、船舶产能，淘汰印染、纺织、化纤、铅酸蓄电池、制革等行业的落后企业；燃煤锅炉用清洁能源替代；淘汰黄标车和老旧车；推进 VOCs 污染整治；推进秸秆禁烧，实施秸秆综合利用试点工程；加强扬尘监管等。2012 ~ 2014 年，长三角主要污染物排放量总体上呈下降趋势。减排量的主要贡献在电厂、工业过程、工业锅炉和窑炉、机动车尾气四类源，其中 2014 年较 2013 年，上海 SO_2、NOx、PM_{10}、$PM_{2.5}$ 分别减少 9.6%、1.4%、2.0% 和 2.7%；江苏省 SO_2、NOx、$VOCs$ 分别减少 4.1%、12.1% 和 0.4%；浙江省 SO_2、NOx、PM_{10}、$PM_{2.5}$、$VOCs$ 分别减少 4.8%、9.2%、2.1%、2.6% 和 0.6%；安徽省 SO_2、NO_x、$VOCs$ 分别减少 1.6%、3.9% 和 1.3%（见图 7）。

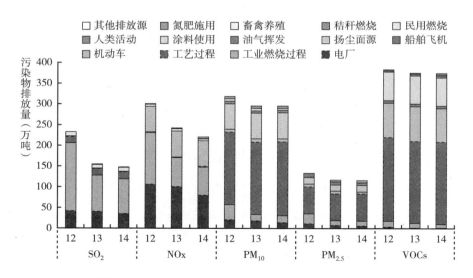

图 7 2012 ~ 2014 年长三角各主要污染物各源减排量

（三）区域空气质量管理得到有效推动

协作机制建立以来，三省一市协商出台了《长三角区域落实大气污染防治行动计划实施细则》，明确了 2013～2017 年区域主要大气污染减排措施和空气质量改善目标。协商出台了《长三角区域空气重污染应急联动工作方案》，基本统一了预警启动条件和主要应急措施。基本完成了区域空气质量预测预报中心一期建设，发布了区域预测预报信息。三省一市加强信息共享、监测预测、科学研究、污染治理与执法监督等方面的联动，携手控制区域性霾污染和臭氧污染，落实国家《大气污染防治行动计划》，区域空气质量联合管理得到了有效推动。

（四）借力重大活动推进区域联合减排

2014 年 8 月，南京青年奥林匹克运动会举办，各级环保部门共同努力，出色地完成了环境保障工作，兑现了"绿色青奥"的庄严承诺，展示了长三角区域城市良好的生态环境。8 月，南京空气质量优良率为 93.5%，在江苏省 13 个城市中排第 2 位；空气质量指数（AQI）为 62，全江苏省最低，$PM_{2.5}$、SO_2 与 NO_2 浓度明显下降[①]。其中，区域联动发挥了重要作用。在环保部的指挥下，江苏、安徽、浙江和上海市三省一市共 23 个城市紧密配合，严格落实《长三角区域协作保障青奥环境质量工作方案》。通过实行监测信息共享和预测预报、限制高污染车进入南京市区、控制重点废气排放企业产能以及共同推动绿色施工等措施，协力减少南京及周边地区污染物排放，共同保障南京青奥会期间的环境质量。此外，三省一市还经协商，共同做好上海亚信峰会、浙江桐乡首届世界互联网大会、南京国家公祭日等重要活动的环境质量保障工作。

---

① 路云霞、刘海斌、于忠华、李文青：《南京青奥会环境保障经验及后青奥环境监管对策研究》，《中国环境管理》2014 年第 6 期。

四 长三角大气污染联动仍存在关键瓶颈

2014年初长三角协作机制建立以来，区域联动改善大气污染取得了显著的成绩。然而，长三角区域大气污染防治协作机制在取得显著成效的同时，仍存在一些关键瓶颈问题[①]。

（一）体制机制障碍是深化长三角大气污染协同控制的关键瓶颈

由于缺乏系统的顶层设计与强有力的协调机制，受根深蒂固的属地管理观念制约，长三角三省一市始终没有走出"行政区"管理的掣肘。城乡布局与产业发展缺乏整体统筹设计，发展功能紊乱，各为为政，产业准入标准、污染物排放标准、环保执法力度、污染治理水平存在差异，缺乏联防联控共治的协同机制。

三省一市的经济发展不均衡和不平衡，受政治地位、财税体制、政绩考核等因素影响，区域层面的环境与发展综合决策机制难以形成，四地对环境保护的动力各不相同。特别是安徽省由于经济实力相对落后，与江浙沪差别更大。各地发展与环境之间的矛盾冲突各异，政府和民众对经济增长、社会发展和环境保护的诉求也呈现多元化和差异化。面对有限的区域大气容量资源以及各自的空气质量需求，难免引起地区间在发展权益与环境保护之间的利益冲突。

（二）政策不协同是导致后继减排乏力的重要壁垒

由于行政区划界限难以打破，机制建立一年来仍未将区域作为整体进行

---

① 柴发合、云雅如、王淑兰：《关于我国落实区域大气联防联控机制的深度思考》，《环境与可持续发展》2013年第4期；任丽丹：《京津冀大气污染防联控路径研究》，河北大学硕士学位论文2014年；张世秋、万薇、何平：《区域大气环境质量管理的合作机制与政策讨论》，《中国环境管理》2015年第2期。

统一规划，提出共同的区域大气环境管理目标和分区政策措施要求。有利于区域环境空气质量持续改善的政策不健全，不能对区域内的能源战略、产业结构、产业布局和交通发展形成有效引导和约束。区内环境标准、环境执法、产业准入等缺乏协调。长三角区域大气环境管理的责任与义务缺乏合理明晰的制度化保障，四地都以自我利益最大化为准则，各自环境保护的权力责任界定不清晰，缺乏利益协调、合作共赢的生态补偿制度保障，难以真正获得环境协同保护的利益平衡。

目前各地区的大气污染减排仍过多依赖行政手段，缺乏排污权交易等有效的市场、经济刺激手段来调动各省市的积极性，解决区域经济发展不平衡的矛盾。区域内未能形成完善的生态补偿机制，导致生态涵养区无法有效利用生态优势实现自身良性发展。

（三）缺少具有区域执法权的监督管理机构

目前长三角区域大气污染防治协作机制在区域组织协调上发挥了重要作用，但由于缺乏具有执法权的实体监管机构，区域协作小组不具备执法权，没有处罚权，因此对于不履行责任的行为没有任何威慑力。产业转移、区域内重污染项目转移缺乏监管；区域大气重点污染源名单未向社会公开；区域内环境联合执法仍未开展，跨界污染防治协调处理机制尚未建立；信息通报与共享平台仍未建立，严重削弱了区域协作机制对大气污染的监管和打击力度。

（四）区域层面的相关研究积累支撑空气质量管理乏力

相对京津冀等区域而言，长三角区域复合型污染防治的研究相对较少，科研积累仍然滞后，对于气溶胶污染机制和光化学污染成因的科研尚处于起步阶段，对其成因、危害及控制等方面的研究也较为滞后。由于区域性污染机理不清，区域污染排放底数不清，从而无法实现科学化、目标化和定量化的区域联防联控管理目标，也无法明确区分各地责任。

五　区域大气污染防治协调机制的国内外经验

（一）美国的区域联防联控机制经验

美国以改善区域臭氧、灰霾污染问题和解决污染跨界传输为目标，区域大气污染联防联控机制形成了"自上而下"的三级分区管理体系，对大气污染治理的监督起到了很好的主导作用。美国在区域层面建立了完备的大气监测体系，对企业排放的 SO_2、NO_x 采取排污权交易，以市场机制为手段，以区域政府协作为主导，把排污权交易作为联防联控治理大气污染的有效保障机制。[①]

1. 联邦环保署成立区域环境管理办公室

1970 年美国环保署成立不久后，在全美十大区域建立了区域办公室，各区域办公室在充分研究区域大气环境问题的基础上与总部紧密合作，为国家大气环境政策的制定提供了关键的技术支撑。同时，区域办公室注重人才培养、方法创新，不断加强自身能力建设。[②]

2. 区域环境管理致力于解决特定大气污染问题

美国为解决棘手的臭氧污染控制和能见度保护问题，形成了一系列区域大气环境管理机制。其中包括解决光化学污染问题的南加州海岸空气质量管理（SCAQMD）。该实体机构具备立法、执法、监督和处罚权，通过制订并实施空气质量管理计划（AQMP）保障达标。同时，SCAQMD 纳入了排污交易创新机制，规定了排放上限。

由于在单个地区对重点源进行的臭氧控制难有成效，因此针对低层大气中臭氧的传输问题，美国在臭氧污染严重的东北部建立了臭氧传输委员会

---

① 路云霞、刘海斌、于忠华、李文青：《南京青奥会环境保障经验及后青奥环境监管对策研究》，《中国环境管理》2014 年第 6 期。

② 宁淼、孙亚梅、杨金田：《国内外区域大气污染联防联控管理模式分析》，《环境与可持续发展》2012 年第 5 期。

（Ozone Transport Commission，OTC）划分了臭氧传输区域（Ozone Transport Region，OTR），开始对臭氧进行区域管理和控制。OTC 充分研究臭氧前体物形成及传输影响，提出了更加严格的 VOCs 与 NO_x 控制措施，如统一的机动车排放标准，更为严格的各类 VOCs 排放源控制要求、消费品 VOCs 溶剂含量，大型燃烧源 NOx 预算交易项目（NOx Budget Trading Program）。

针对细颗粒物 $PM_{2.5}$ 引发的能见度降低问题，美国开展了能见度保护与区域灰霾管理工作。由于大气污染州际传输对能见度影响很大，EPA 划定了能见度传输区域，并成立能见度传输委员会。1999 年，EPA 制定了《区域灰霾法案》（Regional Haze Rule），要求实施多州联合控制战略，共同减少 $PM_{2.5}$ 污染。该法案要求州层面制定战略规划，每十年确定一个能见度阶段性改善目标，并制定相应的 $PM_{2.5}$ 污染控制措施，同时进行评估反馈，每五年提交能见度改善报告。

除了臭氧与能见度传输区域之外，清洁空气法案还授权 EPA 针对其他受污染排放跨界传输影响导致空气质量超标的州建立跨州空气污染传输区域及其管理委员会，该机构有权向 EPA 建议在区域内采取更加严格的控制措施。

3. 州政府发起区域性环境管理行动

区域办公室和机制在不断发展的同时彼此之间自愿组成区域协会，州政府按照环保署划分的十个区域组成了区域计划组织（Regional Planning Organizations，RPOs），该组织旨在进一步改善区域大气质量。[①]

（二）欧盟的区域联防联控机制经验

欧盟联防联控机制以达到世界卫生组织（WHO）相关标准为目标，签署国际条约，明确减排目标；制定欧盟指令，统一标准限值；分区管理，实施重污染联动；制定可靠的防治计划和项目，落实具体措施。欧洲委员会在

---

① 宁淼、孙亚梅、杨金田：《国内外区域大气污染联防联控管理模式分析》，《环境与可持续发展》2012 年第 5 期。

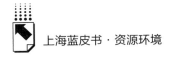

欧盟大部分国家都设有行政办公室，但是欧洲委员会对环境的管理缺少一种发展成熟的区域办公室体系。

1. 签署国际条约是实施区域大气污染联防联控的重要手段

1947年，联合国欧洲经济委员会（UNECE）协商达成了《大气污染远程跨界输送（LRTAP）》，这是首个具有法律约束力的处理区域内大气污染问题的国际文书，51个国家确立了大气污染减排国际合作的一般原则、研究和政策的制度框架。

1984年，欧洲远程大气污染输送监测和评估合作计划（EMEP），融合了监测—模型—评估—对策等过程，为政府决策和科学研究以及制定SO_2、NOx、VOCs、NH_3等污染物的减排协议提供了技术支撑。

2. 制定欧盟指令强制减排

为了实现欧共体环境行动规划的目标，欧盟制定了各类指令，指导各国实施统一的环境保护行动纲领。这些指令以改善环境空气质量为目标，由固定源排放、挥发性有机物（VOCs）、国家排放上限、运输工具与环境等几个方面构成，对成员国具有强制性。

3. 分区管理保障区域清洁空气计划

《欧盟委员会关于大气环境质量与欧洲清洁大气的指令》（2008/50/EC）明确了欧盟采取分区域方式管理大气环境质量的意图，包括欧盟成员国大气污染协调控制机制和区域空气质量管理协调机制。

在大气污染协调控制机制方面，要求成员国在空气污染物或其前体物由于跨境传输超标时采取联合行动或计划，消除污染，并公开分享信息。

在区域空气质量管理协调机制方面，要求各成员国依据领域、人口、人口密度等原则划分建立"区（Zone）"和"块（Agglomeration）"，有效地进行空气质量评价与管理。在一定区或块内，当污染物水平超标时，成员国应制订相应的空气质量计划，并向委员会报告有关区和块的重要情况。

4. 细化污染防治计划

2013年12月实施的新的欧盟大气污染专题战略是一项重大创新举措，新的欧洲清洁空气计划侧重于改善城市空气质量、支持研发创新及推动国际合作，为六种最重要的标准污染物制定更严格的国家排放上限，对特定污染来源（如中小型燃烧设施）制定新指令，重新关注农业及生活源，预计到2030年实现以下目标：避免欧洲58000人过早死亡，防止123000平方千米生态系统免于遭受氮污染，防止19000平方千米森林生态系统免受酸雨影响。[①]

（三）京津冀及周边地区大气污染联防联控机制经验

京津冀地区土地面积21.6万平方千米，占全国的2%，包括北京、天津和河北两市一省。京津冀由于其独特的区位、地理、政治、文化优势，在全国占据重要的地位，同时也是全国大气污染最严重、资源环境与发展矛盾最为尖锐的地区，因此，区域联防联控意义深远。目前，京津冀已把联防联控范围扩大至周边地区，进一步纳入了山西省、内蒙古自治区、山东省和河南省[②]。为了协调解决区域内突出的环境问题，研究推进区域大气污染联防联控工作，京津冀制定实施了有利于区域大气环境改善的能源、产业、交通、资金保障等领域的政策，遵循"责任共担、信息共享、协商统筹、联防联控"的工作原则，成立了京津冀及周边地区大气污染防治协作小组，并在北京环保局常设协作小组办公室，通过协作小组建立了会议制度和区域联动机制，出台了一系列的政策和措施，排放标准逐步统一，共同提高排污收费标准、重点领域大气污染治理稳步推进。[③]

京津冀区域联动机制建立以来，搭建了六省市重污染天气预警会商平台，并针对区域性大范围重污染过程尝试开展了应急联动；初步建立了信息交流和共享机制，共享各省市污染治理的政策、措施和经验，共享空气质量和重点污染源信息；针对秸秆禁烧、油品质量、煤质等区域共性问题，开展

---

① Ivo Allegrini, Guido Lanzani, Fabio Romeo. *Air quality management in EU and Po River basin of Italy*. International Workshop on Joint Air Pollution Control and Prevention in Jing – Jin – Ji and Surrounding Areas, Beijing, 2015.

② 王金南：《京津冀生态环保规划思路框架下的大气污染防治》，京津冀及周边地区大气污染联防联控国际研讨会，北京，2015。

③ 北京市环境保护局：《京津冀及周边地区大气污染联防联控工作进展及下一步工作计划》，京津冀及周边地区大气污染联防联控国际研讨会，北京，2015。

联动执法；建立了区域机动车污染防治专项协作机制；成立区域大气污染防治专家委员会，指导区域科学治污，精准治污。协作机制建立以来，国家建立了区域大气污染治理专项资金，2014～2015年，支持京津冀区域资金达140亿元。加大了对区域清洁能源的供应力度。北京、天津以及河北唐山、廊坊、保定、沧州六市作为京津冀大气污染防治重点区域，建立了结对合作机制。北京对廊坊、保定，天津对唐山、沧州分别给予大气污染治理资金、技术等方面的支持，加快共同治污步伐。[1]

京津冀区域大气污染治理初见成效，2014年$PM_{2.5}$浓度同比下降14.6%，2015年1～6月，同比下降22%，特别是在重大活动期间通过有力的区域联防联控实现了良好的空气质量，如APEC期间实现了"APEC蓝"，阅兵期间实现了"阅兵蓝"，给全社会留下了深刻的印象。[2]

六　深化长三角大气污染联防联控机制对策建议

（一）统筹协调环保机制体制，突破行政辖区分割瓶颈

建议在长三角区域研究建立"纵横"两级组织管理体系，在区域层面打破属地管理的界限，筹建高于省部级的、具有执法权和处罚权的长三角区域空气质量管理机构，建立有效的监督管理机制，负责对区域内联防联控各方进行利益协调，统筹区域环境空气质量管理；省市层面为平等合作的协调关系；区县层面为具体落实大气污染整治任务和减排措施的单元。

深化区域大气污染联防联治体制机制建设，构建长期的区域大气环境管理制度，从制度上突破运动式或短期时效性的大气污染治理方式；从利益协调机制入手，全面完善利益协调、生态补偿、信息共享、监督核查等机制，

---

① 北京市环境保护局：《京津冀及周边地区大气污染联防联控工作进展及下一步工作计划》，京津冀及周边地区大气污染联防联控国际研讨会，北京，2015。
② 北京市环境保护局：《京津冀及周边地区大气污染联防联控工作进展及下一步工作计划》，京津冀及周边地区大气污染联防联控国际研讨会，北京，2015。

进一步加强区域协同治理的制度基础，促进区域环境治理一体化发展。

在现有长三角协作小组办公室的平台下，依托科技创新中心建设的需求，设立长三角区域大气科学中心，组建大气污染科研联合攻关团队，成立由国内及长三角各省市大气领域相关学者组成的专家库，有效推动科研成果转化成为应用技术与管理手段，为长三角区域大气污染问题的成因及协同减排控制对策提供科技支撑。

（二）强化顶层设计，推动区域政策协同

遵循"共同但有区别的责任"原则，以改善区域环境空气质量、减少灰霾、光化学污染、保护人群健康和生态环境安全为目标，基于大气环境质量划分不同等级的控制区域，明确空气质量改善目标及减排指标。加强跨界污染的监测、核查工作，建立跨界污染的责任界定和追究机制，依据跨部门跨区域污染传输模型测算，明确规定污染物排放总量大的行业和地区应当承担区域大气污染主要的减排责任，包括经济成本的承担责任和减排行为的履行责任。

针对能源、产业、交通、工业、建筑、生活、农业七大领域制定区域和省市两大层面的大气污染联防联控方案，区域层面充分发挥"五统一"的工作机制，即统一规划、统一防治、统一监测、统一评估和统一监管；省市层面突出各自特点，细化落实各领域的行动方案和控制措施（见图8）。

（三）强化区域协同联动，提升环境监管整体化水平

进一步健全区域一体化环境监测网络，提升区域空气质量监测能力，实现区域大气环境实施统一监测和信息发布；建立跨区域的联合监察执法制度，在"纵横"两级管理体系的协调下，定期组织开展大气污染专项整治活动，加快重点排污企业在线监测系统建设，推进区域统一监督和执法；建立统一的责任认定评估、环境质量和减排任务考核评估体系和实施细则，配合奖惩措施落实区域大气污染减排实效。加强信息公开和公众参与，充分利用现有的信息化手段，融合"大数据"概念，由区域协作小组办公室负责

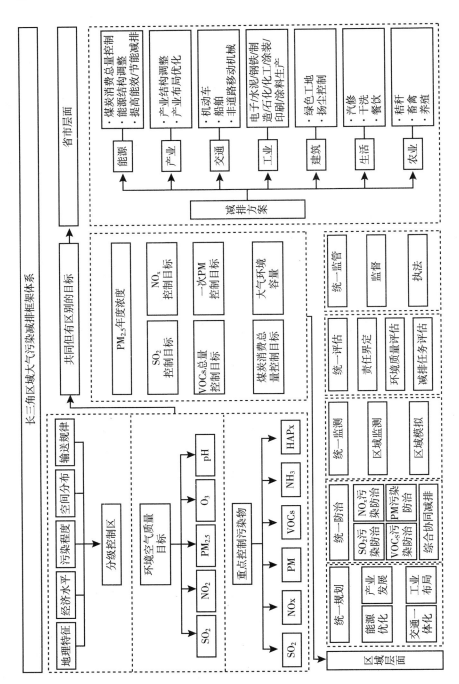

图 8 长三角区域大气污染协同治理框架体系

协调地方各政府部门的信息收集、汇总和公布，区域间联合及时向公众发布大气污染报告。

参考文献

国家统计局：《中国统计年鉴 2014》，中国统计出版社，2014。

上海市环境保护局：《上海市环境状况公报（2006～2014）》，2006～2014。

江苏省环境保护厅：《江苏省环境状况公报（2006～2014）》，2006～2014。

浙江省环境保护厅：《浙江省环境状况公报（2006～2014）》，2006～2014。

安徽省环境保护厅：《安徽省环境状况公报（2006～2014）》，2006～2014。

环境保护部：《2014 年中国环境状况公报》，2014。

柴发合、云雅如、王淑兰：《关于我国落实区域大气联防联控机制的深度思考》，《环境与可持续发展》2013 年第 4 期。

任丽丹：《京津冀大气污染联防联控路径研究》，河北大学硕士学位论文，2014。

张世秋、万薇、何平：《区域大气环境质量管理的合作机制与政策讨论》，《中国环境管理》2015 年第 2 期。

路云霞、刘海斌、于忠华、李文青：《南京青奥会环境保障经验及后青奥环境监管对策研究》，《中国环境管理》2014 年第 6 期。

宁淼、孙亚梅、杨金田：《国内外区域大气污染联防联控管理模式分析》，《环境与可持续发展》2012 年第 5 期。

Ivo Allegrini, Guido Lanzani, Fabio Romeo. *Air quality management in EU and Po River basin of Italy*. International Workshop on Joint Air Pollution Control and Prevention in Jing – Jin – Ji and Surrounding Areas, Beijing, 2015.

王金南：《京津冀生态环保规划思路框架下的大气污染防治》，京津冀及周边地区大气污染联防联控国际研讨会，北京，2015。

北京市环境保护局：《京津冀及周边地区大气污染联防联控工作进展及下一步工作计划》，京津冀及周边地区大气污染联防联控国际研讨会，北京，2015。

王金南、蒋洪强、刘年磊：《关于国家环境保护"十三五"规划的战略思考》，《中国环境管理》2015 年第 2 期。

丁雪飞：《大气污染防治区域协调法律机制研究》，中国海洋大学，2013。

常纪文：《大气污染区域联防联控应实行共同但有区别责任原则》，《Environmental Protection》2014 年第 42 期。

牛桂敏：《京津冀联手治霾需系统深化联防联控机制》，《Environmental Protection》

2014 年第 42 期。

屠凤娜：《京津冀区域大气污染联防联控问题研究》，《生态文明》2014 年第 10 期。

周冯琦、汤庆合、任文伟：《上海市资源环境发展报告（2015）》，社会科学文献出版社，2015。

王金南、宁淼：《区域大气污染联防联控机制路线图》，《中国环境报》2010 年 9 月 17 日。

专 题 篇

On Special Topic

B.5

长三角船舶废气污染协作治理研究

黄 成[*]

摘　要： 船舶污染已成为影响我国沿海地区大气污染的重要来源之一。
但现有的大气环境管理针对船舶污染仍缺乏有针对性的举措，
迫切需要从区域层面共同推进船舶污染的联合防治工作。发
达国家已通过建立排放控制区、换烧低硫油、建设岸电、船
舶排放标准等措施逐步加强对船舶大气污染的防治。但是，
目前长三角区域乃至全国大部分地区都未启动船舶的大气污
染防治工作，仍然存在燃油质量差、无排放标准、岸电建设
进度缓慢等问题，区域协作机制也迟迟未能建立。为进一步
改善长三角区域环境空气质量，应尽快推动船舶的大气污染
治理，落实包括排放控制协作区、船舶排放标准、岸电建设、

---

　*　黄成，上海市环境科学研究院大气环境研究所，副所长。

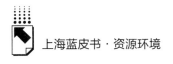

在用船舶排放监管等区域联合防治工作。

关键词：　长三角　船舶　大气污染　协作治理

一　长三角区域船舶污染防治的总体背景

我国已成为世界上最重要的港口大国和航运大国，拥有近 20 万艘水上运输船舶和上千座港口，大气污染较为严重的京津冀、长三角、珠三角等区域同时也是港口与船舶航行的密集区，港口与船舶造成的大气污染影响不容忽视。美国长滩港的研究发现，船舶在停泊时的排放可占到其总排放的 41%，几乎等于水上运输时的排放量。此外，除排放大量一次污染物外，港口和船舶主要污染物中的 NOx、SO_2 和挥发性有机污染物（VOCs）也是复合污染的重要前体物，会经过光化学反应生成光化学烟雾，同时 NOx 和 SO_2 本身也可以转化为硝酸盐（NO_3^-）和硫酸盐（SO_4^{2-}），从而加重 $PM_{2.5}$ 污染。

欧美发达国家也在控制港口密集区域复合污染的问题上遇到过类似的问题，并已取得相关成功经验。长三角港口群是我国最为密集、吞吐量最大的港口群，由于区域港口间船舶流动性大，单个城市开展船舶污染控制存在相当大的难度，因此开展区域协作是区域船舶污染防治的必由之路，本文将重点针对长三角区域港口船舶面临的现状和问题，探讨区域船舶污染协同防治的相关措施和建议。

二　长三角区域船舶构成及排放现状

（一）上海及长三角港口群船舶艘次

长三角港口群是我国沿海五个港口群中港口分布最为密集、吞吐量最大的港口群，拥有 8 个沿海主要港口、26 个内河规模以上港口。根据国家交通部的统计，长三角港口的货物吞吐量和集装箱吞吐量分别占全国的 37%

和 35%。图 1 和图 2 所示分别为我国主要港口群货物吞吐量增长趋势和
2013 年主要港口群货物吞吐量占比。

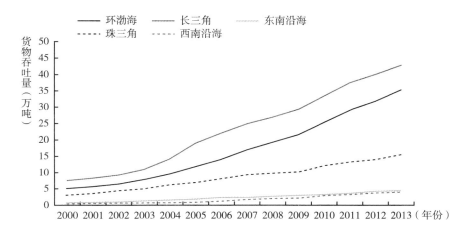

图 1 我国主要港口群货物吞吐量增长趋势

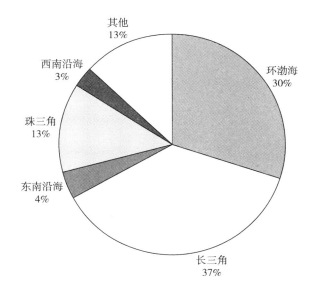

图 2 2013 年我国主要港口群货物吞吐量占比

宁波—舟山港和上海港是长三角地区吞吐量前两位的两大港口。2013
年，两大港口的货物吞吐量分别达到 8.1 亿吨和 7.8 亿吨，共占全国港口货

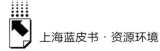
物总吞吐量的 15%。长三角区域其他主要港口依次为：苏州港、南京港、连云港、南通港、湖州港、镇江港等。图 3 和图 4 所示分别为长三角地区的主要港口分布及各主要港口的货物吞吐量和集装箱吞吐量。

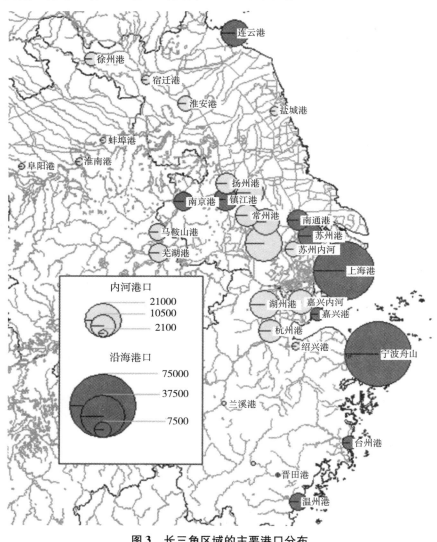

图 3　长三角区域的主要港口分布

2012 年，上海港进出港船舶 262 万艘次，其中，外港水域船舶 191 万艘次，占上海港进出港船舶总量的 72.6%；进出内河水域船舶 72 万艘次，

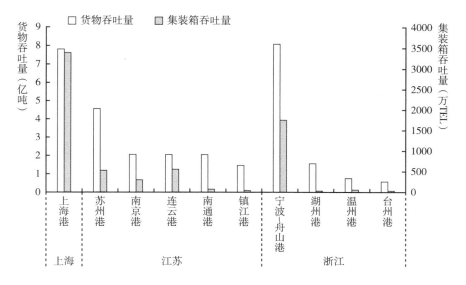

图4   长三角主要港口的货物吞吐量和集装箱吞吐量

占上海港进出港船舶总量的 27.4% 。根据货物吞吐量估算，2012 年，长三角区域船舶进出港艘次约 1300 万。调研结果显示，目前只有约占船舶进出港量 2.5% 的远洋船舶的大气污染物排放受国际公约约束，其余船舶的大气污染物排放均未得到有效的控制和监督，其潜在的环境影响显著。

（二）上海及长三角船舶构成及其排放现状

截至 2013 年年底，长三角三省一市拥有机动船 8.6 万艘，占全国的 55%，江苏、浙江、安徽和上海分别拥有 3.9 万艘、1.8 万艘、2.7 万艘和 0.2 万艘。图 5 所示为长三角三省一市民用机动船舶数量、净载重吨数和平均吨位的历年变化情况。船型正逐步向大型化发展，在船舶数量基本持平甚至下降的情况下，净载重吨数呈明显上升趋势，其中，上海港船舶平均吨位远高于其他各省，平均约 1.8 万吨/艘，其单船污染物排放水平势必较高。

船舶排放的主要污染物为 SO_2、NOx 和颗粒物，上海市环境监测中心等单位的已有研究成果显示，远洋船和内河船（含沿海船）是构成上海市船舶大气污染物排放的主体，远洋船舶艘次虽仅占上海港进出船舶总数的

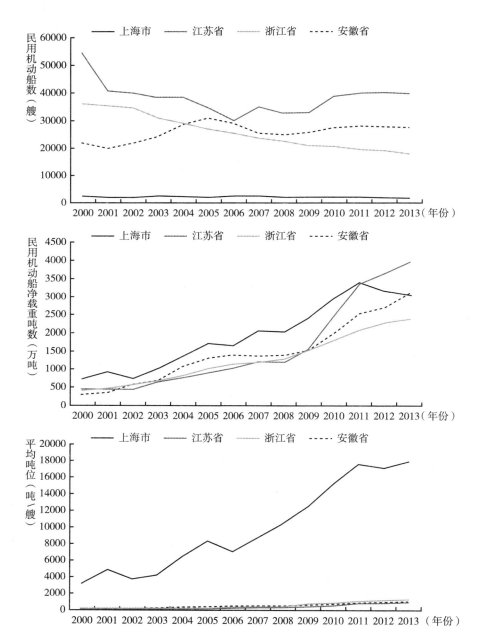

图5　长三角三省一市民用机动船舶数量、净载重吨和平均吨位的历年变化

5.0%，但由于其船型普遍较大，单船污染物排放显著，其主要大气污染物排放约占上海港口船舶排放总量的70%~97%。其中，集装箱船船舶数占远洋船的25%，但其大气污染物排放占远洋船的60%左右。船舶运行工况主要分为巡航、进出港、装卸货和停泊，其中，巡航工况大气污染物排放分担率最高，约占排放总量的65%~85%。尽管船舶在靠岸过程中的装卸货和停泊工况的排放比例仅占到5%~24%，但停靠期间的排放量对港区及上海市城区的大气环境影响更为显著。

（三）船舶的空间分布及主要影响区域

从船舶运行的空间分布来看，长三角船舶的主要运行区域集中在长江口深水航道、洋山主航道以及宁波港周边，其余大部分排放量均集中在黄浦江沿线的内河航道内。图6阴影部分所示为长三角区域船舶运行的空间分

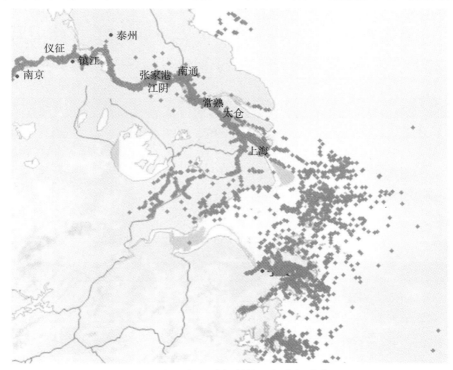

图6　长三角区域船舶的运行空间分布

布。可以预见，北部长江口航道以及洋山和宁波港船舶的大气污染物排放在以东风为主导的气象条件下均会对区域大气环境质量造成一定影响。

三 区域船舶大气污染协作治理的主要问题

（一）油品质量问题

目前，我国船用燃油质量远远滞后于车用燃油。其中，远洋船舶主要燃烧重油，按照国际海事组织防污公约 MARPOL 附则 VI 的规定，其含硫量限值为 3.5%，相当于上海市现行车用柴油含硫量的 3500 倍。上海市环境监测中心的相关调研结果显示，实际含硫量基本控制在 2.9%，尽管在标准范围内，但仍然远高于发达国家在排放控制区内的限值要求。由于国内对于本国船舶用油没有强制要求，故沿海船的燃料油含硫量基本没有得到控制。此外，内河船的燃油供应体系也较为混乱。仅上海市就有近 2000 家燃料供应企业为内河船及沿海船加油，且燃料并非全部来自我国三大炼油公司，存在燃油中添加其他油品以降低成本从而加剧船舶大气污染物排放的风险。上海市小样本调查结果表明，船用柴油超现行的《普通柴油》（GB 252 - 2011）标准的现象仍然十分普遍。

（二）排放标准问题

随着道路机动车排放控制的逐步加强，船舶的大气污染贡献日渐突出，但是对船舶大气污染物排放的监管仍十分薄弱。目前，我国对于远洋船舶的大气污染物排放主要参照国际公约管理，但是，对于内河及沿海船舶的大气污染物排放管理几乎处于空白状态。环保部正在制定的《船舶压燃式发动机排气污染物排放限值及测量方法（中国第一、二阶段）》尚处于征求意见阶段，新标准滞后使船舶发动机的排放控制技术迟迟难以得到有效提升。

（三）船型标准化问题

我国内河船舶普遍存在船型杂乱、平均吨位小等问题，使内河船舶的单位能耗和排放水平居高不下，业已成为制约内河航运健康发展的重要因素。由于内河船舶的强制报废年限普遍较长，使船型标准化推进工作难以得到有效推进，迫切需要通过有力的政策措施加以推动。

（四）岸电问题

岸电是指船舶靠港期间，停止使用船舶上的发电机，而改用陆地电源供电的方式。目前，国际上比较流行的岸基船用供电系统主要有三种，分别是以美国洛杉矶港为代表的驳船式岸基供电系统、以瑞典哥德堡港为代表的固定式岸基供电系统，以及刚试运行成功的以上海港为代表的移动式岸基供电系统。由于上海港靠港船舶的高密度性和靠港船型的种类繁杂性等特点，故采用移动式岸基船用供电系统是比较合适的，可将供电对码头装卸作业的影响降到最低。但是，目前岸电工程仍然面临成本投入大、岸电切换过程复杂以及插头非标准化等问题。

（五）区域协作问题

由于区域内船舶流动性强，各港口之间存在一定的竞争关系，实施船舶污染治理往往导致船舶运营成本增加，如果仅限于个别港口实施船舶污染治理，在航运业竞争激烈的背景下，一方面将导致一些船舶向未采取治理措施的港口转移，另一方面也会对率先实施严格管控的港口产生不利影响。因此，需要在国家层面统一部署推进船舶污染防治工作，在区域范围内进行联防联治，方能将船舶污染治理顺利推进和落实。

四 发达国家船舶排放控制经验

（一）排放控制区

美国国家海洋和大气管理局（NOAA）的研究报告表明，海上船舶已经成为严重的大气污染源。全球船舶排放的颗粒污染物总量相当于全球汽车排放量的50%，全球每年排放的氮氧化合物中有30%来自海上船舶。船舶在近海航行，特别是进出港时，开动主机，燃料消耗和污染排放较大，对近岸区域有较大影响。为解决船舶对环境的污染问题，国际海事组织（IMO）提出建立排放控制区（Emission Control Area）的建议。1997年的空气污染防止国际会议通过了MARPOL公约（防止船舶造成污染国际公约）议定书，规定了排放控制区。在排放控制区中，船舶排放受到较严格的控制，船舶被要求使用清洁燃料（如低硫油）或达到先进的排放控制水平。

排放控制区分为硫（SOx）排放控制区和氮（NOx）排放控制区两类。目前，全球已经有四个硫排放控制区：波罗的海、北海、北美，以及覆盖波多黎各和美国维尔京群岛水域的加勒比海排放控制区。目前，唯一的氮排放控制区是包括美国和加拿大沿海200海里范围内的北美排放控制区。具体的控制区要求有以下几方面。

1. SOx 的排放控制

针对SOx的排放，《MARPOL73/78公约》附则Ⅵ规定船舶上使用的任何燃料油中硫含量的上限为4.5%，在排放控制区（SOx Emission Control Areas，SECA）这样的特殊地区（如地中海），燃油含硫量不得大于1.5%。目前，在欧盟、北美、加州等地区的排放控制区以及中国香港等地区使用的燃油含硫率均低于1.0%，远低于我国现有水平，欧美甚至达到0.1%。

2. NOx 的排放控制

《MARPOL 73/78公约》附则Ⅵ修正案定义了包括三个级别在内的IMO船用柴油机排放标准体系。正在执行的附则Ⅵ的相关内容被作为TierⅠ标准纳入其中，新增加了更加严格的TierⅡ/Ⅲ标准，同意通过两阶段实现减排目标：即2011年达到TierⅡ要求，2016年在排放控制区域达到更严格的TierⅢ要求（如表2所示）。

公约附则Ⅵ还包括对柴油机进行必要改进或安装降低NOx排放的装置的要求，并于第一次换新检验12个月后或改进方法经认可后的日期之前完

表 1（a）　控制区内远洋船舶燃油含硫率要求

实施日期		之前	2009-7-1	2010-1-1	2010-7-1	2011-8-1	2012-1-1	2012-8-1	2014-1-1	2015-1-1	之后
控制区内	国际		1.50%				1.00%				0.10%
	欧盟		1.50%		1.00%						0.10%
	北美	4.5%（非控制区）						1.00%			0.10%
	加州			DMA<1.5%或DMB<0.5%					DMA<1.0% 或 DMB<0.5	DMA 和 DMB<0.1%	
	加勒比海	4.5%（非控制区）					3.5%（非控制区）		1.00%	0.10%	

资料来源：《MARPOL73/78 公约》附则Ⅵ。

表 1（b）　控制区内远洋船舶燃油含硫率要求

实施日期		之前	2012-1-1	2012-9	2014-6-8	2020-1-1	之后*
控制区内	国际	4.50%			3.5%	0.50%	0.50%
	中国	4.50%			0.50%		
	中国香港**	4.50%			0.50%		
	欧盟	4.50%			3.5%		0.50%

资料来源：《MARPOL73/78 公约》附则Ⅵ。

说明：* 对于 2020 年 1 月 1 日及以后的要求，IMO 应在 2018 年前考虑燃料油的标准和全球的市场供应与需求以及燃油的发展等情况组织专家进行评审，若评审不能通过，则延迟至 2025 年 1 月 1 日及以后实施。

** 香港对于远洋船舶燃油含硫量的控制，是香港船东协会召集各船公司自发起的污染减排措施。

成。为确保柴油机制造商、船东和主管机关遵守修订的标准，公约附则 VI 还规定了船用柴油机试验、检验和发证的强制程序。

表 2　NOx 限值

项目	$n_N/(r/min)$	$NO_x/g/(kW \cdot h)$
Tier I （2005 年 5 月 19 日生效，全球实施）	<130	17.0
	130~2000	$45.0 \cdot n_N^{-0.2}$
	>2000	9.8
Tier II （2011 年全球实施）	<130	14.4
	130~2000	$44.0 \cdot n_N^{-0.23}$
	>2000	7.7
Tier III ［2016 年排放控制区域（ECAs）实施］	<130	3.4
	130~2000	$9.0 \cdot n_N^{-0.2}$
	>2000	1.96

资料来源：《MARPOL 73 /78 公约》附则 VI。

3. 油船、油码头的油气回收控制

在《MARPOL73/78 公约》附则 VI 生效时，IMO 海洋安全委员会（MSC）制定了安全标准：《关于油气排放控制系统标准》（MSC/Circ. 585 号通函）供各缔约国遵照执行。公约附则 VI 第 15 条（3）规定："当事国的政府应确保根据本组织制定的安全标准（即指上述标准）批准的油气回收系统被配备在指定港口和码头中，其运行是安全的，并能避免造成对船舶的不当迟延。"公约附则 VI 第 15 条（5）对缔约国船舶提出了要求，规定："按本条规定接受油气排放控制的所有液货船，应配备由主管机关根据本组织制定的安全标准批准的油气回收系统，并在装此种货物期间使用此系统。"

（二）发达国家港口船舶主要措施

1. 国际港口协会清洁空气计划（IAPH）

该计划从航运和集疏运车辆等方面提出了一系列控制措施。其中，远洋船舶通过减速、使用清洁燃料、加强排放控制及使用岸电进行控制。针对港区内的非道路移动机械（如装卸和搬运车辆、重型牵引车辆），主要通过更换清洁燃料、提升车辆排放标准、减少闲置及减量化进行减排。

2. 美国圣佩德罗港口清洁行动计划

洛杉矶—长滩港是国际上开展港口船舶污染防治起步最早的地区，于1972 年建立了港务环保部门。2006 年，洛杉矶港和长滩港联合南海岸空气质量管理部门、加州空气资源局和美国环保署制定了圣佩德罗港口清洁行动计划。该计划要求，到 2020 年，将由于港区细颗粒物排放引起的居民癌症风险率降低 85% 。主要的实施手段是将船舶的治理措施写入港口租赁条约，此外，还通过税收优惠、资金激励、自愿行动、额度交易和政府贷款等手段促进节能减排工作的推广。实践表明，对租赁条约的规定以及税收优惠和资金激励是减低港口船舶大气污染物排放最有效的方式。

3. 美国西北港环境空气质量保护战略

美国西北港包括西雅图与塔科马港和加拿大英属哥伦比亚省的温哥华港，它们主要通过自愿和合作的方式来推动港口船舶的大气污染物减排工作。该计划规定到 2010 年，港口内的运输船舶和邮轮的 PM 减排量应与使用清洁燃料的效果一致；到 2015 年，远洋船的排放控制要求应符合 IMO 的有关规定，即将燃料硫含量减至 0.1% 以下。对于港区内的非道路移动机械，主要通过使用超低硫柴油以及生物柴油等手段来减少污染物排放。

4. 纽约新泽西港清洁空气创新计划

纽约新泽西港是北美东海岸最大的港口，也是美国货物运输量最大的港口。纽约新泽西港主要通过法规和自愿相结合的方式开展港口船舶的污染防治工作。其清洁空气创新计划的主要措施包括建设电动起重机以减少燃油机械的排放，并大力推广港口的现代化设备和清洁燃料。同时，港口还联合商务部、租户、公共机构和私人伙伴合作开发柴油车的颗粒捕集器以及混合动力装载机等新的污染物减排技术。

5. 鹿特丹港 Rijnmond 区域空气质量管理行动计划

荷兰鹿特丹港 Rijnmond 区域因其空气质量超标问题而受到当局的关注，为改善该区域空气质量，该区域执行理事会制定了相应的大气污染防治配套政策以减少港区及周边区域的大气污染物排放。为此，建立了 5 个工作组，

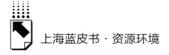

主要包括：道路交通、航运、铁路、工业和民用。针对航运的减排措施主要包括为远洋船舶提供岸电、在城市中心设立低排放区、通过更为严格的标准促进船舶及其他大气污染源的减排。

6. 悉尼港绿色港口规划

悉尼港的绿色港口规划主要包括：在港区非道路移动机械上推广使用热电混合技术以及其他可减少温室气体排放的燃料（如液化石油气、液化天然气、压缩天然气及生物燃料等），并限制柴油使用；提供岸电设备，减少船舶停靠期间的污染；对港区内的运输车辆，通过使用混合动力或高效节能车辆，减少温室气体排放。

五　长三角区域船舶大气污染防治的对策建议

按照"摸清家底、先易后难、重点推进"原则，从"国家、区域、地方"三个层面入手，提出长三角区域船舶大气污染联合防治工作建议。

（一）关于国家政策的建议

1. 尽快出台实施船用发动机大气污染物排放标准和相关排放管理要求

建议由环境保护部、国家质检总局尽快颁布实施国家船用压燃式发动机大气污染物排放标准；由交通运输部、环境保护部等出台实施，加强船舶大气污染防治的管理要求。

长三角各省市在全面贯彻落实国家要求的同时，力争先行先试，提前于国家规定的时间实施新标准，并组织实施监管工作。

2. 研究建立长三角区域船舶污染防治协作区

建议由交通运输部、环境保护部会同长三角三省一市交通、海事、环保等有关部门，研究建立长三角区域船舶污染防治协作区，推行低硫油使用示范区，力争到 2017 年年底前，建立长三角区域船舶污染防治协作示范区，将长三角区域船舶燃油的硫含量降至 1.5% 以下，并提出中远期燃油质量持续改善路线图。

在此基础上，加强国内外协调，积极争取按照《防止船舶造成污染国际公约》，设立国内首个"近海船舶排放控制区"。

（二）关于区域层面开展协同监管的建议

1. 联合开展区域船舶污染基础研究

建议由三省一市海事、交通、环保等部门，会同相关科研机构，联合开展区域船舶大气污染物排放清单及其环境影响的科研攻关，基本摸清长三角区域船舶大气污染物排放状况及其环境影响，为区域船舶大气污染联合监管提供科技支撑。

2. 加快区域船舶污染相关标准出台

建议由三省一市海事、交通、环保等有关部门，会同相关科研机构，加快研究在用船舶冒黑烟监测与执法方法和内河船舶地方排放标准。力争于2016年出台在用内河船舶排放标准，实施冒黑烟监测与执法。

3. 建立区域船舶环保信息共享平台

建议由三省一市海事、交通、环保等有关部门，建立长三角三省一市船舶环保信息共享制度。2016年年底前，初步搭建长三角区域船舶环保信息共享平台，形成区域船舶信息的共享和定期更新机制。

4. 区域共同推进高污染老旧船舶淘汰

建议由三省一市交通、海事等有关部门负责，根据国家长江经济带发展的有关要求和交通运输部《"十二五"期间推进全国内河船型标准化工作实施方案》的安排，共同推进高污染老旧船舶淘汰，鼓励老旧运输船舶提前退出航运市场。到2017年年底前，基本完成船龄在15～30年之间的货船和10～25年之间的客船提前报废更新工作。

（三）关于省市层面加强本地监管的建议

1. 加强本地船用燃油质量监管

建议由本省市海事部门负责，根据国家和各地方对船用燃油质量的相关标准要求，加强对船用油品质量和本市燃油质量的监督检查，严厉查处不达

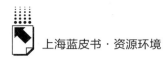
标及非正规的船用燃油加注点，并定期公布检查结果。

2. 开展船舶冒黑烟监测与执法工作

各地方海事、交通、环保部门建立联合执法机制。争取 2016 年开展船舶冒黑烟监测与执法试点工作。2017 年年底前，在各省市重点港区与建成区航道完成冒黑烟监测与执法业务化工作。

3. 鼓励港口码头岸电工程建设

建议由各省市交通部门负责，推进辖区内重点港口码头岸电工程，研究制定相应的配套补贴政策。到 2017 年年底前，各省市完成 2~3 个重点港口码头的岸电工程试点，并在试点的基础上逐步推广。

B.6
太湖流域工业园区水环境绩效评价

陈 宁 杨爱辉*

摘 要： 根据联合国环境规划署（UNEP）的定义，本文研究的工业园区包含我国现有各类工业园区、开发区、产业基地、工业地块等规划概念。随着我国工业化、城镇化的快速推进，工业企业呈现明显的集聚态势，各类工业园区已经成为我国工业经济发展的重要引擎。太湖流域两省一市大约集聚了近2000家各级别的工业园区，这些园区创造的工业总产值占两省一市工业总产值比重的60%以上，年废水排放量超过25亿吨，对流域水环境的影响巨大。同时，流域大量的工业园区由于管理体制较为混乱、绩效考核与管理体系尚未建立起来、园区环境管理机构及监管力量不足，导致部分工业园区存在较大的环境风险。本文拟以流域工业园区水环境绩效评价为抓手，构建能够科学、全面反映流域工业园区水资源使用与水环境保护状况的水环境绩效评价指标体系。同时，为了确保水环境绩效评价工作的开展，提高工业园区水环境绩效，本文提出了一些关键管理制度层面的改进建议，包括落实园区管理机构水环境保护的主体责任、污染物总量减排目标落实到工业园区、以流域控制原则设置园区水环境目标，同时建立健全流域工业园区环境统计制度。

关键词： 太湖 流域 工业园区 水环境 绩效评价 绩效管理

---

* 陈宁，上海社会科学院生态与可持续发展研究所，博士。杨爱辉，世界自然基金会，项目经理。

工业园区已成为许多国家发展战略的一个重要组成部分，对一个国家或地区工业经济的发展起着不可替代的作用。然而，工业园区还缺少一个得到各方公认的内涵和统一的名称。联合国环境规划署（UNEP）认为，工业园区（Industrial Estate）是一片面积较大的土地，其中聚集了规模较大的工业企业。一般而言，工业园区具有一些普遍性的特征，具体包括以下特征：较大面积的土地上集聚了多家工厂；有各种环境公共设施（特别是集中供水及集中污水处理基础设施）；有相对统一的管理部门；有区域环境执行标准和限制条件。根据 UNEP 的定义，我国现有的各类工业园区、开发区、产业基地、工业地块等规划概念都属于工业园区的范畴。

一　工业园区对流域水环境的影响

工业企业向园区集聚已经成为我国工业化和城镇化过程中的重要标志，各类工业园区已经成为我国工业经济发展的引擎。截至 2015 年 10 月，我国国家级经济技术开发区数量达 214 个[①]，国家级高新技术产业开发区 145 个[②]。太湖流域已经基本实现了"工业向园区集中"的目标，各类工业园区及开发区星罗棋布。上海市、江苏省、浙江省两省一市共分布了国家级经济技术开发区 53 个，国家级高新技术产业开发区 27 家，各类省级开发区 178 家。此外，分布于各个乡镇的各类开发区、工业集聚区数以千计，由于工业园区的各类经济、环境数据的统计和发布滞后，本报告难以获得确切的开发区数量。假定除国家级、省级开发区外，两省一市每个建制镇平均分布一个市、一个县及一个乡镇级工业园区，则太湖流域的工业园区数量将近 2000 个（详见表 1）。这一估算方法从上海市工业园区的数量上基本可以得到佐证：上海市各类开发区共有 104 个城镇工业地块，而同时，上海市建制镇数量为 108 个，两个数据基本吻合。

---

① 商务部网站：http：//www. mofcom. gov. cn/xglj/kaifaqu. shtml.
② 科技部网站：http：//www. chinatorch. gov. cn/gxq/index. shtml.

表1 太湖流域两省一市工业园区数量估算

单位：个

项目	国家级	省级	其他（估算）	合计
上海市	16	22	104	142
江苏省	42	105	797	944
浙江省	29	51	639	719
总　计	87	178	1540	1805

　　资料来源：商务部、科技部、江苏省商务厅、浙江省商务厅相关数据，及《上海市开发区发展报告2014》《上海市统计年鉴2014》《江苏省统计年鉴2014》《浙江省统计年鉴2014》。

　　联合国环境规划署认为，工业园区产生的环境影响，在区域层次和全球层次上可能都是严重的。[①] 工业园区的发展对流域水环境可能产生的主要影响包括水资源过度开发、水环境污染、生态系统破坏等（详见图1），这些问题相互交织相互作用，对流域经济社会的发展以及居民健康产生不利的影响，最终也制约着园区的可持续发展。

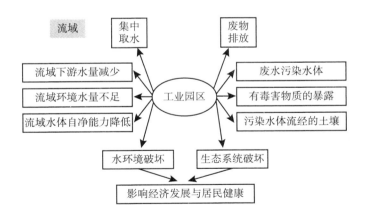

图1 工业园区对所在流域水环境的影响示意图

---

① UNEP, Environmental Management for Industrial Estates: Information and Training Resources, 2001.

从实践层面看，工业园区在区域经济中占有重要地位，尤其是工业领域。尽管太湖流域二省一市工业园区的比重有一定的差异，但根据上海市发改委、上海市经信委联合发布的《上海市开发区发展报告（2014）》显示，上海市各类工业园区、产业基地、城镇工业地块的工业总产值将占全市工业总产值的98.07%。根据浙江省人民政府出台的《关于进一步提升全省开发区发展水平的指导意见》，到2015年，各类开发区工业总产值将占全省工业总产值的60%。若根据这一比例同比推算，则2013年，两省一市工业园区废水排放量超过27亿吨（详见图2）。

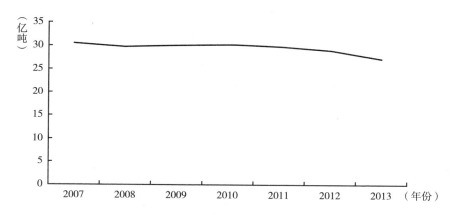

图2　2007～2013年太湖流域两省一市工业园区废水排放量估算

资料来源：《上海市统计年鉴2014》《江苏省统计年鉴2014》《浙江省统计年鉴（2008～2014）》。

从图2可见，尽管近年来工业园区的废水排放总量开始下降，2013年比2007年减少11%，但废水排放的削减速度相对较慢。同时在总量上仍然处于27亿吨的高位。

与此同时，一些工业园区由于环保监管薄弱，产生了一些令人关注的环境污染事故或案件，存在较大的环境风险。如在2015年1～8月环保部公布的重点环境案件处理情况中，涉及太湖流域的环境案件18个，其中，处理园区内企业的环境案件16件，占比接近90%（详见表2）。从这些重点处理的环境案件中可以发现，大部分企业都是在经营过程中未能严格遵守基本环境管理制度如环境影响评价制度、"三同时"制度、危险化学品管理制度等的要求而受到处理，这从侧面反映出工业园区环境监管的不足。

表2　2015年1～8月环保部通报的太湖流域重点环境案件

时间	企业名称	是否园区内企业	环境问题
2015年1月	泰州市里华电镀厂	否	未经环评批复擅自新建生产线；部分污染防治设施擅自停运和运行不正常；厂区雨水管道内有少量酸性存水；车间内废水跑冒滴漏严重
	江苏牧羊控股有限公司	扬州市邗江经济开发区	设备未经验收、未执行环境影响评价擅自建设并投入生产；危废存放不规范
2015年3月	苏州倍合德业盛化工有限公司	归庄长富工业园区	危废处置不规范；擅自改变生产工艺；厂区环境管理不到位
	浙江四海氨纶纤维有限公司	绍兴县安昌镇工业园	未按环评使用天然气
2015年4月	老港镇工业园区	老港镇工业园区	垃圾填埋场的恶臭污染环境
	常州市永泰丰化工有限公司	精细化工（常州）工业园	非法倾倒危险废物；危险品三防措施不到位
	江苏善俊清洁能源科技有限公司	柘汪临港产业区	未履行环评审批手续擅自投用设备；项目未经竣工环保验收擅自投入生产
	台州绿宝精化有限公司	玉环县城关下陡门工业区	未通过竣工环保验收长期违法生产
2015年5月	江苏省银宝盐业有限公司	否	未经环保部门审批擅自建设项目
2015年7月	苏州市贵金属回收有限公司	浒关经济开发区阳山科技园	未按危险废物经营许可证规定工艺处置危险废物；危险废物贮存管理不规范；无事故应急池
	爱沃特裕立化工（江苏）有限公司	连云港化工产业园区	项目超期试生产未申请竣工环保验收；未经环评审批擅自变更生产工艺；废水沉淀池及污水站收集池不规范；雨污分流系统不完善
	江苏德龙镍业有限公司	盐城响水沿海经济开发区	未经环评审批擅自建设项目；生产线超期试生产至今未通过竣工环保验收；原料和炉渣堆放不规范；危废未交有资质单位安全处置

续表

时间	企业名称	是否园区内企业	环境问题
2015 年 8 月	连云港中新污水处理有限公司	连云港化学工业园区	总排口废水 COD 浓度超标；扩建工程未经竣工环保验收擅自投入运行
	江苏耕耘化学有限公司	镇江国际化学工业园区	雨污分流不规范；好氧池部分曝气装置损坏；危废未规范堆放
	连云港市中成化工有限公司	连云港化学工业园区	总排口 COD、氨氮浓度超过园区污水处理厂接管标准；废水预处理设施管理不善；危废贮存不规范
	连云港珂司克化工有限公司	连云港化学工业园区	雨污分流不彻底；事故池不规范；环保设施不规范；危废暂存不规范
	连云港高优化工有限公司	连云港化学工业园区	污水预处理站微电解池运行不稳定
	连云港威远精细化工有限公司	连云港化学工业园区	产品擅自改变生产车间未重新报批环评文件；污水预处理设施老化；雨污分流不彻底
	江苏亚邦染料股份有限公司连云港分公司	连云港化学工业园区	废水收集系统不完善；储罐防腐防渗不到位

资料来源：环境保护部网站。

由于上述工业园区对流域环境产生的深远影响，工业园区应是流域环境保护中的关键行为主体。同时，随着流域工业园区环境基础设施的逐渐完善，以园区为单位共同推进污染物减排和环境质量保护，将是低成本及有效率的。因此，流域工业园区应该进一步提高环境保护意识，在园区层次上实施环境管理体系（EMS），从而逐步提高环境管理能力，探索改善环境质量的有效途径。[①] 而工业园区承担流域水环境保护责任的基础在于科学评估、真实反映工业园区水资源利用与水污染排放的绩效。

二 我国工业园区水环境绩效评价的现状及制约因素

我国尚无官方层面的工业园区水环境绩效的评价指南及实践准则，工业

---

① UNEP, Environmental Management for Industrial Estates: Information and Training Resources, 2001.

112

园区的环境指标主要是以环保部出台的相关园区类环境标准为主。这些环境标准出台时间较早，部分指标不能完全反映我国环境保护的现状和要求。同时，我国工业园区的行政管理体制及环境保护管理机制也对工业园区的水环境绩效评价产生了一定的制约。

（一）现有工业园区环境标准的梳理

我国现行的工业园区环境标准主要包括综合类生态工业园区标准（HJ/T274 - 2006）、行业类生态工业园区标准（HJ/T273 - 2006）、ISO14000 国家示范区创建标准及评价方法等。各类标准的二级指标基本相同，三级指标在指标设置思想上是相同的，在具体指标选择上略有差异，各标准的各项指标控制值也略有不同（详见表3）。

表3 我国主要工业园区环境标准汇总

项目	综合类生态工业园区标准 （HJ/T274 - 2006）	行业类生态工业园区标准 （HJ/T273 - 2006）	ISO14000 国家示范区 创建标准及评价方法
经济发展	人均工业增加值≥15	工业增加值增长率≥12%	
物质减量 与循环	单位工业用地工业增加值≥9		大力推行节能、节水措施，单位 GDP 能耗和单位 GDP 用水量均明显低于全国平均水平，且逐年降低
	单位工业增加值综合能耗(标煤)≤0.5	单位工业增加值综合能耗(标煤)(达到同行业国际先进水平)	
	综合能耗弹性系数＜0.6		
	单位工业增加值新鲜水耗≤9	单位工业增加值新鲜水耗(达到同行业国内先进水平)	
	新鲜水耗弹性系数＜0.55		
	单位工业增加值废水产生量≤8	单位工业增加值废水产生量(达到同行业国内先进水平)	
	单位工业增加值固废产生量≤0.1		
	工业用水重复利用率≥75%	工业用水重复利用率(达到同行业国内先进水平)	
	工业固体废物综合利用率≥85%	工业固体废物综合利用率(达到同行业国内先进水平)	工业固体废物综合利用率≥70%

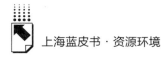

续表

项目	综合类生态工业园区标准 （HJ/T274－2006）	行业类生态工业园区标准 （HJ/T273－2006）	ISO14000 国家示范区 创建标准及评价方法
污染控制	单位工业增加值 COD 排放量 ≤1	单位工业增加值 COD 排放量 （达到同行业国内先进水平）	环境空气质量达到环境规划的要求，且不断改善。使用清洁能源，减少尾气排放
	COD 排放弹性系数＜0.3		
	单位工业增加值 SO_2 排放量 ≤1	单位工业增加值 SO_2 排放量 （达到同行业国内先进水平）	
	SO_2 排放弹性系数＜0.2		
	危险废物处理处置率100%	危险废物处理处置率（100%）	
		行业特征污染物排放总量（低于总量控制指标）	
		行业特征污染物排放达标率（100%）	
	生活污水集中处理率≥85%		城市污水集中处理率≥80%，并逐年提高
	生活垃圾无害化处理率100%		生活垃圾无害化处理率≥80%
	废物收集和集中处理处置能力（具备）	废物收集系统（具备）	危险废物安全处理处置率100%
		废物集中处理处置设施（具备）	建立有效的固体废弃物回收处理处置机制
园区管理	环境管理制度与能力（完善）	环境管理制度（完善）	完善的环境管理体系，持续改进
		工艺技术水平（达到同行业国内先进水平）	
	生态工业信息平台的完善度（100%）	信息平台的完善度（100%）	为环境管理及目标的实现提供了必要的资源
	园区编写环境报告书情况（期/年）	园区编写环境报告书情况（期/年）	园区实施区域环境影响评价
	重点企业清洁生产审核实施率100%		积极推进实施清洁生产
	公众对环境的满意度≥90%	周边社区对园区的满意度≥90%	
	公众对生态工业的认知率≥90%		区域内公众对环境的满意率≥85%
		职工对生态工业的认知率≥90%	

资料来源：综合类生态工业园区标准（HJ/T274－2006）、行业类生态工业园区标准（HJ/T273－2006）、ISO14000 国家示范区创建标准及评价方法。

观察上述工业园区的环境标准设置，现有环境标准作为工业园区环境绩效评价指标体系存在如下问题：第一，现有环境标准着重污染物减排评价而忽视环境质量评价。即使是在污染物减排评价中，指标设置也不够完整。如在"十二五"规划中已上升为约束性指标的氨氮和氮氧化物指标，表征我国水环境富营养化状况的污染物指标如总磷、总氮等关键的水环境指标未涉及，有关水、土壤环境质量的指标也未涉及。

第二，忽略了工业园区对所在流域的环境影响。上文所述工业园区对所在区域的生态环境产生负面影响，尤其是水环境领域，水资源集中开发与水污染物集中排放对流域水环境和水生态的影响不可低估。因此，对工业园区的环境绩效考察（尤其是流域工业园区）不能仅限于园区本身的节能减排，而必须关注园区对所在流域水资源总量和水环境质量的影响。

第三，园区管理类的评价指标设计太过抽象。如环境管理制度与能力、生态工业信息平台的完善度等指标缺少数据量化指导，指标赋值需要主观判断。再如公众对环境的满意度、公众对生态工业的认知率等指标，虽是客观指标，但其取值、赋值过程需要花费大量时间、人力、物力，需要组织专项的调查才能获得。本报告作者在对太湖流域部分典型低级别工业园区的调研中发现，上述环境标准中的部分指标如果单独依靠园区则无法获得相关数据，或无法开展调查。

（二）工业园区水环境绩效评价的制约因素

除了上文所述现有园区环境标准对园区水环境绩效评价的不适用因素外，我国工业园区的管理体制以及现行环境法律法规对工业园区环境主体的相关规定不明确等深层次的问题也制约着工业园区水环境绩效评价工作的开展。

1. 工业园区管理体制混乱，对园区水环境绩效进行监督和考核的难度大

我国工业园区大致可分为两类：第一类是经济技术开发区（含保税区、出口加工区、边境合作区等），一般分为国家级、省级及其他级别开发区（含中小工业集中区、乡镇工业集中区）；另一类是高新技术产业开发区，

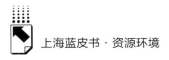

一般分为国家级、省级高新区及高新技术特色产业基地。

在国家层面上，由商务部指导国家级经济技术开发区、苏州工业园区、边境经济合作区的有关工作，科技部指导国家级高新技术产业开发区建设。从字面上两部委仅用了"指导工作"的措辞，并没有详细规定对开发区的主管职能。

在太湖流域两省一市的层面上，江浙两省对开发区的管理较为一致，上海市与两省有较大不同。江浙两省基本上由省商务厅下设的开发区处主管经开区的法律法规规划制定、管理、综合协调、统计分析、综合评价和服务等工作，由省科技厅对各级高新区的建设进行指导。所不同的是，江苏省商务厅还具体承办国家级高新区的协调、政策研究和指导服务，浙江省则无相关规定。此外，省发改委主要负责发展规划与综合平衡，省经信委主要负责具体业务指导，省科技厅主要负责各级高新区的建设指导。与国家各部门出台的各类与园区相关的政策相比，在园区节能减排及循环经济建设领域，则没有具体部门与之衔接。

上海市的开发区基本由市经信委主管，主要职能包括制定园区中长期规划、合理调整园区布局、协调园区节能减排及循环化改造、综合协调等工作。市发改委主要负责提出各类开发区设立、调整和产业导向的意见，而不像江浙那样还负责园区规划的制定；市商务委负责指导全市开发区外资引进和国家级开发区有关工作；市科委仅指导张江高新区的业务工作，拟定张江高新区的发展规划，而上海其他的高新区则未提及。与江浙相比，上海市对各类开发的管理职能相对简略，江浙明确规定的开发区统计分析、年度考核、综合评价等职能都未体现。

由于工业园区的管理机制较为混乱，各地区园区主管部门和管理职能有较大不同，环境保护主管部门对园区没有直接主管职能导致对工业园区环境管理进行监督和考核的难度很大。

2. 工业园区环境保护主体地位未确定

环境保护基本法《环境保护法》与水污染防治专项法《水污染防治法》中都没有涉及工业园区（开发区、工业集中区）的内容。国家法律法规中提到工业园区相关内容的是《循环经济促进法》，但并未明确地规定工业园区的责任和义务。工业园区作为介于政府（县级以上人民政府）与排污单位之间的主体，其在水环境保护中的地位和责任尚未得到法律确定。目前，国家层面唯一一个直接针对工业园区环境保护的政策条文仍在征求意见中，尚未公开发布。

太湖流域地方层面的法律法规中，省一级人大常委会制定的条例或省政府令与国家法规基本相同，未涉及工业园区的相关规定。笔者梳理市级法规时发现部分城市的环境保护条例制定了当工业园区若未完成环境保护任务时的惩罚措施。如《南京市水环境保护条例》提出"开发区重点水污染物排放总量超过区域总量控制指标及其他三项情形"，可由环境保护行政主管部门实行区域限批。《无锡市水环境保护条例》指出"工业园区未做规划环评或者环境基础设施不符合规定要求的实施区域限批"。但是应该看到，除了污染治理项目外，未完成污染物总量减排目标的工业园区实施区域限批这一条款可操作性较差。原因有两点：第一，我国水污染物排放总量控制制度的流程是由国务院分解总量控制指标至各省（含自治区、直辖市），然后由省级政府再分解至市、县人民政府，市、县人民政府将总量控制指标直接分解落实到各排污单位。园区，尤其是广泛的低级别园区未分解总量控制指标，也就无所谓是否完成目标。第二，工业园区目前有两种管理模式，一种是由市或区政府派出的工业区管理委员会进行管理，另一种是由冠名为发展有限公司或开发总公司的企业进行管理，这两种管理体制并存的情况已有十几年的历史。同时，我国工业园区环境管理机构和职能也并不统一，既有上级环保部门设立的工业园区派出机构，也有工业园区管委会直设的环保职能部门。但即使是设有专职环境管理机构及管理人员的园区，其主要职责也主要是参与新建项目环境影响评价的预审工作，尚不具备完整的环境管理职能（部分国家级工业园区除外）。

综合来看，我国各级法律法规对工业园区的事务性工作规定较多（如实施污染治理项目、推行循环经济、建设环境基础设施等），而基本未对工业园区环境管理机构的性质、作用和职责、工业园区环境管理的体制机制、工业园区环境绩效考核和惩罚等基本内容进行规定。就目前已有的针对工业园区的地方立法《南昌市工业园区环境保护管理条例》（2008 年通过）、《昆明市工业园区环境保护管理办法》（2007 年通过）、《芜湖市工业园区环境保护管理办法》的内容来看，法律位阶较低，并且难以对工业园区环境管理的体制、环境管理机构的性质与职责等问题进行清晰界定。

由于工业园区管理机构在环境保护领域的主体地位未获认定，因此对工业园区进行水环境绩效评估相对地也缺乏主体，这也是我国工业园区水环境绩效工作未实质开展的重要原因。

3. 缺乏流域层面的园区整体谋划和管理

流域层面总体水资源、水环境保护规划的缺位，流域内园区的经济、环境统计数据的缺乏，导致对流域工业园区水资源、水环境的影响缺乏科学估算。各级政府对水环境的管理仍然停留在针对园区内单个企业的管理层次上，而缺乏对园区整体的管理。

三　流域工业园区水环境绩效评价指标体系构建

本部分拟针对现有生态工业园区环境保护标准的不足，参考国际水环境绩效评价指标体系的构成，构建太湖流域工业园区水环境绩效评价指标体系。

（一）水环境绩效评价指标体系的国际借鉴

本研究选取了若干具有代表性的水环境相关的绩效评价指标体系，包括 OECD、UN、EU 等组织开发的指标体系，此外，加拿大阿尔伯塔省制定了南阿尔伯塔流域水环境绩效评价体系，具有借鉴意义（详见表 4）。

表4　不同国际组织选取的水环境绩效评价指标汇总

类别	主题	不同国际组织选取的指标
水量	用水量	EU:地表水取水量;地下水取水量;人均耗水量
		ESS:新鲜水取水量占可利用水资源的比重
		OECD:水资源利用强度(取水量/可利用水资源);水短缺的频率、持续时间和范围
		CSD:取水量占可利用水资源(总可再生水资源)的比重;国内人均用水量;地下水储量
		Alberta:用水量(灌溉区、私人灌溉、工业用水、城市用水)
		OECD(China):公共用水供应收费;灌溉用水收费;用水权
	径流量	Alberta:实测流量与自然流量偏差、实测流量与节水目标偏差、实测流量与基流量偏差、实测流量与流量目标偏差
水质	主要污染物	OECD:内陆水域中BOD含量;排放进水体和土壤中的N、P总量;内陆水域中N、P浓度;农业水质风险指数;海洋中N、P浓度;重金属排放量;有机物排放量;杀虫剂消费量;水体中重金属、有机物的浓度
		CSD:水体中BOD含量;排放至沿海水域的氮磷物质数量
		Alberta:N、P营养物质浓度;
		OECD:无磷洗涤剂的市场占有率
	水质	Alberta:水温和溶解氧;总悬浮固体;病原体
		CSD:藻类指数
		OECD(China):饮用水质;地表水水质;沿海水质
	污水排放及处理	Alberta:市政及工业废水排放量
		Eurostat:享受不同类型城市污水处理服务的居民比重
		EU TEPI:污水处理量/污水收集量
		ESS SDI:接入污水处理系统的居民数量
		OECD:污水处理接入率;接入污水处理厂居民数量;污水处理服务收费
		OECD(China):城市家庭废水处理;乡村家庭废水处理;工业废水处理;农业污染处理;城市废水处理收费;工业排污收费
		CSD:污水处理
		WHOEH:污水处理覆盖率
水生态系统		Alberta:伞护种的现存、灭绝数量;限制扩散物种的现存、灭绝数量;依赖环境过程繁殖物种的现存、灭绝数量;非本地、入侵物种的现存、灭绝物种;指示物种的收获率(钓鱼、打猎等)

资料来源: Eurostat, Towards environmental pressure indicators for the EU. Eurostat, Sustainable Development Indicators (SDI). OECD, key environmental indicators (KEI)、core environmental indicators (CEI). UN Commission on Sustainable Development (UNCSD); sustainable development indicators. (2001). WHO, Environment and Health (EH) indicators. Alberta Environment, Indicators for Assessing Environmental Performance of Watersheds in Southern Alberta.

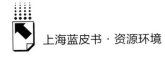

从表 1 中可以发现，大多数国际组织在指标体系构建中实质是采取了因果模型和主题模型相结合的构建思路。水环境绩效评价体系主要关注水量和水质，水量方面，更关注用水量的影响，Alberta 省则旗帜鲜明地提出径流量的评价思路。水质方面，相对集中于水质总体判断、主要特征污染物排放、污水排放及处理三个领域。

（二）太湖流域工业园区水环境绩效评价指标体系设计

太湖流域工业园区水环境绩效评价指标体系采取因果模型和主题模型相结合的构建思路。以压力—状态—响应（PSR）模型为总体构架，关注园区水资源消耗与水污染物排放两个主要水环境影响因素对流域水量、水质、水生态产生的扰动和破坏（详见图 3）。

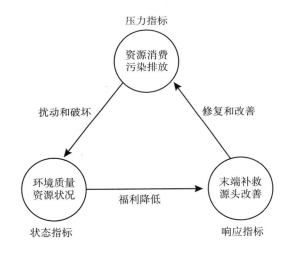

图 3　流域工业园区水环境绩效评价指标体系的模型框架

流域工业园区水环境绩效评价的落脚点主要表现为两个方面：第一是通过评估园区水使用数量相对于维持环境体系是否可持续，确保用水量与自然生成的数量相匹配，减缓自然水风险和园区用水的负面影响。第二，评估园区及所在流域水的物理、化学和生物性质，包括场址和流域内的水质是否满足流域环境的监管要求，从而减缓和减少园区用水对流域水质产生的负面影响。流域工业园区水环境绩效评价指标体系详见表5。

表5　流域工业园区水环境绩效评价指标体系

一级指标	二级指标	指标	指标解释	指标类别
压力	新鲜水耗	新鲜水耗量	对流域水量的压力指标	核心
	主要污染物排放量	COD排放量	对流域水质的压力指标,约束性指标	核心
		氨氮排放量	对流域水质的压力指标,约束性指标	核心
		总磷排放量	对流域水质的压力指标,太湖流域特征污染因子	核心
		总氮排放量	对流域水质的压力指标,太湖流域特征污染因子	核心
	行业特征污染物排放量	特征污染物排放量	除上述四个污染物因子外,行业类园区的特征污染因子,对水质造成压力	全面
状态	园区水环境质量	COD浓度	水质状态指标	全面
		氨氮浓度	水质状态指标	全面
		总磷浓度	水质状态指标	全面
		总氮浓度	水质状态指标	全面
		溶解氧含量	水质状态指标,体现水质整体水平	全面
		叶绿素浓度	水质状态指标,体现藻类生物	全面
		行业特征污染物浓度	除上述水质因子外,行业类园区的特征水质因子	全面
		园区水平衡量		核心
	小流域水量	园区上下游实测径流量差额	体现园区对流域水量的影响程度	全面
		园区下游实测径流量与流域水量管理目标的差额	体现园区对流域水资源管理的影响	全面
		园区上下游COD浓度差额	体现园区对流域水质的影响程度	核心
	小流域水质	园区上下游氨氮浓度差额	体现园区对流域水质的影响程度	核心
		园区上下游总磷浓度差额	体现园区对流域水质的影响程度	全面
		园区上下游总氮浓度差额	体现园区对流域水质的影响程度	全面
	小流域水生态	园区上下游大型底栖无脊椎动物多样性差额	体现园区对流域水生态的影响程度	全面

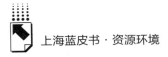
续表

一级指标	二级指标	指标	指标解释	指标类别
响应	环境能力建设	环保投资占工业总产值比重	体现园区对环境保护的重视与投入	核心
		污水收集处理率	污水收集管网建设和纳管情况	核心
		污水处理能力	减少污水对水环境的污染	全面
		雨水收集处理率	减少雨水对水环境的污染	全面
		生活垃圾处理能力	减少生活垃圾对水环境的污染	全面
		危险废弃物处理能力	减少危险废弃物对水环境的污染	全面
	水管理创新	新鲜水耗节约量	水管理创新的节水效应	全面
		污水排放减少量	水管理创新的减排效应	全面
		实施水管理创新的企业比重	水管理创新的推广能力	全面
	公众参与	园区环境状况公告发布次数	信息公开促进环境绩效提升	全面
		公众参与次数	公众参与推动环境善治	全面

四 完善工业园区水环境绩效管理的对策建议

在构建科学全面反映工业园区水环境绩效评价体系的基础上，本部分提出完善工业园区水环境绩效管理的一些原则性建议，这些基础性管理问题的解决有助于推动工业园区水环境绩效管理体系的完善，有利于水环境绩效的提升。

1. 确定园区管理机构在水环境保护中的主体地位

鉴于我国现有的环境保护法律法规都未对工业园区管理机构的环境保护责任进行规定，建议在新修订的《水污染防治法》或其他环境保护法律中专门针对工业园区的环境保护主体责任进行阐述，或者出台工业园区专项环境保护条例与管理办法。在太湖流域层面，可借太湖条例修订的契机，明确流域工业园区管理机构或在园区设立派出机构的县级以上人民政府对主管园区水环境质量的主体责任。这将有利于实现工业园区经济发展与环境保护工作的统一管理，确保生态文明战略在工业经济发展中得以贯彻。

2. 环境保护指标分配到园区层面

我国现有污染物总量减排目标责任制的相关指标并不分配到园区层面，而是由省市级政府分配至县级政府，环保职能部门直接分配到每个企业。这样的制度安排在部分工业园区未建设集中处理设施的情况下还具有一定的合理性，但根据《水污染防治行动计划》（水十条），到2017年，我国所有工业园区都必须按规定建成集中的污水处理设施，太湖流域所在的长三角地区更被要求提前一年完成，对园区进行污染物总量减排的考核完全具备抓手和条件。因此，建议完善污染物总量减排目标责任制，环保职能部门可将重点监管对象提到工业园区层面，与工业园区签订水污染物总量减排目标责任书。以工业园区为单位，细化工业园区重点水污染物COD、氨氮、总磷、总氮的减排目标。园区内的企业，则由园区管理机构或园区环保职能管理部门进行监管。污染物总量减排责任的落实还有利于完善园区的考核机制，在考核园区经济效益的同时，将环境基础设施建设、重点污染治理设施、环境保护减排目标等指标提上考核日程，建立科学的反应园区绩效的评价指标体系。

3. 工业园区水环境目标设置应注重流域控制原则

对工业园区水环境保护的管理应不局限于园区企业及园区层面，而应遵循流域控制的原则，着眼于流域水环境的可持续发展，从流域的整体目标出发，以流域水环境容量和流域最佳水资源量作为主要依据，综合分析工业园区的经济行为与流域水环境及两者之间的相互作用、相互影响，对园区整体上采用流域环境控制战略，将园区总体规划纳入流域环境管理框架中，实现以园区为单位的区域污染集中控制与总量控制。

4. 建立健全流域工业园区环境统计制度

建议建立健全工业园区统计发布制度，主要体现在两个层面：在园区内部，建议园区管理机构设立统计部门，全面负责涉及工业园区各个方面的数据统计工作，包括经济数据、人口及就业数据、污染物排放数据、环境质量数据等，这些数据以年度、季度、月度等频次在园区网站或公开报告中发布。有条件的园区可建设园区基础数据库系统；在园区外部，特别是流域内，可由上一级环境保护部门联合水利管理部门或流域管理机构定期监测各园区上下游的水量、水质及相关水生态系统数据，发布流域工业园区环境影响报告，建设流域层面水环境数据库系统。该系统可与各工业园区的数据库相连接。工业园区环境统计数据制度的建立完善，有利于主管部门、研究机构及公众掌握流域工业园区水环境状况，在此基础上可进行深入的信息挖掘，考察工业园区对流域水环境治理的影响，分析流域工业园区水环境建设的普遍性问题，进而提出解决方案供决策层参考。

参考文献

Alberta Environment, *Indicators for Assessing Environmental Performance of Watersheds in Southern Alberta*.

Australian Government National Water Commission, 2012 – 2013 *National Performance Framework*：*Urban performance reporting indicators and definitions handbook*, 2013.

EEA, *EEA Core Set of Indicators*, Revised Version April 2003.

GyulaZilahy, Simon Milton. "The Environmental Activities of Industrial Parkorganizations in Hungary", *Progress in Industrial Ecology – An International Journal*, Vol. 5, Nos. 5/6, 2008.

UN Commission on Sustainable Development (UNCSD), *Sustainable Development Indicators*, 2001.

UNEP, Environmental Management for Industrial Estates, *Information and Training Resources*, 2001.

赖玢洁、田金平、刘巍：《中国生态工业园区发展的环境绩效指数构建方法》，《生态学报》2014 年第 34 期。

李艳萍、乔琦、柴发合：《基于层次分析法的工业园区环境风险评价指标权重分析》，《环境科学研究》2014 年第 3 期。

刘巍、田金平、李星等：《基于数据包络分析的综合类生态工业园区环境绩效研究》，《生态经济》2012 年第 7 期。

孙晓梅、崔兆杰、朱丽：《生态工业园运行效率评价指标体系的研究》，《中国人口·资源与环境》2010 年第 1 期。

太湖流域工业园区水管理
创新的困境及对策建议

刘召峰 *

摘　要： 作为长三角区域重要组成部分的太湖流域水问题越来越被人们认知和重视。太湖流域工业园区众多，工业产值比重高，水资源消耗大，污染物排放多，但区域内水管理方式不一致且管理水平参差不齐，未能从整个流域层面统筹，没有重视利益相关者作用，易产生区域水环境治理不协调的问题。水资源综合管理作为落实国家最严格水管理的重要举措之一，越来越得到重视。水管理创新作为园区水资源综合管理的重要抓手，已经在太湖流域开始实践。水管理创新的核心是从流域层面考虑园区的水资源管理，强调全过程管理，同时重视利益相关者参与，发挥供应链管理作用，平衡社会、经济和生态利益，进而形成自下而上的水管理模式。本文通过分析当前工业园区水管理面临的主要问题，如缺乏水管理相关规划、园区水管理的"多龙治水"现象、部门间缺乏协调、缺乏公众参与、很少考虑园区对流域的影响，环境管理力量薄弱等问题，提出了园区实施水管理创新的必要性。由于园区水管理创新作为一项试点项目，有必要对其进行流程评估，以发现水管理创新在多大程度上适应园区水管理的需求和怎样才能确保园区的水管理按照既定的规划实施，因此，本文

* 刘召峰，上海社会科学院生态与可持续发展研究所，博士。

通过从收集数据、规划、实施、评估及信息披露等环节入手构建了过程管理评价指标体系。最后，对于园区水管理绩效改善提出了五项建议：加强制度保障，促使园区开展水管理创新；坚持过程评估与结果评估并重；完善园区水管理组织体系，强化监管考核；注重公众参与对水资源管理的促进作用、构建流域内水管理协商平台。

关键词： 水管理创新　工业园区　利益相关者参与

太湖流域涵盖江苏常州、无锡、苏州、镇江部分地区、浙江的嘉兴、湖州两市和杭州的部分地区以及上海的大部分地区，面积约 3.69 万平方千米，是长三角区域重要组成部分。太湖流域以长三角区域面积 10.4% 的土地与长三角区域总人口的 25.8%，创造了长三角区域 45.9% 的国内生产总值。2014 年，太湖流域内三产比重为 1.9∶44.5∶53.6。在取得瞩目的经济成就的同时，太湖流域也消耗了大量的水资源，排放了大量污染物。据《2014 年度太湖健康状况报告》显示，2014 年，太湖流域重点水功能区达标率为 38.7%，入湖总磷、总氮和氨氮量分别为 0.17 万吨、4.20 万吨和 1.19 万吨，其中，各类污染物中，江苏省排放分别占 93%、89% 与 95%。工业园区作为产业发展的载体，在吸引外资、技术、人才等方面具有先天优势，其对经济发展、产业转型和城市化也都具有重要作用。太湖流域内工业园区发展较早，园区能级高，产业规模大且科技含量高，目前，各级工业园区（集中区）近 2000 家，工业总产值约占流域工业总产值的 70% 以上，污染物排放超过半数以上。随着未来工业企业进园区工作进一步推进，工业园区工业总产值的比重还将进一步上升，同时，工业园区的污染物排放集中度也将随之增长。同时，作为长三角区域内重要的饮用水源地，太湖流域支撑了三个行政区域内 1500 多万人的饮用水需求。

一　太湖流域工业园区水管理创新的意义

工业园区作为大型的排污点源，其水管理模式对水管理绩效的实现具有重要作用。截至 2015 年 6 月，太湖流域国家级经济技术开发区与国家级高新技术开发区数量分别为 20 个与 11 个，分别占全国的 9.1% 和 8.5%。在国家层面的园区水管理主要依托于生态工业园区建设，当前，太湖流域已经验收通过和批准建设的国家级生态工业园区共 22 个，其中已经命名的国家级生态工业园的数量为 13 个，批准建设的国家级生态工业园区共九个。从空间分布上讲，太湖流域内，江苏省和上海市已经通过验收并被命名的国家级生态工业园区分别为七个与六个，而太湖流域内浙江省的国家级生态工业园区只有批准建设的。因此，从某种意义上讲，太湖流域北部地区的工业园区的环境管理水平要高于太湖流域南部地区。

在太湖流域内，不同行政区域对工业园区水管理的方式不一致，如江苏省通过出台省级生态工业园区建设标准对水资源的利用和保护做出规定，而浙江省主要通过园区 ISO14000 认证等来进行水管理。两个标准体系中具体指标不一致，出发点也不同，生态工业园区更加重视效果，而 ISO14000 更加重视管理体系建设。从管理体制上讲，浙江省走到了水管理的前面，实施了"五水共治"战略，将治污、防洪、排涝、供水、节水统筹在一起，并用系统的思维和方法加以落实。不同行政区域内水管理方式不一致，往往会由于目标不一致而产生区域环境不协调的状况，如淀山湖江苏部分与上海部分在水治理上存在的不协调问题。从工业园区水管理看，约束指标主要是污染物排放量，也就是关注园区本身水绩效，未将园区周边、上下游乃至整个流域考虑在内。

当前，环境战略由单个行政区为主向区域环境协作转变，因此，需要在水管理上开展协作，统一水管理的模式，将太湖流域水管理的成本最小化，绩效最大化。①水资源问题变得越来越复杂，且牵涉利益主体越来越多，需要从流域空间尺度加以解决，这要求我们采取更为综合的水管理办法。同

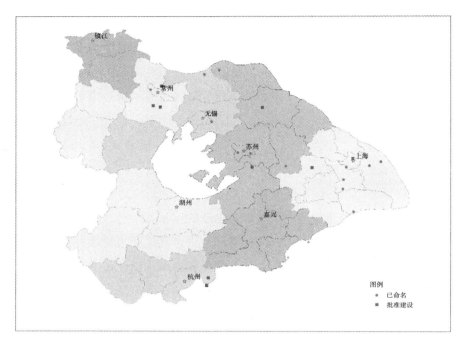

图 1 太湖流域国家级生态工业园区空间分布

资料来源：环境保护部数据中心（截至 2015 年 4 月）。

时，工业园区作为水资源使用和水环境保护的关键场所，有必要采取创新性的水管理办法。②实施园区水管理创新是落实党中央提出的"五位一体"战略布局的重要举措。当前，园区环境管理实施的动力主要源于系统外部，包括法律法规、规划战略、上级命令等，但这种外部动力带有强制性、层次性特征，缺乏系统内部驱动力，易导致各系统之间的脱节。面对城市化、经济发展、人口压力以及全球变暖及其带来的灾害，水管理创新通过综合性水管理模式能够将生态文明融入到经济建设、政治建设、文化建设、社会建设之中，改变当前依靠技术驱动、注重过程管理的水资源管理模式。③最严水管理对区域水资源开发和利用提出了更高要求，既要关注流域层面，又要注重利益相关者参与，这为园区水管理创新实施提供了良好契机。④工业园区是当前和未来工业用地的主要形式，园区水管理创新具有重要的示范意义。党的十八大报告中提出"优化国土空间开发格局"。在《生态文明体制改革总体方案》中，也对国土空间布局做了较为具体的规定。"企业进园区"作为工业用地集约化发展的重要举措在太湖流域的实施中效果越来越显现。同时，工业园区未来的发展方向之一是产城融合，这意味着良好的园区水管理创新将有助于整个城市水管理绩效的提升。

二 太湖流域园区水管理现状及水管理创新面临的问题

当前工业园区水管理以政府为主导，多部门协同治理，采用自上而下的管理模式，以任务集形式加以实施。

（一）太湖流域园区水管理现状

太湖流域的水管理采取流域管理与区域管理相结合的管理体制，表现为多层次、多部门的协调治理体系。太湖流域内的水管理机构设置既包括水利部太湖流域管理局、太湖流域水资源保护局，各级地方政府，也包括各地方的环境保护局以及住建局等。在工业园区层面，其管理模式主要以行政管理为主，而流域管理在园区的水管理方面功能较弱，只作为业务指导（见图2）。同时，由于我国的工业园区级别存在差异，造成不同级别的工业园区在水管理功能机构设置方面的差异，如国家级苏州工业园区内设环境保护局，市级工业园区则并未设置水管理机构。在流域层面，太湖流域管理局、太湖流域水资源保护局与太湖水污染防治办公室主要负责流域水资源合理开发利用、水资源保护及水污染治理工作。流域管理局太湖水污染防治办公室是省政府的派出机构，而太湖流域管理局、太湖流域水资源保护局为水利部派出机构；华东环境保护督查中心作为环保部的执法监督机构，主要负责跨省区域和流域环境污染与生态破坏案件的来访投诉受理和协调工作。

在园区层面，各管理主体各司其职，职能有所交叉，涵盖了从水资源利用、污染减排到污水处理各环节（见表1）。

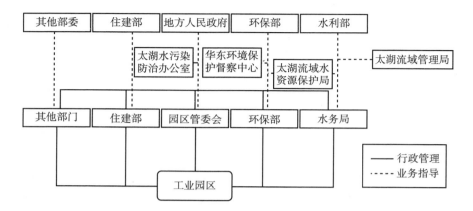

图2 太湖流域工业园区水管理职能分布

表1 园区各水管理主体的主要职能

机构	职能
园区管委会	对园区水管理总体负责,接受上级考核
环保局	负责园区水污染监管及防治工作,包括环境污染行政执法工作、处理重大水污染事故、环境影响评价审查、排污收费、环境污染数据统计等
水务局	负责园区水资源(地表水、地下水)的统一管理和保护;组织实施取水许可制度、排水许可制度和水资源费征收工作;核定水域纳污能力,提出限制排污总量建议;负责计划用水、节约用水工作
住建局	负责园区污水处理相关基础设施的规划、建设、审批等

工业园区的水管理是由政府主导,自上而下的管理模式,以任务集形式加以实施。其主要的管理事项包括污染物减排、节水、重大水污染事故、新改建的环境影响评价、环境宣传、纠纷处置等;为了保证这些事项的完成,从规划、组织机构、管理制度、财政支持与资源保障等方面进行过程管理。

图3 工业园区水管理流程

通过对园区环境管理调查发现，只有极少数的园区设立环境管理局（如苏州工业园区），承担了部分水管理职能，而大部分的园区并未设立独立的管理部门，多数是在经济发展部门（企业服务部门）之下设立环境管理办公室，从机构设置看，该部门主要是为企业服务的。园区的环境管理的主要工作包括：①联系上级相关部门与处理领导交办的工作；②新（改）建项目申报时与经发部门等进行现场勘查，并予以确认签字；③环境保护宣传；④定期到企业巡查环境设施运行情况；⑤如出现超标排放/环境污染事件则配合区县环保局监察大队到相关企业进行处理；⑥处理环境问题纠纷。

2. 当前工业园区水管理面临的主要问题

工业园区水管理面临的问题在于水管理各主要部分相对凌乱，未将其形成一个整体加以统筹，尤其是在园区规划阶段，未能将包括水管理在内的资源环境规划作为前置条件。同时，当前园区水管理部门只关注其自身问题，并未从整个流域和区域出发，充分考虑利益相关者在水管理中的作用。

（1）园区规划中缺乏水管理相关规划。当前园区的环境基础设施的建设一般是先招商后完善基础设施，由此造成基础设施往往分散、较凌乱，效率不高的局面，在后期往往会阻碍园区的发展。而对水管理规划缺乏造成的园区产业布局定位、建设项目的选址、对周边的环境影响乃至未来园区的发展都未做出较为明确的预测与约束，会对后期园区的开发造成阻碍。

（2）园区水管理呈现"多龙治水"现象，部门间缺乏协调。当前，园区的水管理由园区管委会与水务部门、环保部门、住建部门等共同管理。从图4看，水务部门负责原水的管理，并参与指导供水厂的水价制定；住房与城乡建设部门负责污水厂的建设，并参与污水处理费标准的制定以及中水价格制定；而环境部门负责排污费的征收。园区管委会主要承担协调工作。从水资源费—供水价格—污水处理费（中水价格）—排污费的价格传导过程看，每一个环节都是由不同的部门负责参与定价的。因此，各部门出于对自

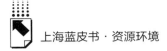
身利益的考虑，在制定价格时，很少顾及其他部门的利益。而园区管委会虽然在园区层面实施协调功能，但在经济发展的目标下，为了避免在招商引资等事项上获得相关部门的支持，常扮演"和事佬"的角色。

（3）园区水管理很少考虑其对流域的影响。工业园区从流域内获得水资源，再将污水排放至流域内，这对流域水生态造成负面影响。太湖流域园区众多，一镇一园或一镇多园的现象普遍，以致对流域的影响巨大。而每个园区在水管理方面，仅强调污染物减排，完成上级下达的任务，并未对用水总量进行限制，因此，存在园区排污达标但用水总量居高不下的现象。而且流域内上游的工业园区很少会考虑其水管理对下游的影响，常由此产生不良后果，如盛泽的"断河事件"等。当前，园区的数据统计主要集中在经济方面，而对资源环境统计重视不够，由此导致相关数据缺乏，不利于精准地评估园区资源环境绩效，也不利于为流域管理提供基础的数据支撑。

（4）以行政管理为主，缺乏公众参与。当前的园区水管理主要是靠行政管理推动，缺乏公众参与，大众没有意识到利益相关方是一个整体。这主要表现在：参与渠道有限；水管理相关信息不公开或披露不及时；公众参与的法治不健全；利益相关方的互信水平不高等。在一些镇级工业园区，由于工业水污染造成的群体性事件时有发生，主要原因在于，在项目引进时，环评信息未公开，未征求或尊重当地居民的意见；另一方面是乡镇政府没有资金来完成工业区附近的居民搬迁工作。而应对之策常以赔钱了事，"治标不治本"。

（5）园区环境管理力量薄弱，机构有待完善。园区环境管理队伍建设落后于经济发展的需要，环境管理的人员配备较少，仅为五人，多是从其他岗位抽调过来的人员，而环境相关专业的人员更少，这些人员主要承担协调和对接上级部门的功能，在面对违规案件时，整改意见往往不到位，拆除设备成了主要手段。同时，相关专业装备配套不完善，环境管理人员经常暴露在高污染环境下，风险过大。同时，在面对众多企业时，环境管理人员不得不开私家车对污染企业进行巡查，这样既加重了管理人员的经济负担，又增

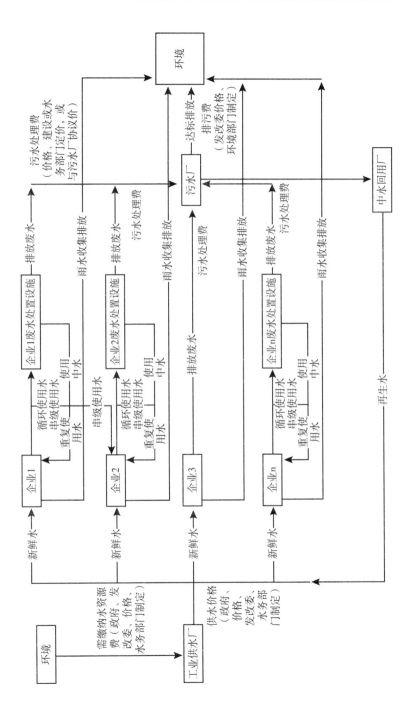

图 4　工业园区水循环示意

加了安全隐患。同时，园区环境管理体制机制不健全，致使园区环保工作缺乏积极性。主要表现在：园区环境管理部门权责不一致，园区管委会责任明显大于权力，现行的环境管理为属地管理模式，园区一把手为第一责任人，但环境执法相关权力在区县环保局，而园区没有相关的执法权，只有协调功能。同时，项目引进时，环评需园区管委会相关人员签字，并终身承担责任，这种状况导致当地环境管理人员的工作积极性不高。改革开放后，园区发展迅猛，由于历史原因，大量的环境和安全因素在不断地集聚，现在正处在安全事故高发区，致使园区管委会主要领导每天担心重大环境安全事故或由此引发的群体性事件爆发而被追责，因此，当地环境管理的重点在于防范重大环境事故发生及由此产生的群体性事件。与此同时，政府绩效考核中的环境绩效指标完成与否显得不那么重要。

三　水管理创新的流程设计

水资源具有经济价值和生态价值双重属性，这决定了水资源开发、利用和保护必须以流域为基础，走水环境管理与水资源管理相结合的道路（吴玉萍，2007）。国际上关于水管理的发展也向着水资源综合管理或一体化管理方式迈进。水资源综合管理（Integrated Water Resources Management，IWRM）在1992年水与环境国际会议发布的《都柏林宣言》中被倡导，随后二十多年内被各大世界组织与国家所采用，从各大世界组织对水资源综合管理的定义可将其要点总结为：①从流域角度全局统筹水资源规划、利用与管理；②重视水、土地、森林、生态系统等资源协调性与可持续性；③通盘考虑社会与经济利益最大化；④倡导利益相关者参与，满足不同层次人员的需求；⑤全过程管理，对从雨水、原水到污水整个循环链上的各环节进行管控，不断增强整体绩效；⑥强化制度保障，健全法律法规、规划及制度框架；⑦多手段并重，例如工程技术手段与市场机制同时运用。欧盟在2000年发布的《欧盟水框架指令》（2000/60/EC）也是遵循水资源综合管理的路径，其特点是以流域为基础、重视多利益相关方参与、多部门协调管理、发挥市场作用。2010 年，水管理创新联盟（Alliance for Water Stewardship）开始制定针对厂址和工业聚集区的国际水管理创新标准（AWS Standard），其内涵符合水资源综合管理要求，目的是经由利益相关者参与的过程，在场址和流域层面采取行动，实现社会公平、环境可持续发展和经济上有益的方式利用水资源，这些要求主要涉及水管治、水平衡、水质改善、重要水相关区域及流域水治理等方面。2015 年 4 月，太湖流域的常州市新北区西夏墅镇纺织工业园区开始引入 AWS 标准，开始从实践上验证该标准对园区水管理及整个太湖流域水治理的作用。

1. 水管理创新中的利益相关者参与

当前，太湖流域水管理主要应对的是确定性问题、从供水驱动的角度，通过指令式的管理方式，依靠工程方法解决水问题，随着未来太湖流域水相关问题的不确定性增加，地理范围扩大的趋势下，从整个流域层面设计园区水管理势在必行。

传统的政府主导的水管理模式的边际效益越来越低，在公众的环境保护意识不断提高，参与意愿愈加强烈的背景下，需要建立"政府主导 + 多元参与"的水管理治理体系，这种体系强调在政府主导下，社会力量要发挥基础性作用。在整个园区层面，利益相关方主要包括园区管委会、生产企业、园区基础设施企业、环境社会组织与周边居民。其各自的利益诉求如下（见图 5）。在这里之所以将园区基础设施企业从生产企业中单独列出，主要是因为这些企业通过契约合同的形式对生产企业的水管理进行监督和制约，同时，这些企业也是用水和排污大户，如污水厂通过污水处理费来对企业排污行为进行监督和测量。

2. AWS 逻辑结构模型

逻辑结构模型清晰地反映了项目如何运作以及如何实现目标，并识别关键的影响因素，反映实际与规划之间的差距。我们将 AWS 变革理论加以扩展，构造 AWS 逻辑结构图（见图 6）。结构图中投入与行动环节是过程评估的主要对象。

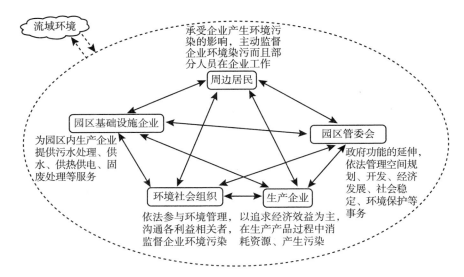

图5 园区多利益相关方参与机制

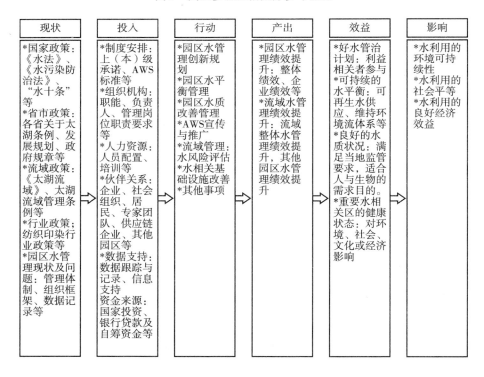

图6 水管理创新逻辑结构模型

3. 园区 AWS 管理基本流程设计

园区管委会承诺实施水管理创新，成立由管委会主要负责人担任组长的园区水管理创新领导小组，作为水管理创新的决策层，负责园区水管理的规划、发展战略和政策制定等。为了获得更大的支持，园区管委会需要与地方政府、流域管理部门沟通以获得其认可和支持。园区水管理创新领导小组与企业、公众、社会组织、第三方评估机构以及流域管理部门共同构成以政府为主导的多利益相关方沟通平台。在该平台，多利益相关方可以就各自的诉求进行交流，以便对园区水管理规划产生影响，平台的交流与管理将作为园区水管理创新办公室的日常工作。园区水管理创新领导小组下设水管理创新

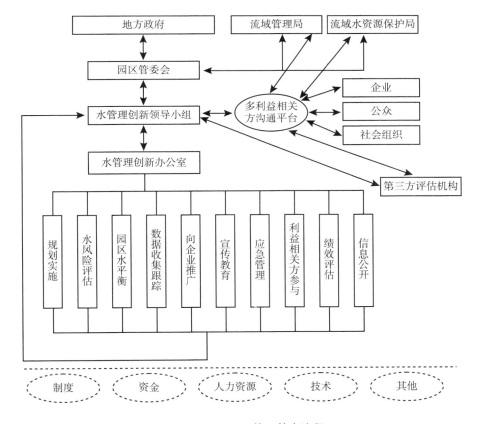

图 7 园区 AWS 管理基本流程

办公室负责日常工作处理，工作包括规划实施、水风险评估、园区水平衡建立、环境基线标准制定、数据收集和跟踪、AWS 企业层面的推广、应急管理、宣传教育、信息公开、绩效评估等事项。园区水管理创新办公室需对自身进行评估，并将绩效评估结果向领导小组汇报，而绩效评估结果将用于下一轮管理规划的改进。第三方评估机构负责对园区水管理的绩效评估，并将评估结果向园区水管理领导小组通报，同时，通过多利益相关方沟通平台向其他利益相关方通报。而领导小组需将水管理创新绩效评估结果通报给上级政府和流域管理部门。

四 工业园区水管理创新的流程管理评价指标体系

结果导向的评估体系虽能够有效促进设定目标的实现，但缺乏对实施过程的评价，不能找出实施过程中存在的问题与不足，不利于下一轮工作改进。而过程评估能够克服上述困难，更重要的是，过程评估对水管理创新这项实验性的项目本身在流域内是否有效进行了判定。

1. AWS 流程管理评价方法

过程评估目的是运用经验数据来评估项目实施机制是否能够支撑项目目标的实现，与结果评估不同，过程评估聚焦于投入、行动环节，将效益产生机制以相对透明的形式向利益相关者展示。过程管理能够帮助管理人员明晰项目实施在多大程度上是依照规划来执行的，同时，还可以帮助评估者区分结果未达成到底是由于规划本身还是由于实施所导致的，目的是在下一轮实施过程中改进管理流程，同时，管理人员还可借助过程评估寻找项目实施的最佳案例。

大多数文献将关于过程评估的流程划分为规划、设计、实施与报告（WHO，2000；DECIPHer，2010）。以世界银行开发（2009）的过程评估流程作为借鉴。该过程评估模式用于墨西哥议会对社会发展管理过程的评估，具体的步骤如下（见表2）。

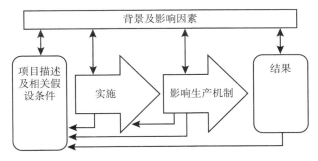

图 8　过程评估的主要组成部分及其相互关系

资料来源：Centre for the Development and Evaluation of Complex Interventions for Public Health Improvement（DECIPHer）.

说明：阴影部分代表过程评估的主要组成部分。

表 2　过程评估实施主要步骤

步骤		相关技术与成果
一	描述项目及流程	关于项目的详细描述，一是项目规则下的项目流程，二是实施人员操作的项目流程；数据收集办法：现存规范、深度访谈、半结构化访谈、问卷等
二	过程分类	规划过程、信息传播、受益人选择、生产和采购、分配机制、传递机制等
三	关键属性测量	功效、时效性、充分性、针对性
四	描述问题、良好的实践、改进操作流程的建议	所需内容：对比规范和观察到的流程；描述流程中问题；描述最佳时间、相关建议

资料来源：World Bank（2009）。

关于绩效管理的流程，在学术界主要有三步骤论、四步骤论和多步骤论。其中，三步骤论为绩效规划、绩效追踪、绩效检查与改进；四步骤论包括绩效计划、绩效辅导、绩效评价与绩效激励；多步骤论由绩效计划、持续绩效沟通、数据收集、观察和文档制作、绩效诊断和绩效评价等。PDCA循环模式绩效管理流程属于四步骤模式，其中 P（Plan）、D（Do）、C（Check）、A（Action）分别代表了计划、实施、检查与行动，四个步骤有

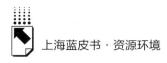

序、目标明确、充分调动、及时发现问题，持续改进。在这里，我们增加了收集数据环节，目的是使项目管理者能够真正了解园区水资源管理的现状以及实施 AWS 的目的，而将行动（Action）环节变为披露，目的是让更多利益相关方了解项目运行绩效，为下一步方便利益相关者参与水管理创新规划的改进提出有益的建议。

AWS 过程评估的主要目的是分析：①园区的水管理多大程度上依照园区的 AWS 规划实施？②实施过程中，面临哪些主要问题与存在哪些优势？③AWS 实施的透明性如何？④园区管理层在 AWS 工作中的努力程度如何？⑤利益相关方在 AWS 中的努力情况如何？⑥如何识别出成功战略或最佳实践模式？

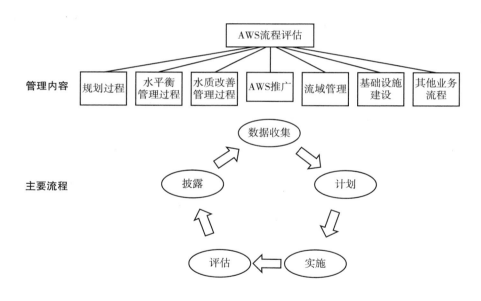

图 9　AWS 流程评估方法模型

2. 建立过程评估矩阵

过程评估的指标选取是按照利益相关方为目标导向的，以其关注方向优先，通过收集、规划、实施、评估与披露流程进行指标体系的建立，然后得出 AWS 过程评估评价指标体系（见表 3）。

表3 AWS 过程评估评价指标体系

一级	二级		具体指标	分值	评分标准
水管理创新过程评估指标体系	数据收集	完成情况	园区近五年的经济、资源、环境数据获得情况	3	经济数据主要包括园区工业总产值、纳税总额、就业人数、主要产品产量等,资源环境数据包括能源消费、水资源消费、污染物排放总量、废水排放总量、废气排放总量等。按照收集年份的数量评分,其中收集两年及以下记1分,两年以上四年以下记2分,五年记3分
			企业近五年的经济、资源、环境数据获得情况	3	经济数据主要包括企业主营业务收入、纳税总额、就业人数、主要产品产量等,资源环境数据包括能源消费、水资源消费、污染物排放总量、废水排放总量、废气排放总量、污染物排放特征、主要环境处理工艺等。按照收集年份的数量评分,其中收集两年及以下记1分,两年以上四年以下记2分,五年记3分
		规范性	水风险评估数据采样点的数量	2	水风险评估数据采集点符合AWS标准要求记2分,不符合要求记1分
	规划制定	科学性	对国家、省市、流域、行业政策充分了解	3	邀请管理部门对政策进行解读记2分,在此基础上如邀请专家对整的政策进行分析记3分
			团队中拥有高级职称的比例	2	团队中高级职称比重在50%以上,记2分,否则记1分
			召开利益相关方座谈会的次数	2	在规划制定中召开利益相关者会议两次以上记2分,不足两次记1分,不召开会议记0分
	实施	认可性	得到 AWS 专家组认可	3	专家组认可度分为优秀、良好、认可、不认可;专家组优秀记3分,良好记2分,认可记1分,不认可记0分
			得到上级的认可	3	上级认可度分为优秀、良好、认可、不认可;专家组优秀记3分,良好记2分,认可记1分,不认可记0分
			利益相关方是否对 AWS 规划形成共识	3	利益相关方通过沟通平台对规划进行评价,评价同样分为优秀、良好、认可、不认可;专家组优秀记3分,良好记2分,认可记1分,不认可记0分

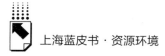

续表

	一级	二级	具体指标	分值	评分标准
水管理创新过程评估指标体系	实施	遵守相关法律法规	出现违规开采地下水	1	如出现未违规开采地下水，记1分，否则记0分
			存在园区超标用水，被征收惩罚性水价情况	1	如出现园区超标用水，记1分，否则记0分
			存在违法排污事件	2	如未出现违法排污事件，记2分，仅出现1起违法排污事件记1分，否则记0分
			园区污染物减排是否完成上级下发的任务	2	如完成污染物减排任务，记2分，完成80%任务记1分，否则记0分
		资源保障	专门管理办公室设定且负责人明确	2	如设置专门管理办公室记1分，管理人员五人以上再记1分
			管理人员参加培训的时间	2	每位管理人员每季度参加相关水管理创新培训的时间多于三个工作日，记2分，如未达到要求记1分，未参加培训记1分
			园区层面在水平衡上的资金投入情况	2	园区用于水管理创新的资金投入占园区预算的3%以上，记2分，1%~3%记1分，1%以下记0.5分
			专业装备的配置情况	1	如园区为管理人员配备防护装备记1分，未配全记0.5分
		制度建设	制定专门的水管理创新操作指南	2	如制定专门的水管理创新操作指南记2分，否则记0分
			为AWS制定专门数据跟踪指南	1	如制定专门数据跟踪指南记1分，否则记0分
			制定专门的公众参与的办法	2	如制定专门公众参与办法记2分，否则记0分
			制定专门的问责和激励办法	1	如制定专门问责和激励办法记1分，否则记0分
		基础设施	污水厂、供水厂企业的生产线关键节点上的计量水表的安装覆盖情况	2	由AWS专家组对该项指标做出评价，如超过90%记2分，否则记1分

续表

	一级	二级	具体指标	分值	评分标准
水管理创新过程评估指标体系	实施	基础设施	雨污分流设施改造覆盖率	2	覆盖率90%以上记2分,覆盖率50%～90%记1分,覆盖率在50%以下记0.5分
			园区内企业污水纳管率	2	纳管率100%记2分,纳管率70%～100%记1分,0%～70%记0.5分
			污水厂的排污标准提升情况	2	污水厂废水排放标准为一级A记2分,一级B记1分,其他标准记0.5分
		水利益机制	金融机构为园区水管理的融资金额	2	存在金融机构为园区水管理创新的融资,且金额在100万元以上的记2分;存在金融机构为园区水管理创新融资的,且金额不足100万元的记1分;不存在融资行为记0分
			金融机构为企业水平衡管理的融资金额	2	存在金融机构为企业水管理创新的融资,且获得融资企业占园区企业总量的30%的记2分;存在金融机构为园区水管理融资的,且获得融资企业占园区企业总量的不足30%记1分;不存在融资行为的记0分
		利益相关者参与	园区接待公众参观的批次	1	一年之内接待公众参观园区的批次多于四次的记1分,不足四次记0.5分,没有接待记0分
			公众对园区企业环境投诉案件的数量	2	未出现环境投诉案件记2分,仅出现两件以内记1分,否则记0.5分
			园区在实施水管理创新中开展多利益相关方协商会议的次数	2	利益相关方的会议次数每季度应召开一次,四次记2分,三次记1.5分,两次记1分,一次记0.5分,0次记0分
			排污企业主动要求公众参访企业	1	存在企业主动要求公众参访的记1分,不存在记0分
		数据记录	建立专门的数据库	2	建有专门的数据库记2分,否则记0分
			数据记录的频率	1	每月四次填报数据记1分,否则记0.5分
			数据记录的覆盖范围(是否涵盖所有企业)	1	数据涵盖所有企业记1分
			数据记录内容的详细程度	1	前面所提到的经济、资源、环境数据都记录的记1分,否则记0.5分

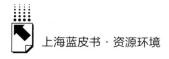
续表

	一级	二级	具体指标	分值	评分标准
水管理创新过程评估指标体系	实施	流域管理	向流域管理局提交 AWS 规划及相关管理办法	2	如向流域管理局提交园区 AWS 规划及相关管理办法记 2 分,否则记 0 分
			参与流域管理局相关会议	1	参与流域管理局相关会议记 1 分,未参加记 0 分
			向流域管理局提供建议	2	通过多种渠道向流域管理局提交建议的记 2 分,未提交记 0 分
			向流域管理局提供园区 AWS 相关数据	1	如向流域管理局提交园区 AWS 相关数据记 1 分,否则记 0 分
			参与流域管理相关课题研究	1	如参与流域管理相关课题研究记 1 分,否则记 0 分
		推广	对园区企业开展 AWS 培训	1	如对园区企业负责人开展 AWS 培训,记 1 分,否则记 0 分
			向其他园区介绍 AWS 经验	1	如向其他园区介绍 AWS 经验,记 1 分,否则记 0 分
			主流媒体报道数量	2	获得主流媒体报道记 2 分,否则记 0 分
	评估	目标完成	完成规划设定的水平衡目标	2	全部完成规划设定的水平衡目标记 2 分,未完成记 1 分
			完成规划设定的水质改善目标	2	全部完成规划设定的水质改善目标记 2 分,未完成记 1 分
		评价	上级政府对园区水管理创新绩效评价	3	上级政府对园区水管理创新绩效评价分为优秀、良好、满意、不满意,优秀记 3 分,良好记 2 分,满意记 1 分,不满意记 0.5 分
			流域管委会对园区水管理创新绩效评价	2	流域管委会对园区水管理创新绩效评价分为优秀、良好、满意、不满意,优秀记 2 分,良好记 1.5 分,满意记 1 分,不满意记 0.5 分
			AWS 专家组对园区水管理创新绩效的评价	3	AWS 专家组对园区水管理创新绩效评价分为优秀、良好、满意、不满意,优秀记 3 分,良好记 2 分,满意记 1 分,不满意记 0.5 分
			利益相关方对园区水管理创新绩效的评价	2	利益相关方通过利益相关方沟通会议对园区水管理创新绩效进行评价,分为满意、不满意两类,满意记 2 分,不满意记 1 分

	一级	二级	具体指标	分值	评分标准
水管理创新过程评估指标体系	信息披露	信息公开	通过公开渠道向社会发布规划	3	如通过网站公开发布园区 AWS 规划记 3 分,仅向部分利益主体公开记 2 分,未公开记 0 分
			向社会公众披露园区水平衡信息	3	如通过网站公开发布水平衡信息记 3 分,仅向部分利益主体公开记 2 分,未公开记 0 分
			向社会公众披露园区水质改善信息	3	如通过网站公开发布水质改善信息记 3 分,仅向部分利益主体公开记 2 分,未公开记 0 分

五 工业园区水管理创新绩效改善政策建议

工业园区水管理绩效改善应从制度建设、组织构架、利益相关者、过程评估与结果评估、沟通交流平台等方面展开。

1. 加强制度保障,促使园区开展水管理创新

最严格的水资源管理制度在 2011 年正式提出,并于 2012 年在国务院出台的《关于实行最严格水资源管理制度的意见》中对水资源管理作了具体的部署,2013 年,国务院颁布了《实行最严格水资源管理制度考核办法》,至此,一套较完整的最严格水资源管理制度框架已经形成。然而,该制度框架仅对流域及行政区域的水资源管理作了规定,对于园区层面则缺乏相应的制度建设。当前,园区水管理按照自上而下的管理模式,部门间协调性不足,公众参与机制缺乏,而园区水管理创新能够以自上而下的方式推动流域与区域水管理绩效的提升。因此,需指定园区水管理创新的实施意见,以制度的形式确定园区层面实施水管理创新;同时,以制度形式明确水管理组织机构的组织架构和岗位职责,将水资源管理与水环境管理及协调功能相统一;制定园区水管理创新考核办法与实施指南、园区数据统计制度、水管理创新奖励与问责办法、信息公开与公众参与办法等。

2. 坚持过程评估与结果评估并重

当前水管理绩效评估主要是目标导向的、基于结果的评估,如最严格水资源考核办法、主要污染物总量减排考核办法等。虽然该类评估能够有效地

指导管理人员完成既定的管理目标，但也存在一些问题，如不能及时发现管理中存在的机制体制问题、对管理人员的努力重视程度不够等。而过程评估能够将目标实现以更为透明的方式向利益相关方展示，以判断管理人员在多大程度上按规划来执行。因此，由于工业园区（特别是乡镇级工业聚集区）的行政级别较低，在完成上级所下达的目标任务时，常出现目标未完成情况，因此，有必要制定涵盖过程评估与结果评估绩效的评估办法，构建过程评估与结果评估的评价指标体系及评分细则。

3. 完善园区水管理组织体系，强化监管考核

当前，工业园区内并未设置专门的水管理机构，多是依托于经济发展部门，为经济发展服务。因此，园区的水管理组织机构应设置独立于经济发展部门的专门机构，并制定管理部门规章与之配套。人才建设上，应积极吸纳环境、管理等方面的专业人才，同时加强管理人员对水管理创新的培训，以期提高对水资源综合管理的认识；应积极配置专业装备来应对水管理可能出现的危险情况；应开发专业的大数据平台来支撑园区管理。水管理考核制度上应重点突出水管理考核比重，将水资源规划作为园区发展的约束条件，尤其要在招商引资上发挥作用。

4. 注重公众参与对水资源管理的促进作用

太湖流域的众多小流域内，当地政府、企业、公众等利益相关主体在水资源的利用上相互影响，相互制约。在中共中央发布的《生态文明体制改革总体方案》中，也提出了"完善公众参与制度"的意见。因此，园区水管理需要从传统的政府为主的水资源管理模式向"政府主导＋多元参与"的管理模式转变。为此就需要：①转变传统管理理念，调动各利益相关方共同参与；②重视利益相关方参与全过程管理，如规划、实施、评估及改进过程；③制定公众参与办法，规范公众参与行为，提高公众参与的可操作性；④构建利益相关方协商平台，披露管理信息，促进各利益相关方互信；⑤丰富公众参与的渠道与形式，不断提高水管理绩效[①]。

---

① 周冯琦、汤庆合、任文伟：《上海资源环境发展报告2014——环境保护的公众参与及创新》，社会科学文献出版社，2014。

5. 构建流域内水管理协商平台，推进水管理创新实施

从整个流域层面设计园区的水管理就是力图将园区的水资源消耗总量和污水排放量之和降到最低。流域内园区之间应建立协商机制，尤其是上游与下游园区之间要共同参与流域水资源相关规划，共同解决问题。而太湖流域管理局、太湖流域水资源保护局及各省市政府应搭建协商平台，为多层次、多区域的园区间协商提供支持，并将有益的经验向园区推广。同时，支持社会组织、公众代表及企业参与到流域内园区协商机制中来。

参考文献

Alliance for Water Stewardship . *The AWS International Water Stewardship Standard* 1.0 . www. allianceforwaterstewardship. org .

World Bank. *Results of the Expert Roundtables on Innovative Performance Measurement Tools.* 2009. www. worldbank. org .

Michelle Dermenjian, M. Ed, C. Psych. *Building Capacity：Development of an Outcome and Process Evaluation Framework of a Residential Program.* www. excellenceforchildandyouth. ca.

James Meadowcroft, Oluf Langhelle, Audun Ruud. *Governance, Democracy And Sustainable Development：Moving Beyond the Impasse.* Edward Elgar Publishing Limited. 2012. pp. 34 - 54.

周冯琦、汤庆合、任文伟：《上海资源环境发展报告 2014——环境保护的公众参与及创新》，社会科学文献出版社，2014。

曹国志、王金南、曹东：《关于政府环境绩效管理的思考》，《中国人口：资源与环境》2010 年第 2 期。

周云飞：《基于 PDCA 循环的政府绩效管理流程模式研究》，《情报杂志》2009 年第 10 期。

滕飞龙：《工业园区水资源利用与污染控制管理方案研究》，清华大学硕士学位论文，2014。

李永清：《工业园区环境管理问题及对策》，《环境科学导刊》2010 年第 1 期。

B.8
太湖流域河流生态系统健康评价
——以东苕溪流域为例

李建华 黄亮亮 曹文彪*

摘　要：　太湖流域地跨江苏、浙江、上海两省一市，是我国人口密度最大、工农业生产最发达、国内生产总值和人均收入增长最快的地区之一。2007 年 5 月底爆发太湖水危机后，经过各方共同努力，太湖治理初见成效，饮用水安全得到有效保障，水环境质量稳中趋好，但太湖治理长期仅注重水质指标改善，却忽视了水生态系统健康和生物多样性保护。东苕溪是太湖主要入湖河流之一，近年来，人类活动加剧了流域水环境的恶化，导致太湖鱼类多样性减少，群落结构简单化。本文以东苕溪河流健康为研究对象，在鱼类多样性及鱼类栖息地类型和环境胁迫因子等专题研究的基础上，构建了基于鱼类生物完整性指数（F - IBI）的评价方法，并通过实地调查、筛选和赋值确立了适合该地域的评价指标体系。通过在流域尺度上的实际应用，证明该指标体系可以作为一种通用工具应用于太湖流域不同类型河流的生态健康评价。

关键词：　太湖流域　河流健康评价　鱼类多样性　生物完整性指数

---

*　李建华，同济大学，教授；黄亮亮，桂林理工大学，讲师；曹文彪，同济大学，硕士研究生。

太湖流域地跨江苏、浙江、上海两省一市，是我国人口密度最大、工农业生产最发达、国内生产总值和人均收入增长最快的地区之一。流域内水网密布，与太湖相通的河流达 200 多条，河流与湖泊交织构成了太湖独有的美丽画卷。太湖流域的河流水系主要分为西部上游山丘水系、下游平原河网水系、北部沿江水系和南部沿杭州湾水系。[①] 本课题研究的东苕溪属于西部上游山丘水系，主要由苕溪水系、南河水系和洮滆水系等构成。本文以东苕溪河流健康为研究对象，在鱼类多样性及鱼类栖息地类型和环境胁迫因子等专题研究的基础上，构建了基于鱼类生物完整性指数（F‑IBI）的评价方法，并通过实地调查、筛选和赋值确立了适合该地域的评价指标体系。通过在流域尺度上的实际应用，证明该指标体系可以作为一种通用工具应用于太湖流域不同类型河流的生态健康评价。

一　东苕溪流域概况

（一）流域简介

东苕溪位于浙江省杭嘉湖平原西部，在湖州与西苕溪汇合后入太湖，是太湖的主要入湖河流之一，流域地图及采样点如图 1 所示。东苕溪干流 150 余千米，流域面积 2265 平方千米，属亚热带季风气候，温和湿润，雨量丰沛，多年平均降水量为 1460 毫米，年降水天数 143 ~ 161 天。[②]

（二）流域鱼类多样性概况

2009 ~ 2014 年，课题组与日本九州大学河流生态学研究室、植物生态

---

① 高永年、高俊峰：《太湖流域水生态功能分区》，《地理研究》2010 年第 29（1）期。

② 陈革强、胡昌伟、程晓陶等：《提高东苕溪防洪能力及河道治理分析研究》，《水利水电技术》2009 年第 40（2）期。

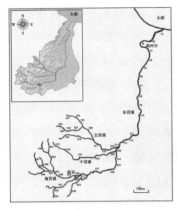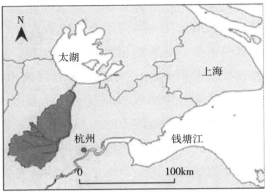

图1 东苕溪采样

学研究室开展了为期五年的针对太湖流域水生态健康评估的国际合作研究，通过野外采样收集到13500尾鱼类样品，经鉴定共计84种淡水鱼类，隶属于8目18科52属，其中，中国特有种35种，主要由鲤科、鳅科、虾虎鱼科、鲿科等鱼类组成。鲤科鱼类占到东苕溪鱼类全部总物种数的60.0%，共由10个亚科组成，主要包括鲌亚科、鳔亚科、鲃亚科以及鲴亚科，各占鲤科鱼类种类数的31.37%、19.61%、17.65%和9.80%，东苕溪流域鱼类组成见表1。

表1 东苕溪、太湖和长江的各目鱼类物种数

鱼类种类	东苕溪	太湖	长江
鲤形目	59	65	273
鲈形目	12	16	24
鲇形目	6	10	43
鲑形目	2	4	1
合鳃鱼目	1	1	1
鳉形目	2	1	4
鲱形目	1	2	4
颌针鱼目	1	1	1

（三）开展河流健康评价的重要性

随着城市现代化进程的加快，各地区的河流都经受着人类活动的干扰，出现了水质恶化、自然形态改变及生物栖息地破坏等河流水生态问题，河流生态系统的退化已经成为当前环境治理和生态保护的重大挑战，河流生态健康研究逐渐成为国际社会的关注焦点。

河流生态系统作为生物圈物质循环的重要通道，具有调节气候、改善生态环境以及维护生物多样性等众多功能。[①] 我国南方水资源丰富，水域生态系统多样而富饶，但随着人类活动的加剧，围湖造田、水质污染、水利工程及过度捕捞等已经成为我国鱼类资源和水生态系统健康急剧下降的主要因素。长期以来，人们没有认识到生物多样性的作用和保护生物多样性的重要性，各种人类活动干预对水生生态系统结构和功能造成了严重的破坏。

《国家中长期科学与技术发展规划纲要（2006～2020）》《中国生物多样性保护战略与行动计划（2011～2030年）》都明确提出加快中小型河流治理和水生态保护，并提出推进生态脆弱河流和地区水生态修复，加强重要生态保护区、水源涵养区、江河源头区和湿地的保护。欧美等发达国家的河流生态修复从过去单一的污染治理、城市河流景观建设向以流域为单元、以生物多样性为目标、以恢复河流的洪泛区，给河流更多空间发展的方向转移。相对而言，我国河流修复仍处于污染控制、改善水质和提高城市河流景观为主要目标的阶段，由于河流治理工程忽视了对水生生物栖息环境的保护，不仅损坏了水生生物栖息地环境，也损坏了河流的自净能力，在理念和技术措施方面较发达国家都存在一定差距，此外，缺乏对生物科学、生态学及可持续发展理论的理解和运用也是明证。因此，为确保流域水生生态系统功能的完整性，科学地推进《水污染防治行动计划》，开展河流鱼类生态学及河流健康评价的研究迫在眉睫。

---

① 吴阿娜：《河流健康评价：理论、方法与实践》，华东师范大学硕士学位论文，2008。

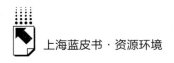

二　河流健康评价指标体系的构建

（一）河流健康评价的概念分析

河流健康评价作为评估河道施工和河道管理效果的重要工具和方法，是近年来生态学、水利学和环境科学工作者的研究热点。通过河流健康评价可以发现河道生态功能遭受破坏的薄弱环节，帮助管理者和施工者采取相应手段恢复河道的自然生态功能，维护河流的原始风貌，发挥河流的生态服务价值。

迄今为止，河流健康研究已在很多国家开展，我国从河流健康的角度开展河流治理和保护工作始于 20 世纪末期，国内各大机构在河流健康评价方法学、河流健康评价指标构建等方面已经开展了相关研究工作，如"维护健康长江，促进人水和谐实施意见""维持黄河健康"等。总体而言，我国的河流健康评价领域侧重于借助物理、化学手段评估河流健康状况，对河流生态系统健康的研究尚局限于理论和政策探讨的层面上，从生态系统完整性的角度分析河流状态还需进一步深入。

（二）河流健康评价指标体系构建

1. 评价方法

生物完整性指数是由 Karr[1] 等学者于 1981 年提出的，它由多个生物指标参数构成，通过将实测值与参考系统给出的标准值进行比对，获得该水生态系统的健康程度。生物完整性指数可定量描述人类行为产生的扰动与所选择的生物指标之间的关系，从而反映水生态系统受到的干扰程度[2]。生物完整性指数方法在河流生态健康评价中应用广泛，可以方便地对河流进行健康

---

[1] Karr J R, Dudkey D R. "Ecological Perspective on Water Quality Goals." *Environmental Management*, 1981, 5（1）: 55 – 68.

[2] 廖静秋、黄艺：《应用生物完整性指数评价水生态系统健康的研究进展》，《应用生态学报》2013 年第 24（1）期。

管理，实现人和河流生态系统的协调发展。①

当前我国在生物完整性指数与水生态系统健康评价方面，主要是利用底栖和鱼类作为研究对象以评价河湖生态系统的健康状况②。但因为不同地区生物整体特征和自然状况存在客观差异，所以在不同地区应用该方法时，还需考虑其应用性和针对性。本文从流域整体概念出发，以东苕溪鱼类为例，介绍了生物完整性指数评价指标体系的建立过程，希望为太湖流域河流健康评价和管理提供有益的参考。

2. 选取原则

（1）评价指标的设置

遵循全面性以及适用性原则，研究以流域鱼类调查结果及其空间分布特点为基础，选择了共计 6 大类、24 项指标构建指标体系（见表 2）。

表2　生物完整性指数评价指标体系

指标属性	候选指标	指标代码
鱼类数量与健康状况	鱼类总个体数	N1
	外来鱼类占比	N2
	畸形、患病鱼类占比	N3
敏感性	耐受性鱼类占比	N4
	敏感性鱼类占比	N5
鱼类空间分布占比	上层鱼类占比	N6
	中上层鱼类占比	N7
	中下层鱼类占比	N8
	底层鱼类占比	N9

① 郑海涛：《怒江上游鱼类生物完整性评价》，华中农业大学硕士学位论文，2006。
② 张光生、谢锋、梁小虎：《水生生态系统健康的评价指标和评价方法》，《中国农学通报》2010 年第 26（24）期；朱迪、常剑波：《长江中游浅水湖泊生物完整性时空变化》，《生态学报》2004 年第 24（12）期；Zhu D, Chang J B. "Annual Variations of Biotic Integrity in the Upper Yangtze River Using an Adapted Index of Biotic Integrity（IBI）." *Ecological Indicators*, 2008, 8（5）：564 – 572. Liu Y, Zhou F, Guo H C, et al. "Biotic Condition Assessment and Implication for Lake Fish Conservation：A Case Study of Lake Qionghai, China." *Water and Environmental Journal*, 2009, 23（3）：189 – 199.

指标属性	候选指标	指标代码
鱼类食性结构	植食性鱼类占比 肉食性鱼类占比 无脊椎动物食性鱼类占比 杂食性鱼类占比	N10 N11 N12 N13
鱼类产卵特征及占比	产漂流性卵鱼类占比 产粘性卵鱼类占比 产沉性卵鱼类占比 借助贝类产卵鱼类占比	N14 N15 N16 N17
鱼类组成及占比	总种类数 鲤科鱼类占比 虾虎鱼科占比 平鳍鳅科鱼类占比 鳅科鱼类占比 本地鱼类占比 香农指数	N18 N19 N20 N21 N22 N23 N24

（2）指标筛选

采用分布范围、判别能力和相关性分析对 24 项候选指标进行筛选[1]：

分布范围：若各采样点的种类数均 < 5 或各采样点之间的差异小于 10%，或 90% 以上采样点均为零，应取消该指标；

判别能力：对比参照点和采样点在 25% ～ 75% 分位数（IQ，Inter Quartile Ranges）范围的重合情况，只有 IQ ≥ 2（没有重合或部分重合）才进入下一步的相关性分析；

相关性分析：对通过判别能力筛选的各指标进行 Pearson 相关性检验，若 | R | < 0.9，则通过检验，若 | R | > 0.9，则两个指标中选取一个即可。

---

[1] 裴雪姣、牛翠娟、高欣等：《应用鱼类完整性评价体系评价辽河流域健康》，《生态学报》2010 年第 30（21）期；Barbour M T, Gerritsen J, Griffith G E, et al. "A Framework for Biological Criteria for Florida Streams Using Benthic Macroinvertebrates." *Journal of the North American Benthological Society*, 1996, 15（2）：185 – 211. Blocksom K A, Kurtenbach J P, Klemm D J, et al. "Development and Evaluation of the Lake Macroinvertebrate Integrity Index（LM II）for New Jersey Lakes and Reservoirs." *Environmental, Monitoring and Assessment*, 2002, 77（3）：311 – 333.

3. 指标框架

鱼类生物完整性指数的评价体系候选指标如表 3 所示。

表 3　IBI 评价体系候选指标及其对干扰的响应

属性归属	候选参数指标	参数缩写	对干扰的响应
种类组成与丰度	鱼类总物种数	M1	下降
	鲤科鱼类物种数百分比	M2	上升
	鳅科鱼类物种数百分比	M3	下降
	虾虎鱼科鱼类物种数百分比	M4	下降
	平鳍鳅科鱼类物种数百分比	M5	下降
	中国土著鱼类物种数百分比	M6	下降
	Shanno – Wiener 多样性指数	M7	下降
	上层鱼类物种数百分比	M8	下降
	中上层鱼类物种数百分比	M9	下降
	中下层类物种数百分比	M10	下降
	底层鱼类物种数百分比	M11	下降
营养结构	杂食性鱼类个体百分比	M12	上升
	无脊椎动物食性鱼类个体百分比	M13	下降
	植食性鱼类个体百分比	M14	下降
	肉食性鱼类个体百分比	M15	下降
耐受性	敏感性鱼类个体百分比	M16	下降
	耐受性鱼类个体百分比	M17	上升
繁殖共位群	产漂流性卵鱼类物种数百分比	M18	下降
	产沉性卵鱼类物种数百分比	M19	下降
	产粘性卵鱼类物种数百分比	M20	上升
	借助贝类产卵鱼类物种数百分比	M21	下降
鱼类数量与健康状况	鱼类总个体数	M22	下降
	畸形、患病鱼类个体数百分比	M23	上升
	外来鱼类个体数百分比	M24	上升

三　河流健康评价结果

（一）计算方法

为了统一评价量纲，对生物学指标进行分值计算。研究采用 1、3、5 赋值法①：通过对各指标实测值进行打分，从低到高分别记1分、3分、5分。

研究采用25%分位数法划分评价等级②：如果采样点生物完整性指数值大于25%分位数值，则表明该采样点受人类影响小，为健康等级；对于小于25%分位数的分值，对其分值范围进行三等分，而反复采样未采集到鱼类即为"无鱼"位点。根据上述方法，就可以确定出"理想""良好""合格""较差"和"恶劣"五个评价等级。

（二）评价结果分析

1.参数指标筛选

根据东苕溪流域鱼类在空间上的分布特点，将流域划分为两个生态区[16]，并对应建立两套IBI评价体系，分别为上游支流、中下游干流IBI评价体系。

（1）东苕溪上游支流。通过指标筛选并去除干扰点（N20）之后，选取了N5、N10、N12、N18、N21、N23、N24共七个指标作为东苕溪上游区域IBI指标体系的评价指标（见表4），并对七个指标进行评分计算。

表4　东苕溪上游支流参数指标的生物完整性打分表

参数指标	参数缩写	1	3	5
敏感性鱼类占比	B1	<23%	23%~46%	>46%
植食性鱼类占比	B3	<9%	9%~19%	>19%
无脊椎动物食性鱼类占比	B2	<33%	33%~67%	>67%
总种类数	B4	<7	7~13	>13
平鳍鳅科鱼类占比	B5	<12%	12%~23%	>23%
本地鱼类占比	B6	<30%	30%~60%	>60%
香农指数	B7	<0.7	0.7~1.4	>1.4

---

① 王备新、杨莲芳、胡本进等：《应用底栖动物完整性指数B-IBI评价溪流健康》，《生态学报》2005年第25（6）期。

② 裴雪姣、牛翠娟、高欣等：《应用鱼类完整性评价体系评价辽河流域健康》，《生态学报》2010年第30（21）期。

（2）中下游干流。运用以上的方法，研究确定了 N1、N3、N6、N7、N10、N17、N18、N20、N23、N24 共十个指标作为中下游干流地区 IBI 指标体系的评价指标（见表5），并对十个指标进行评分计算。

表5 东苕溪中下游参数指标生物完整性打分表

参数指标	参数缩写	1	3	5
鱼类总个体数	C1	< 24	24 ~ 48	> 48
畸形、患病鱼类占比	C2	> 27%	13% ~ 27%	< 13%
上层鱼类占比	C3	< 11%	11% ~ 22%	> 22%
中上层鱼类占比	C4	< 33%	33% ~ 67%	> 67%
植食性鱼类占比	C5	< 28%	28% ~ 55%	> 55%
借助贝类产卵鱼类占比	C6	< 22%	22% ~ 44%	> 44%
总种类数	C7	< 5	5 ~ 10	> 10
虾虎鱼科占比	C8	< 7%	7% ~ 14%	> 14%
本地鱼类占比	C9	< 33%	33% ~ 67%	> 67%
香农指数	C10	< 0.8	0.8 ~ 1.6	> 1.6

2. 评分及评价

历时五年的野外调查对东苕溪150千米河长的所有支流的地形地貌、水文水质和鱼类栖息地类型都展开了全面细致的研究。由于太湖源位于东苕溪源头且最高处超过海拔1000米，东苕溪从源头至太湖河口跨越了山林的峡谷地带、中上游的溪流地带和中下游的平原河网地带，在物理空间、地质地貌、水文特征及河畔植被覆盖等方面均形成了明显的上下游空间差异，所以，在整个流域内形成了多种多样的鱼类栖息地环境，仅在北苕溪的百丈溪和太平溪水域就发现有十种不同类型的鱼类栖息地。

我们也研究了不同河岸类型对鱼类物种多样性的影响，从河口开始至中游山溪性河段共有四种岸坡类型（见图2），依据优势度指数、均匀度指数、物种丰富度指数和香农指数的评价结果显示，人工硬质护岸的负面影响最为显著（见表6）。

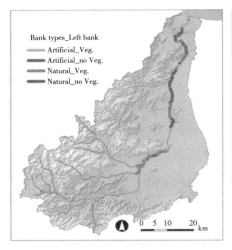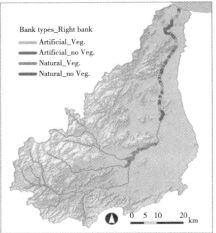

图 2　东苕溪河岸带类型

表 6　东苕溪不同河岸对鱼类多样性的影响效果评估

河岸类型	优势度指数	物种丰富度	均匀度指数	香农指数
A	0.400 ± 0.296^a	4.636 ± 3.215^a	0.722 ± 0.346^a	1.273 ± 0.679^a
B	0.438 ± 0.487	5.250 ± 5.500^{ab}	0.586 ± 0.508	1.349 ± 1.169^{ab}
C	0.560 ± 0.298	2.778 ± 2.510	0.642 ± 0.411^{ab}	0.826 ± 0.633
D	1.000 ± 0.000^b	0.400 ± 0.548^c	0^c	0^c

注：河岸类型 A：自然河岸 + 水生植物；B：自然河岸 + 无水生植物；C：人工河岸 + 水生植物；D：人工河岸 + 无水生植物。

　　针对两套评价体系，本研究提出了相应的计算标准分别进行评价（见表 4～表 5），计算得出上游支流、中下游干流参考点生物完整性指数的 25% 分位数值，分别为 46 和 36.25，从而可以得到东苕溪流域鱼类 IBI 评价标准（见表 7）。

　　根据实地采样数据和计算，可以获得东苕溪流域各采样点的鱼类完整性状况的评价结果（见表 8）。

表7 东苕溪流域鱼类 IBI 评价标准

项目	理想（H）	良好（F）	合格（P）	较差（V）	恶劣（N）
上游支流	>46	>31~46	>15~31	≤15	0
中下游	>36	>24~36	>12~24	≤12	0

表8 东苕溪流域各采样点 IBI 评价结果

采样点	2010 年		2011 年		采样点	2010 年		2011 年	
	得分	健康等级	得分	健康等级		得分	健康等级	得分	健康等级
S1	29	F	29	F	S11	34	F	29	F
S2	24	P	31	F	S12	36	F	36	F
S3	24	P	31	F	S28	34	F	29	F
S4	17	P	24	P	S29	38	H	22	P
S5	22	P	29	F	S34	36	F	43	H
S6	\	N	\	N	S35	41	H	38	H
S7	26	F	31	F	S36	38	H	29	F
S8	31	F	22	P					
S16	43	F	43	F	S41	39	F	22	P
S17	33	F	46	F	S42	29	P	26	P
S20	36	F	33	F	S43	39	F	39	F
S21	46	F	39	F	S44	36	F	33	F
S22	29	P	2233	F	S45	39	F	39	F
S23	29	P	26	P	S46	33	F	22	P
S24	33	F	19	F	S47	26	P	39	F
S25	33	F	22	P	S48	36	F	26	P
S26	26	P	26	P	S49	\	N	\	N
S27	22	P	22	P	S50	19	P	12	V
S30	39	F	26	P	S51	22	P	\	N
S31	26	P	24	P	S52	26	P	22	P
S37	15	V	22	P	S53	29	P	26	P
S39	33	F	22	P	S54	26	P	12	V
S40	26	P	22	P	S55	19	P	26	P

　　2010 年，在各观测点中，"合格"以下的观测点占到 64.7%，"理想"的观测点仅 6.67%。而 2011 年的 45 个观测点中，"理想"和"良好"状态的观测点较 2010 年分别下降 1 个百分点和 2 个百分点，"合格""较差"和"恶劣"状态的观测点较 2010 年分别增加 1 个百分点。东苕溪 IBI 评价

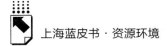

河流健康结果显示，虽然中下游河段的健康状态相对有所改善，但上游支流受到的人类影响加剧，该区域 2011 年的河流健康状况与 2010 年相比有所下降。

在东苕溪中下游河段，内河船运及水生植物丰富度是影响河流生态完整性的主要因素，由于中下游河段船运行业发达，水生态系统受到较大干扰，多数河段仅处于"合格"等级。而中游河段船舶运输减少，水草、芦苇等植物增多，鱼类栖息地得到恢复，该河段处于"理想"或"良好"等级。水利建设和农业面源污染是上游支流河段河流健康水平降低的主要原因，同时含磷洗衣粉或洗涤剂的使用导致水体磷的浓度上升，引起浮游植物增加，最终导致上游河段健康状态下降。

四 讨论与建议

本研究是在借鉴国际研究经验和最新研究理念的基础上通过中日国际合作研究完成的。中日联合调查小组通过东苕溪全流域的调查摸清了涵盖所有支流在内的河流地貌特征、河岸类型、鱼类及水生植物区系特征以及所有代表河段的水质变化特征。中日联合调查小组的高密度广域性野外工作获得了国际同行的好评，被称为亚洲地域迄今为止最为详尽的生态调查。基于东苕溪上、中、下游鱼类和水质调查结果所开发的 IBI 评价方法可以客观公正地评价河流健康，这一概念的提出弥补了传统水域环境质量监测理化方法的不足，通过生物监测和理化监测相结合，真正体现了生态系统的结构和功能状态。

河流的上、中、下游是一个连续的生态体系，河流健康评价是实施源头控制和流域综合管理的重要步骤，在科学评价的基础上推进流域生态补偿机制就是流域合作的一种创新模式，已经在我国取得了初步的成效。2015 年公布的"水十条"明确规定，国家将重点支持跨界跨省河流的水环境保护和治理，因此从流域综合管理的角度出发，打破地域界限开展流域合作有利于系统把握全流域的变化趋势，约束和杜绝牺牲生态环境追求地区经济发展的行为，促进信息公开和公众参与，提升河流综合治理的效率。

党的十八大提出了生态文明建设的宏伟蓝图,将"生态系统稳定性增强,人居环境明显改善"纳入重要目标。"努力建设美丽中国,实现中华民族永续发展",就要"从源头上扭转生态环境恶化趋势,为人民创造良好生产生活环境,为全球生态安全做出贡献"。健康的河流生态系统不仅可以提升河流的自净能力,还可以反映广大人民群众的切实感受。弘扬和传承中华民族的河流文化是实现生态文明建设的重要内涵。

党的十八大以来的一系列政策都特别强调对水质较好和生态脆弱的江河湖泊生态环境的优先保护。2005 年,欧洲国家提出的新水文化宣言特别强调要坚持水生态系统的"不恶化原则"。我们在经历了历时五年的大量调查研究发现,河流上、中、下游以及流域内发达的河网水系所形成的多样化物理空间环境和河畔空间环境是营造鱼类栖息地多样性的重要物质基础,多样的栖息地环境是流域生物多样性可持续发展的重要保障。我们建议以海绵城市发展战略为契机,结合国家生态文明建设四大战略任务第一条所强调的"优化国土空间开发格局"和"给自然留下更多修复空间"的战略思路,将河流健康评估和河畔空间保护纳入地方政府"十三五"河流综合整治规划的公开指标体系中,通过科学评价和科学规划实现低影响开发战略。

致　谢

感谢日本九州大学河流生态学研究室、植物生态学研究室和世界自然基金会(WWF)对本课题的支持。

参考文献

Karr J R, Fausch K D, Angermeier P L, et al. "Assessing Biological Integrity in Running

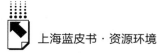

Waters：A Method and Its Rationale. " *Illinois Natural History Survey Special Publication* 5，1986.

张远、徐成斌、马溪平等：《辽河流域河流底栖动物完整性评价指标与标准》，《环境科学学报》2007 年第 27（6）期。

傅伯杰、刘国华、陈利顶等：《中国生态区划方案》，《生态学报》2001 年第 21（1）期。

长三角地区排污权有偿使用和交易
的制度设计研究

嵇　欣*

摘　要：　排污权有偿使用和交易制度是我国环境资源领域一项重大的、基础性的机制创新和制度改革，也是我国生态文明制度建设的重要内容。经过20多年的实践，我国在排放权交易中积累了实践经验并取得了一定的成效。长三角地区是较早进行排污权交易试点的地区，其中，浙江省和江苏省已形成了较为完善的制度框架，并对配额总量设定、覆盖范围确定、初始排污权的核定、分配、定价、排污权交易、监督管理等方面进行了具体的制度设计。本文对长三角地区现有的排污权有偿使用和交易的制度框架、具体制度设计进行总结与评价，并在此基础上分析其面临的问题，这些问题主要包括缺乏法律保障、总量设定不合理、初始排放权的核定与定价缺乏技术规范、二级市场发育不成熟、实际排放量难以核查、超额排污处罚模糊等。考虑到以行政区划为界限的排污权交易制度会导致跨行政区域的资源难以有效配置、排污权交易市场不活跃等问题，而且，主要水污染物和大气污染物会通过河流、空气等途径向其他地区转移，因而从长三角区域一体化发展的角度来看，有必要建立跨区域排污权交易市场。本文提出，可以从以下

---

* 嵇欣，上海社会科学院生态与可持续发展研究所，博士后。

几个方面来完善制度设计：第一，确立排污权交易的法律地位；第二，建立主要污染物排放的基础数据统计体系；第三，制定初始排污权的核定与定价的技术规范；第四，增强市场流动性；第五，建立第三方核查机构，提高监测监管能力；第六，设置合理的超额排放处罚标准。

关键词： 排污权有偿使用　排污权交易　制度设计　长三角

　　我国最早的排污权交易实践发生在上海市闵行区，它于 20 世纪 80 年代末就开展了水污染物排污权交易活动。2007 年以来，我国在 11 个省市①开展了排污权有偿使用和交易试点。经过 20 多年的实践，我国在排放权交易中积累了实践经验并取得了一定的成效。为了推进试点工作，国务院于 2014 年发布了《关于进一步推进排污权有偿使用和交易试点工作的指导意见》，提出建立排污权有偿使用和交易制度是我国环境资源领域一项重大的、基础性的机制创新和制度改革，也是我国生态文明制度建设的重要内容；而且，2015 年，国务院颁布的《生态文明体制改革总体方案》也强调了要健全环境治理和生态保护市场体系，推进排污权交易制度。目前，我国经济社会发展正处于转型阶段，而且环境治理也处于战略转型的关键时期，排污权交易是将政府直接管制和经济激励结合在一起，引入市场机制以实现总量控制、污染减排的一项重要制度创新。因此，建立有效的排污权交易制度十分必要，这不仅可以降低减排成本、节约管理成本，还可以促进技术进步、推动产业结构转型升级。

---

① 开展排污权有偿使用和交易的试点省份包括江苏、浙江、天津、湖南、湖北、河南、河北、山西、重庆、陕西、内蒙古等。

一 长三角地区排污权有偿使用和交易的制度体系现状

（一）浙江省排污权有偿使用和交易的制度体系

浙江省于 2009 年就开展了排污权有偿使用和交易试点，经过六年多的实践，基本形成了一套较为完整的制度框架体系。2009 年 7 月，浙江省政府出台的《关于开展排污权有偿使用和交易试点工作的指导意见》中，明确了试点范围、工作目标和保障措施等；2010 年，浙江省政府又出台了《浙江省排污许可证管理暂行办法》，进一步落实排污权交易载体；同年，浙江省政府办公厅出台了《浙江省排污权有偿使用和交易试点工作暂行办法》，制度框架体系涉及覆盖范围、初始排放权的核定与分配、排污权交易、资金管理、监督管理等多个方面。从具体制度设计来看，2010 年至今，浙江省为确保排污权有偿使用和交易的有效实施，制定了各类办法、实施细则、技术规范等，包括排污许可证管理、主要污染物总量指标审核、初始排放权核定和分配、排污权储备出让的电子竞价、排污权指标账户核算与登记等方面（具体见图 1）。除此之外，浙江省环保厅还与财政部门、物价部门、金融部门联合出台了一系列资金管理、排污权抵押贷款、排污权有偿使用费征收标准等方面的政策文件。

在试点过程中，全省各地也结合实际，出台了排污权有偿使用和交易政策、技术文件 103 个。可见，目前，浙江省已基本构建了一套覆盖省、市、县三级的排污权有偿使用和交易制度框架体系，并尝试进一步细化和优化具体的制度设计、确保排污权有偿使用和交易试点工作的实施。①

（二）江苏省排污权有偿使用和交易的制度体系

江苏省太湖流域是全国较早开展水污染物排污权交易试点的区域之一。

---

① 虞选凌：《环境有价，交易先行——记浙江省排污权有偿使用和交易试点工作》，《环境保护》2014 年第 18 期。

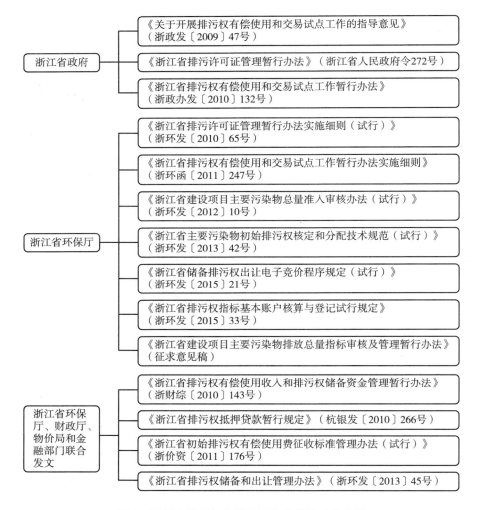

图1 浙江省排污权有偿使用和交易的政策文件

江苏省于2004年就开展了水污染物有偿使用和交易试点，但并未形成理论体系和文件①。2007年11月，江苏省向财政部、原国家环保总局提交了《关于在江苏省太湖流域开展主要水污染物排放指标初始有偿使用和交易试

---

① 张炳、费汉淘、王群：《水排污权交易：基于江苏太湖流域的经验分析》，《环境保护》2014年第18期。

点的申请》并获得批准；2008年8月，江苏省在无锡市举行了启动仪式，这意味着江苏省将全面开展太湖流域水污染物排污权交易活动；同年，江苏省环保厅、财政厅和物价局颁布的《江苏省太湖流域主要水污染物排污权有偿使用和交易试点方案细则》，明确了试点范围、工作目标、实施步骤和保障措施。从2008年至今，江苏省在水污染物排污权交易制度设计上形成了较为完善的体系，包括排放指标申购、排污量核定、许可证管理、有偿使用收费标准、排污权交易管理等一系列制度和技术文件（具体见图2）；另外，江苏省在二氧化硫排污权有偿使用和交易方面也出台了相关政策文件，

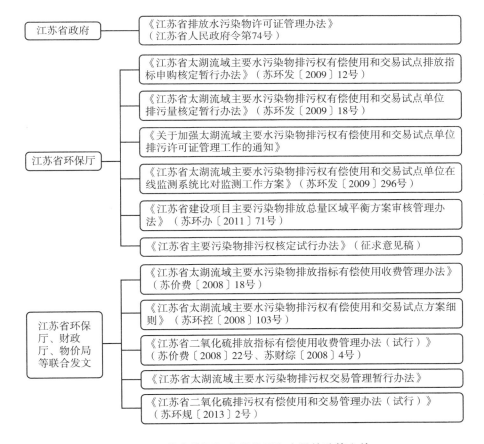

图2　江苏省排污权有偿使用和交易的政策文件

如 2008 年的《江苏省二氧化硫排放指标有偿使用收费管理办法（试行）》、2013 年的《江苏省二氧化硫排污权有偿使用和交易管理办法（试行）》等。

（三）上海市排污许可证管理的制度体系

上海市闵行区早在 1987 年就开展了企业与企业之间的水污染物排污权交易实践，是我国最早实施排污权交易试点的地区。2002 年，国家环保总局发布了《关于开展"推动中国二氧化硫排放总量控制及排污交易政策实施的研究项目"示范工作的通知》，上海是全国七个二氧化硫排污权交易试点省市之一。虽然与全国其他省市相比，上海较早开展了水污染物、二氧化硫排污权交易试点，但是试点进展较为缓慢。上海市环保局于 2012 年发布了《上海市"十二五"主要污染物排放许可证核发和管理工作方案》（沪环保总〔2012〕480 号），提出力争 2015 年年底完成市、区（县）及重点排污单位的排污许可证核发工作；另外，为了推进排污许可证核发与管理工作，2014 年，上海市环保局制定了《上海市主要污染物排放许可证管理办法》（沪环保总〔2014〕413 号）。截至 2015 年 10 月，上海市总共核发了 280 个排污许可证给排污单位，其中，2015 年核发的排污许可证超过 60%（具体见图 3）。虽然近一年来，上海市在排污许可证核发和管理上有较大的进展，但是上海仍未制定排污权有偿使用和交易的相关政策文件。

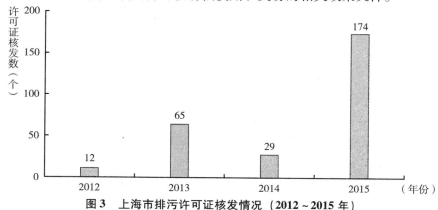

图 3 上海市排污许可证核发情况（2012～2015 年）

资料来源：上海市环境保护局。

二 长三角地区排污权有偿使用和交易的具体制度设计

（一）配额总量设定

一般来说，配额总量是以区域污染物总量控制目标为基数，而且政府会预留一部分排污权指标作为储备配额。其中，污染物总量控制目标设定有两种方式：一是根据环境容量来测算；二是根据历史排放总量乘以减排系数来确定总量控制目标。就目前来看，第一种方式在技术上面临较大困难且成本较高，因此一般会采用第二种方式。浙江省和江苏省的配额总量都是在区域污染物总量控制目标的基础上，扣除政府储备配额以及不受污染物总量控制的排污单位的排放量。

（二）覆盖范围确定

根据污染物覆盖范围的不同，浙江省、江苏省在水污染物和大气污染物排污权有偿使用和交易所涉及的行业、试点范围都有所不同。

从污染物覆盖范围来看，浙江省排污权有偿使用和交易主要涵盖化学需氧量和二氧化硫。而江苏省的污染物覆盖范围较广，太湖流域水污染物排污权交易从最初的化学需氧量逐步扩展到氨氮、总磷，大气污染物排污权交易从二氧化硫扩展到氮氧化物（具体见表1）。

从行业覆盖范围来看，浙江省的排污权有偿使用和交易的覆盖行业（或企业）为有化学需氧量和二氧化硫排放总量控制要求的工业排污单位以及需要新建、改建、扩建项目的工业排污单位。而江苏省由于污染物覆盖范围较广，根据污染物不同所涵盖的行业也有所差异，如化学需氧量的覆盖行业为年排放量超过10吨以上的纺织染整、化学工业、造纸、钢铁、电镀、食品制造（味精和啤酒）等工业企业，接纳污水中工业废水量大于80%（含80%）的污水处理厂，以及需新增化学需氧量排污量的新、改、扩建各类项目排污单位；氨氮、总磷的覆盖行业为纺织印染、化学工业、造纸、食

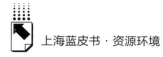

品、电镀、电子行业、污水处理行业、农业重点污染源排污单位;二氧化硫的覆盖行业为电力、钢铁、水泥、石化、玻璃行业等(具体见表1)。

表1 浙江省与江苏省排污权有偿使用和交易的覆盖范围比较

覆盖范围	覆盖污染物		覆盖行业(或企业)	试点范围
	类别	具体污染物		
浙江省	水污染物	化学需氧量	有化学需氧量和二氧化硫排放总量控制要求的工业排污单位;需要新建、改建、扩建项目的工业排污单位	太湖流域和钱塘江流域
	大气污染物	二氧化硫		全省
江苏省	水污染物	化学需氧量(2008) 氨氮(2011) 总磷(2011)	化学需氧量:太湖流域年排放化学需氧量10吨以上的工业企业,涵盖纺织染整、化学工业、造纸、钢铁、电镀、食品制造(味精和啤酒)等行业;接纳污水中工业废水量大于80%(含80%)的污水处理厂;需新增化学需氧量排污量的新、改、扩建各类项目排污单位。氨氮、总磷:纺织印染、化学工业、造纸、食品、电镀、电子行业、污水处理行业、农业重点污染源排污单位	太湖流域内的全部行政区域,以及周边对太湖水质有影响的水体
	大气污染物	二氧化硫(2013) 氮氧化物(2015)	二氧化硫:电力、钢铁、水泥、石化、玻璃行业	全省

资料来源:作者根据浙江省与江苏省排污权有偿使用和交易的相关政策文件整理而得。

从试点范围来看,由于污染物性质不同,化学需氧量和二氧化硫排污权有偿使用及交易试点范围、跨市县交易的规定有所差异:浙江省的化学需氧量排污权有偿使用和交易先在太湖流域和钱塘江流域范围内试行,其他流域的市县,经省环保、财政主管部门同意也可列入试点,且化学需氧量排污权交易原则上在设区市市区或县(市)交易,如果需要跨行政区域交易,则必须经省环保厅批准；而江苏省的试点范围为太湖流域内的苏州市、无锡市、常州市和丹阳市的全部行政区域及周边对太湖水质有影响的水体。二氧化硫排污权有偿使用和交易在全省范围内试行，且排污权交易可以在全省范围内进行。

（三）初始排污权的核定

对于初始排放权的核定，制定统一的、明确的核定标准尤为重要。

从浙江省和江苏省的具体制度设计来看，初始排污权的核定以环境影响评价（下文简称"环评"）批复的允许排放量为主要标准，可以分为以下三种情况。

第一种情况：对于现有排污单位来说，初始排污权以排放绩效、排污系数或标准来核定，如果核定结果大于环评批复允许排放量，则将环评作为初始排放权核定量。

浙江省较为笼统地规定，排放绩效是指国家和省的主要污染物排放绩效标准，或者各地根据实际情况制定的排放绩效（且该标准要不低于国家和省的标准），并根据排污单位是否属于已制定排放绩效的行业将其分类：第一，对于已制定排放绩效的行业来说，如果排污单位按照排放绩效计算的排污量高于环评批复允许排放量，则将环评允许排放量作为初始排污权核定量；如果排放绩效计算的排污量低于环评允许排放量，则按排放绩效计算的结果作为初始排放权核定量。第二，对于未制定排放绩效标准的行业来说，排污单位初始排污权以环评批复允许的排污量为主，并不超过该排污量；除此之外，还需考虑 2010 年污染源普查动态更新数据、原排污许可证许可排放量、"三同时"竣工验收监测报告、满负荷生产情况下的实际排放量等。需要注意的是，排污单位分配的初始排放权之和不得超过区域可分配初始排污权总量，如果超过排污权总量，则应按行业进行等比例削减①。

江苏省根据具体行业设定了相应的排污绩效、排污系数或标准等，而

---

① 各行业的具体削减比例可根据"十二五"减排目标、行业污染物排放强度等因素综合确定。

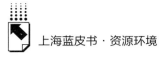

且污染物覆盖范围从化学需氧量、二氧化硫扩大到氨氮、氮氧化物、烟粉尘、总氮、总磷。江苏省首先在太湖流域进行化学需氧量排污权交易试点,对于化学需氧量排放大于 10 吨的工业企业来说,其核定依据是太湖流域水污染排放的国家标准以及太湖流域重点工业企业、污水处理厂的主要水污染物排放限值标准等;接纳污水中工业废水大于 80% (含 80%)的污水处理厂按照其设计处理能力、执行的排放标准进行核定。2013 年,江苏省开展了二氧化硫排污权有偿使用和交易活动,电力行业根据不同燃料分别制定了排放绩效,而钢铁、水泥、石化、玻璃行业则按照国家清洁生产二级标准中的排放限值作为核定依据(具体见图 4)。2015 年,江苏省公布了《江苏省主要污染物排污权核定试行办法》(征求意见稿),制定了不同行业的主要污染物排放绩效标准及技术方法,而对于无排放绩效标准的其他行业则根据国家或地方污染物排放标准、单位产品基准排水量、烟气量等进行核定,集中式污水处理厂则根据设计处理能力和出水水质标准进行核定(具体见图 4)。

第二种情况:对于新建、改建、扩建项目,其初始排放权根据环境影响评价审批允许的排放量来核定。在项目"三同时"验收以后,如果实际排放量与环评审批允许的排放量相差较大时,初始排放权核定量应按实际排放量进行调整。

第三种情况:对于环评批复中没有明确允许排放量的排污单位来说,其初始排污权的核定可以参考原排污许可证允许排放量、"三同时"竣工验收监测报告和满负荷生产情况下的实际排放量。另外,浙江省还强调,环评批复没有明确允许排放量的排污单位要以 2010 年污染源普查动态更新调查数据为主。

(四)初始排放权的分配与定价

从国内外排污权交易的实践经验来看,初始排放权的分配方式主要有以下三种:第一,免费发放。该方式不会给企业带来过多的额外负担,因而在排污权交易实施初期的接受程度较高;但是该方式也会在公平和效率上受到

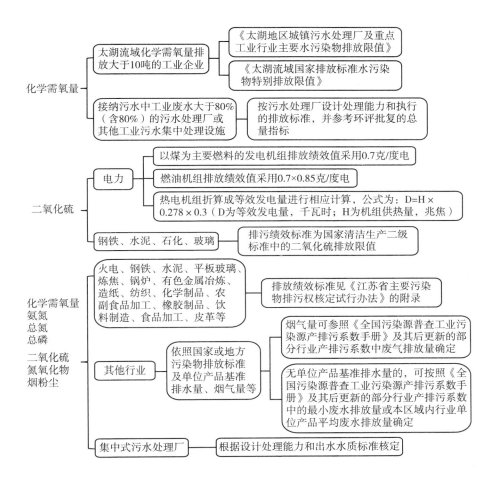

图4　江苏省主要污染物初始排放权核定标准

资料来源：作者根据江苏省排污权有偿使用和交易的政策文件整理。

质疑，如历史排放法是根据企业历史排放水平来分配配额，无法体现先期减排努力以及不同行业排放和减排潜力的差异等，而基准线法可以体现出行业内的公平性，但其操作较为复杂而且会造成成本效率的损失。第二，以固定价格向政府购买。该方式有利于逐步形成稳定的价格信号，但与拍卖配额一样，会给企业带来额外的负担，而且在确定合理的排污权价格上会遇到较大

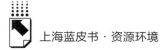

的困难。第三，拍卖。与免费发放配额相比，拍卖配额的操作更为简单、公平且成本效率较高，拍卖收入可用于资助节能减排项目；然而，拍卖会给企业带来额外的负担。因此，考虑到公平、效率等多方面因素，国内外排污权交易中也有混合使用上述三种配额分配方式的。

从浙江省和江苏省的实践来看，初始排污权主要是采取以固定价格向政府购买，也就是说，排污单位为了获得初始排放权指标要向政府缴纳排污权有偿使用费。

一般来说，初始排污权有偿使用费的征收标准需要同时考虑环境容量资源的稀缺程度、总量控制目标、污染物治理成本、经济社会发展水平等因素。从实践来看，排污权有偿使用费征收模式有两种[①]：第一种是统一定价模式，指排污单位支付有偿使用费来获得初始排污权，如江苏太湖流域、浙江嘉兴市等；第二种是补差价模式，指排污单位已缴纳排污费，只需要支付排污权有偿使用费与排污费的差额部分来获得初始排污权，如浙江绍兴市等（具体见表3）。排污权有偿使用征收标准需要考虑到行业差异与新老企业差异等。从行业差异来看，不同行业的污染物组成不同，相应的治理成本不同，因而需要征收不同的排污权有偿使用费。以江苏太湖流域为例，纺织印染、化学工业、造纸、食品、电镀、电子行业的氨氮征收标准为11000元/年·吨，总磷为42000元/年·吨，污水处理行业、农业重点污染源排污单位的氨氮征收标准为6000元/年·吨，总磷为23000元/年·吨（具体见表2）；从浙江省的实践来看，湖州市规定石油加工、化工、医药、制革、印染（含砂洗）、造纸等高污染行业，化学需氧量的排污权有偿使用征收标准为7500元/年·吨，食品制造、饮料制造、电镀（含酸洗）等为6000元/年·吨，其他轻污染行业为5000元/年·吨（具体见表3）。从新老企业的差异来看，考虑到老企业已缴纳排污费，一般会采取以下三种方式：第一，老企业的初始排污权有偿使用费征收标准会低于新企业。如江苏省规定太湖流域年化学需氧量排放超过10吨的工业企业，如果在2008年11月20

---

① 姚毓春：《排污权有偿使用费征收标准及征收模式分析》，《环境保护》2014年第16期。

表2　江苏省排污权有偿使用费征收标准

省/市	排污权有偿使用费征收标准	征收模式
江苏省	二氧化硫(2013年7月):电力、钢铁、水泥、石化、玻璃行业2240元/年·吨;氮氧化物(2015年1月):2240元/年·吨	统一定价
江苏省太湖流域	化学需氧量(2009年):2008年11月20日以前已批准建设、年排放化学需氧量在10吨以上的工业企业,按2250元/年·吨征收;接纳污水中工业废水量大于80%(含80%)的城镇污水处理厂按1300元/年·吨征收。2008年11月20日后批准的新、改、扩建项目按4500元/年·吨征收,污水处理厂按2600元/年·吨征收。氨氮(2011年7月):纺织印染、化学工业、造纸、食品、电镀、电子行业11000元/年·吨;污水处理行业、农业重点污染源排污单位6000元/年·吨。总磷(2011年7月):纺织印染、化学工业、造纸、食品、电镀、电子行业42000元/年·吨;污水处理行业、农业重点污染源排污单位23000元/年·吨	统一定价

资料来源:根据江苏省排污权有偿使用和交易的相关政策文件整理而得。

表3　浙江省排污权有偿使用费征收标准

市	排污权有偿使用费征收标准	征收模式
湖州市	化学需氧量(2010年1月):石油加工、化工、医药、制革、印染(含砂洗)、造纸等,7500元/年·吨;食品制造、饮料制造、花钱、电镀(含酸洗)等,6000元/年·吨;其他轻污染行业,5000元/年·吨。氨氮(2010年1月):10000元/年·吨。二氧化硫(2010年1月):2000元/年·吨。新老企业区别对待:现有排污单位在2010年6月之前初购初始排污权的,可获得50%的价格优惠,2011年6月之前申购的,可获得20%的优惠。另外,经环保部门审查确认,老污染源可以以无偿方式获得初始排放权	统一定价
嘉兴市	化学需氧量(2010年7月):4000元/年·吨。氨氮(2015年12月):4000元/年·吨。二氧化硫(2010年7月):1000元/年·吨。氮氧化物(2015年12月):1000/年·吨。新老企业区别对待:现有排污单位于2010年7月1日至9月30日期间一次性支付化学需氧量和二氧化硫排污权有偿使用费的,给予40%的价格优惠;之后按照每个季度5%的比例递减,直到2011年底,价格优惠比例为15%	统一定价

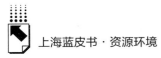

市	排污权有偿使用费征收标准	征收模式
绍兴市	化学需氧量(2012 年 4 月):4000 元/年·吨。氨氮(2012 年 4 月):4000 元/年·吨。二氧化硫(2012 年 4 月):1000 元/年·吨。氮氧化物(2012 年 4 月):1000/年·吨。新老排污单位界定时间为 2012 年 1 月 31 日:在此之前已领取排污许可证的,可以免除有效期为 2012~2015 年的化学需氧量、二氧化硫的排污权有偿使用费,但需要补交氮氧化物、氨氮的排污权有偿使用费	补差价
舟山市	化学需氧量(2012 年 12 月):4000 元/年·吨。氨氮(2012 年 12 月):10000 元/年·吨。二氧化硫(2012 年 12 月):1000 元/年·吨。氮氧化物(2012 年 12 月):1000 元/年·吨	统一定价
宁波市	化学需氧量和氨氮(2013 年 1 月):5000 元/年·吨,其中化工、制革及皮毛加工、造纸、电镀等行业为 7500 元/年·吨。二氧化硫和氮氧化物(2013 年 1 月):2000 元/年·吨	统一定价
金华市	化学需氧量(2013 年 1 月):4000 元/年·吨。二氧化硫(2013 年 1 月):1000 元/年·吨。新老企业区别对待:现有排污单位在 2013 年、2014 年的初始排污权有偿使用费按征收标准的 70%缴纳,2015 年按标准全额缴纳	统一定价
台州市	化学需氧量(2013 年 7 月):4000 元/年·吨。氨氮(2013 年 7 月):4000 元/年·吨。二氧化硫(2013 年 7 月):1000 元/年·吨。氮氧化物(2013 年 7 月):1000 元/年·吨。新老企业区别对待:现有排污单位在 2013 年的初始排污权有偿使用费按征收标准的 50%缴纳,2014 年为 70%,2015 年按标准全额缴纳	统一定价
温州市	现有排污单位:化学需氧量(2013 年 7 月):4000 元/年·吨。氨氮(2013 年 7 月):4000 元/年·吨。二氧化硫(2013 年 7 月):1000 元/年·吨。氮氧化物(2013 年 7 月):1000 元/年·吨。新增排污权的排污单位:化学需氧量(2013 年 7 月):8000 元/年·吨;氨氮(2013 年 7 月):8000 元/年·吨;二氧化硫(2013 年 7 月):2000 元/年·吨;氮氧化物(2013 年 7 月):2000 元/年·吨	统一定价
衢州市	化学需氧量(2014 年 2 月):4000 元/年·吨。氨氮(2014 年 2 月):4000 元/年·吨。二氧化硫(2014 年 2 月):1000 元/年·吨。氮氧化物(2014 年 2 月):1000 元/年·吨。新老企业区别对待:现有排污单位在 2014 年 6 月 30 日前按征收标准的 30%缴纳初始排污权有偿使用费;2014 年 7 月 1 日至 12 月 31 日按标准的 50%缴纳;2015 年内按标准的 70%缴纳	统一定价

市	排污权有偿使用费征收标准	征收模式
丽水市	化学需氧量（2014 年 7 月）：4000 元/年·吨。氨氮（2014 年 7 月）：4000 元/年·吨。二氧化硫（2014 年 7 月）：1000 元/年·吨。氮氧化物（2014 年 7 月）：1000 元/年·吨	统一定价

资料来源：根据浙江省各市排污权有偿使用和交易的相关政策文件整理而得。

日以前已批准建设，其排污权有偿使用费为 2250 元/年·吨；如果在 2008年 11 月 20 日以后批准的新建、改建、扩建项目，则排污权有偿使用费为4500 元/年·吨（具体见表 2）。第二，让已缴纳排污费的老企业补差价。如浙江省绍兴市规定在 2012 年 1 月 31 日之前已经领取排污许可证的企业，可以不缴纳化学需氧量、二氧化硫的排污权有偿使用费，但需要补交氮氧化物、氨氮的排污权有偿使用费（具体见表 3）。第三，老企业可以根据不同的缴纳期限获得排污权有偿使用费的价格优惠，如浙江省的嘉兴市、金华市、台州市、衢州市等（具体见表 3）。

从表 2、表 3 中可以看出，江苏省对二氧化硫、氮氧化物、化学需氧量、氨氮、总磷的排污权有偿使用进行统一定价；而浙江省是由各地政府对主要污染物的排污权有偿使用进行定价，虽然在化学需氧量和二氧化硫的定价上基本保持一致，即化学需氧量的征收标准为 4000 元/年·吨、二氧化硫为 1000 元/年·吨，且征收模式大多为统一定价。出现上述现象的主要原因是江苏省和浙江省在初始排污权有偿使用征收标准的规定上有所差异：江苏省规定征收标准由省价格主管部门、财政部门共同制定；而浙江省则按照"统一政策，分级管理"的原则来制定初始排污权有偿使用征收标准，省价格主管部门、环保主管部门主要负责总装机容量 30 万千瓦以上燃煤发电企业的征收标准，其余则由设区市价格主管部门、环保主管部门负责制定。

（五）排污权交易

浙江省和江苏省关于排污权交易的规定中明确指出了排污权指标的供给方（即排污权指标的出售来源）和需求方。排污权的供给方主要包括通过淘汰落后和过剩产能、清洁生产、污染治理、技术改造升级等减少污染物排放而形成富余排污权指标的排污单位，以及政府储备的排污权指标。其中，政府储备的排污权指标的主要来源包括以下几个方面：第一，初始排放权分配时政府预留的排污权指标。第二，排污企业因破产、关闭、被取缔或迁出本行政区域的，其初始排污权指标无偿获得的，由政府无偿收回作为排污权储备；其初始排污权指标有偿获得的，由政府进行回购作为排污权储备。第三，政府通过排污权交易机构在市场上购入的排污权指标。第四，政府对主要污染物进行治理获得的富余排污权指标。第五，通过其他方式获得的排污权指标。排污权储备主要是为了调节排污权交易市场，或者是考虑到当地经济发展而需要支持战略性新兴产业、重大科技示范等项目建设。排污权的需求方主要包括需要新增排污权指标的新建、改建、扩建项目，以及用于完成污染物减排任务的现有排污单位。

排污权交易是指排污单位之间或排污单位与政府之间在交易平台上进行的排污权出售或购买行为。除此之外，政府可以通过直接出让、拍卖（如电子竞价）、协议出让等方式将排污权指标出售给排污单位。目前，浙江省和江苏省以政府出让排污权指标为主，二级市场交易较少。

浙江省规定二氧化硫排污权交易和跨县（市、区）区域的化学需氧量排污权交易在省排污权交易中心统一进行。2009年3月，浙江省排污权交易中心正式成立，于2012年建立了省级排污权交易平台并制定了排污权交易的电子竞价机制。2012～2014年，浙江省排污权交易中心已举办了六期政府储备二氧化硫排污权指标电子竞价，总共成交了2337.8吨二氧化硫，成交额约为2995.5万元，成交均价最高为17257.4元/吨，最低为9961.2元/吨（具体见表4）。此外，设区市市区和县（市、区）行政区域内的化学需氧量排污权交易在设区市排污权交易机构进行。《浙江省储备排污权出让电子竞价程序规定（试行）》于2015年7月1日起开始实施，排污权电子竞价涉及的主要污染物包括二氧化硫、氮氧化物、化学需氧量和氨氮，覆盖范围有所扩大，并规定电子竞价的基准价不得低于初始排污权有偿使用价格。

表4　浙江省二氧化硫排污权指标出让的电子竞价情况（2012～2014 年）

时间	出让指标 （吨）	底价 （元/吨）	参与企业 数量（家）	竞价成功企业 数量（家）	成交均价 （元/吨）	成交量 （吨）	成交额 （万元）
2012.6.29	235	5000	7	6	11043.3	235	259.5175
2012.12.14	265	5000	11	10	17257.4	265	457.321
2013.5.20	500	5000	7	6	15813.3	492.28	778.457
2014.1.16	450	5000	4	3	11588.2	423.44	490.692
2014.9.25	500	5000	5	3	11781.1	500	589.056
2014.12.19	500	5000	5	4	9961.2	422.08	420.444

资料来源：浙江省排污权交易中心。

2009～2014 年上半年，浙江省已累计开展排污权有偿使用 9573 笔，缴纳有偿使用费 17.25 亿元；排污权交易 3863 笔，交易额 7.73 亿元，还有 326 家排污单位通过排污权抵押获得银行贷款 66.55 亿元，各项指标位居全国前列[①]。截至 2014 年年底，浙江省累计缴纳排污权有偿使用费 18.23 亿元，交易额 8.52 亿元[②]。

与浙江省相比，江苏省的排污权交易平台建设相对较晚，苏州环境能源交易中心于 2012 年 12 月正式揭牌，主要从事排污权交易、碳排放权交易、再生资源交易等。2015 年 7 月，苏州环境能源交易中心的排污权交易网上平台正式上线，并制定了交易流程（具体见图5）。从 2015 年 6 月 30 日至 11 月 4 日，协议转让的主要污染物为二氧化硫和氮氧化物，其中，出让方均为各地环保部门，成交价均为 4480 元/吨，二氧化硫成交量约为 121.1 吨，氮氧化物成交量约为 248.4 吨。此前，江苏省环保厅在苏州环境能源交易中心举行过两次排污权交易活动；2015 年的首次省级排污权交易在泰州举行，一共有 80 家企业参与，其中购买排污权指标的企业有 74 家，出售排污权指标的企业有 6 家；而且此次排污权交易覆盖范围在以往的二氧化硫和

① 虞选凌：《环境有价，交易先行——记浙江省排污权有偿使用和交易试点工作》，《环境保护》2014 年第 18 期。
② 张永亮、俞海、丁杨阳、张燕：《排污权有偿使用和交易制度的关键环节分析》，《环境保护》2015 年第 10 期。

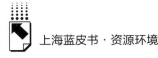
氮氧化物的基础上增加了化学需氧量和氨氮；经过七次竞拍，74 家企业获得了所需的二氧化硫、化学需氧量等排污权指标。[1] 截至 2014 年年底，江苏省累计缴纳排污权有偿使用费 5.51 亿元，排污权交易额为 2.24 亿元。[2]

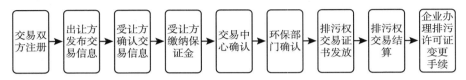

图 5　江苏省排污权交易流程

资料来源：苏州环境能源交易中心、江苏环境资源交易网。

（六）监督管理

1. 监测、报告与核查

从浙江省和江苏省的实践来看，环保部门会对排污单位的主要污染物排放量进行监测，并根据监测结果定期对排污单位的排放量进行核查；而排污单位则有责任向环保部门定期报告其主要污染物排放情况。

为了准确核定排污单位的排污量，需要运用现代化的在线监控、监测手段，如浙江省和江苏省都实施了刷卡排污总量控制制度。

以江苏省为例，江阴市在 2010 年就实施了 IC 卡排污系统，是全国最早采用刷卡排污总量控制的城市，当污染排放量接近总量限制时，"电子阀门"会向企业发出警报，并提醒企业减少排放，当排污量达到总量限制时，系统会向企业和环保部门发出警报，排污口的阀门会自动关闭。[3] 江苏省主要是依据在线监测数据、监督性监测数据，每月对排污单位的排放量进行核定，并将在线监测核定的污染物排放量与监督性监测核定的排放量按权重进

---

① 江苏省财政厅：《2015 年江苏省级排污权交易在泰州举行》，2015 年 8 月 7 日，http://www.jscz.gov.cn/pub/jscz/xwzx/xwph/rw/201508/t20150807_ 79242.html。

② 张永亮、俞海、丁杨阳、张燕：《排污权有偿使用和交易制度的关键环节分析》，《环境保护》2015 年第 10 期。

③ 江苏省环境保护厅：《江阴排污权有偿使用助推主要污染物排放量降三成》，2011 年 2 月 22 日，http://www.jshb.gov.cn/jshbw/xwdt/sxxx/201102/t20110222_ 167853.html。

行加权平均，作为核定的排污量。①

浙江省在杭州、绍兴、嘉定等地开展了刷卡排污的试点实践。目前，浙江省的刷卡排污系统几乎覆盖了区域内所有的国家重点监控的污染企业，覆盖面逐步向省重点监控、市重点监控的污染企业延伸。而且在总结试点经验的基础上，浙江省环保厅于 2013 年发布了《关于实施企业刷卡排污总量控制制度的通知》（浙环发〔2013〕26 号），提出要以排污许可证为依据、以刷卡排污为手段，建立"一企一卡一证"的新型排污总量控制管理模式，实现环境管理从浓度控制向浓度、总量双控制转变，为排污权交易打下基础；截至 2014 年，全省已建成 1214 套国控、省控重点污染源刷卡排污系统，其中废水 1006 套、废气 208 套，覆盖范围逐步扩展到市控企业。② 浙江省主要根据在线监测数据、监督性监测数据、物料平衡数据等来核定排污单位的污染排放量。以二氧化硫为例，浙江省环保厅每个季度对国控重点源的二氧化硫排污量进行核定，而对于其他排污单位只需要每年进行核定，排放量核定主要包括以下几种情况：第一，对于大型燃煤锅炉，主要采用连续在线监测数据进行核定；第二，对于中小型燃煤锅炉，采用监督性监测数据、在线监测数据、物料平衡数据相结合的方式，并按各自的权重计算排放量；第三，对于没有在线监测数据和监督性监测数据的排污单位，采用物料平衡数据核定。

2. 奖惩激励机制

惩罚机制主要是针对超排企业、未按要求执行排污权有偿使用和交易的排污单位、排污权交易机构违法违规行为的处罚。浙江省和江苏省在相关规定上有一些差别：浙江省只对超排企业和排污权交易机构的违法违规行为做出了相关处罚规定，但并没有明确指出处罚依据和措施；而江苏省则明确规定了对主要水污染物的超排企业的处罚依据，即《江苏省太湖水污染防治条例》，同时也明确指出未按要求执行排污权有偿使用和交易的排污单位、

① 金浩波：《江苏太湖流域排污权交易试点实践》，《环境保护》2010 年第 19 期。

② 虞选凌：《环境有价，交易先行——记浙江省排污权有偿使用和交易试点工作》，《环境保护》2014 年第 18 期。

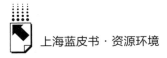

排污权交易机构违法违规行为的各种处罚措施（具体见图6）。

在奖励机制上，江苏省规定如果排污单位积极出售富余排污权指标，那么当其新建、改建、扩建项目时可以在同等条件下优先购买新增排污权指标。

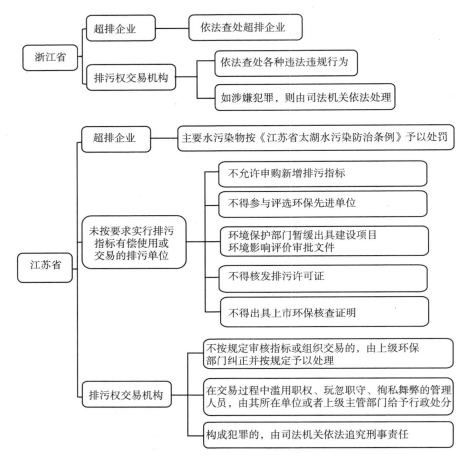

图6 浙江省与江苏省对排污单位、排污权交易机构的监管规定

资料来源：根据浙江省和江苏省排污权有偿使用和交易的相关政策文件整理。

在激励措施上，浙江省采取了以吨排污权税收贡献指标为绩效评价标准，对印染、造纸、制革、化工、电镀、热电等重污染行业的工业企业实行"三三制"分类排序，行业内排名前1/3的为先进企业，排名中间的为一般企业，排名后 1/3 的为落后企业，并在此基础上实行差异化减排考核政策，激励先进、淘汰落后，进一步促进产业结构转型升级。①

三 长三角地区排污权有偿使用和交易存在的问题

（一）缺乏法律保障

2014 年，国务院颁布的《关于进一步推进排污权有偿使用和交易试点工作的指导意见》中指出，以排污许可证形式来确认排污权，但国家层面的法规中排污权并没有在法律上予以确认，如新修订的《环境保护法》中没有将排污权作为环境产权进行界定。而且，现行的《水污染防治法》和《大气污染防治法》等虽已提出要推行排污权有偿使用和交易，但目前还未形成全国性的法律法规，也没有明确和细化的法律条款，因而难以形成一套完善的法律体系来保障排污权交易的实施；从排污权有偿使用和交易的实践来看，虽然试点地区制定了许多地方性的政策规定，但较难形成并通过地方性的排污权交易法规，因而大部分试点地区的排污权有偿使用与交易实践缺乏法律基础、法律依据不足。②

（二）配额总量设定不合理

目前，由于企业主要污染物排放的统计基础薄弱，而且在技术上难以采用环境容量来测算区域污染物总量控制目标，因而只能根据估算的历史排放总量乘以减排系数来确定。另一方面，配额总量则是以区域总量控制目标为基准，由各企业向环保部门申购初始排污权指标并经审批后才能确定分配给各企业的配额数量；而且，政府考虑到地区经济发展、市场调节等因素，会

---

① 虞选凌：《环境有价，交易先行——记浙江省排污权有偿使用和交易试点工作》，《环境保护》2014 年第 18 期。

② 王金南、张炳、吴悦颖、郭默：《中国排污权有偿使用和交易：实践与展望》，《环境保护》2014 年第 14 期。

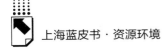
预留一部分排污权进行储备。因此，在此基础上设定的配额总量可能会出现偏差：如果配额总量设定过于宽松的话，企业会缺乏减排的动力而且会产生排污权交易市场不活跃的现象；如果配额总量设定过于严格的话，会影响到地区经济发展。

（三）初始排污权的核定与定价缺乏技术规范

近年来，学术界对初始排放权的核定、分配与定价的相关研究较多，然而并没有形成统一的理论框架与技术体系；从实践层面来看，一些试点地区对初始排放权如何确定、排污权总量如何分配、排污权有偿使用的征收标准如何确定等方面的研究不足而且缺乏相关的制度设计，国家层面也没有形成统一的技术规范。[①]

从初始排污权的核定来看，大部分试点地区并没有根据各地实际情况、各行业的污染物特征等来制定排放绩效标准、排放标准或排放系数等，因而初始排放权核定缺乏技术规范。例如，浙江省并没有制定初始排放权核定的技术规范，而 2015 年之前，江苏省虽然在化学需氧量和二氧化硫排污权有偿使用与交易的相关政策文件中提到了初始排污权的核定标准，但并没有形成系统的技术规范，而且刚公布的《江苏省主要污染物权核定试行办法》（征求意见稿）并未实施。

从初始排放权的定价来看，主要存在以下两个问题：第一，由于企业之间的排污权市场交易较少，因而市场难以起到价格发现的作用；第二，初始排污权有偿使用费征收标准缺乏技术规范，难以体现出污染治理成本的地区差异、行业差异。例如，江苏省的主要污染物排污权有偿使用标准在行业上有一定差异，但为全省统一定价，难以体现出地区差异；浙江省虽然由各地区根据实际情况设定排污权有偿使用标准，但只有宁波、湖州的征收标准与其他地区不同并根据行业差异设定了不同的征收标准（具体见下表5）。

---

① 张永亮、俞海、丁杨阳、张燕：《排污权有偿使用和交易制度的关键环节分析》，《环境保护》2015 年第 10 期。

表5　浙江省内各市初始排污权有偿使用费征收标准情况

单位：元/年（吨）

市	COD	$NH_3 - N$	SO_2	NOx
嘉兴市	4000	4000	1000	1000
绍兴市	4000	4000	1000	1000
温州市	4000	4000	1000	1000
金华市	4000	—	1000	—
台州市	4000	4000	1000	1000
衢州市	4000	4000	1000	1000
丽水市	4000	4000	1000	1000
舟山市	4000	10000	1000	1000
宁波市	5000/7500	5000/7500	2000	2000
湖州市	5000/6000/7500	10000	2000	—

数据来源：根据浙江省各市排污权有偿使用和交易的相关政策文件整理而得。

（四）二级市场发育不成熟

目前，从各地实践来看，排污权交易以政府与排污单位之间的一级市场交易为主，即政府将排污权以固定价格出售或拍卖竞价等方式有偿分配给排污企业，而排污单位之间的排污权交易很少，二级市场发育不成熟。也就是说，现阶段的排污权交易市场是以政府为主导，企业并没有发挥主导作用。出现上述问题的主要原因可能包括以下三个方面。

第一，政府与市场的边界不清晰。排污权交易是一种在政府监督管理下由排污单位参与排污权市场交易的制度，然而现行的排污权交易试点中，政府与市场的作用领域界限模糊，政府既是排污权交易制度的制定者，又是交易的参与者、中介，这使得排污权交易带有较强的行政干预，难以发挥市场的价格杠杆与竞争机制的作用。[①]

第二，总量控制考核体系导致跨区域排污权交易陷入僵局，市场流动性不足。在现行的总量控制考核体系下，总量控制目标逐级分解至地方政府，

---

① 王金南、张炳、吴悦颖、郭默：《中国排污权有偿使用和交易：实践与展望》，《环境保护》2014 年第 14 期。

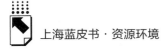

为了完成本辖区的减排目标，大多数地方政府对购买辖区外的排污权指标并不持积极态度，而且为了给当地经济发展预留空间，大多数地方政府也不愿意企业将富余的排污权指标出售至辖区外。以江苏省太湖流域为例，各地方政府考虑到自身的总量控制目标，更倾向于将富余的排污权留在本地而不愿意企业从其他辖区购买排污权，这给太湖流域内跨辖区交易造成了一定的阻碍，而且进一步降低了市场流动性。[①]

第三，从企业自身角度出发，考虑到目前的法律保障还不完善、政策信号不明确以及企业自身新建项目需求等因素，企业往往不愿意将富余排污权指标在市场上出售，这导致二级市场交易不活跃。[②] 以江苏太湖流域为例，一方面，随着减排工作的推进，企业的减排压力越来越大而减排潜力不断压缩，难以产生富余排污权指标；另一方面，即使企业通过淘汰落后产能、清洁生产、污染治理、技术改造升级等措施产生了富余排污权指标，企业也更倾向于预留这些指标用于未来企业自身的发展，因而造成了排污权交易市场中企业"惜售"的现象大量存在。[③]

（五）实际排放量难以核查，超额排污处罚模糊

准确核定排污单位的实际排放量是排污权交易制度有效实施的重要保障之一。然而，目前，各试点地区很难精确地核定排污单位的实际排放量，其主要原因包括以下两个方面：第一，污染物排放计量基础相对薄弱，主要表现为实际排放量的核定方式有在线监测、监督监测、物料衡算等，但不同方式得到的数据各不相同；第二，监测监管能力不足，主要表现为虽然许多试点地区的在线监测设备基本覆盖了国控、省控污染源，但还难以实现对所有受污染物总量控制的排污单位进行在线监控，而且这些监控设施的运行情况

---

① 张炳、费汉洵、王群：《水排污权交易：基于江苏太湖流域的经验分析》，《环境保护》2014 年第 18 期。

② 张永亮、俞海、丁杨阳、张燕：《排污权有偿使用和交易制度的关键环节分析》，《环境保护》2015 年第 10 期。

③ 张炳、费汉洵、王群：《水排污权交易：基于江苏太湖流域的经验分析》，《环境保护》2014 年第 18 期。

参差不齐，在线监控数据的准确性不高。[①]

另外，各试点地区对于排污单位超额排放的处罚依据不明确、处罚标准模糊。从处罚依据来看，2014 年修订的新《环境保护法》规定企业的污染物排放超过重点污染物排放总量控制指标的，可以采取限制生产、停产整顿、关闭等措施，而且还规定企业违法排放污染物的应给予罚款处罚，但《环境保护法》并没有明确规定是否要对超额排放的企业进行处罚。[②] 从处罚标准来看，各试点地区很少有涉及具体处罚标准的规定，主要受到《水污染防治法》《大气污染防治法》的约束。《大气污染防治法》规定，对于企业大气污染物排放超过总量控制指标的，责令改正或限制生产、停产整治并处以 10 万元以上 100 万元以下的罚款，情节严重的，责令停业、关闭。《水污染防治法》规定，对于企业水污染物排放超过总量控制指标的，责令限期治理并按排污费的两倍以上五倍以下的标准处以罚款；相比之下，该罚款标准的处罚力度有限。而江苏省对太湖流域企业超额排放的处罚标准则依据《江苏省太湖水污染防治条例》，其中规定水污染物排放超过总量控制指标的，由环保部门责令停产整顿并处以 20 万元以上 100 万元以下的罚款。

四 建立跨区域排污权交易的必要性及政策建议

（一）建立长三角跨区域排污权交易的必要性

目前，排污权交易的试点范围是以行政区划来划分的，虽然有一些试点地区尝试跨市进行排污权交易，但需要省环保部门的批准才可以在全省辖区范围内开展交易，这可能会造成跨行政区域的资源难以有效配置、排污权交易市场不活跃等问题。以太湖流域为例，太湖的水污染物排污权交易是按照

① 张炳、费汉沟、王群：《水排污权交易：基于江苏太湖流域的经验分析》，《环境保护》2014 年第 18 期。
② 常杪、陈青：《中国排污权有偿使用与交易价格体系现状及问题》，《环境保护》2014 年第 18 期。

行政区域进行的，虽然江苏、浙江、上海都开展了排污权交易试点，但都是在自己的行政区划内进行，一旦出现环境污染问题，容易产生不同地区推卸责任，难以找到污染源的现象。①② 可见，大气污染、水污染并不仅仅是行政辖区内的问题，长三角某一地区的污染物会通过河流、空气等途径向其他地区扩散、转移。因此，水污染物以流域范围开展排污权交易最为合理，根据流域环境容量对资源进行优化配置才能对流域水环境质量产生有利的影响；而大气污染物则以产生污染影响的相邻区域开展排污权交易较为合适。也就是说，建立长三角跨区域排污权交易市场是十分必要的，这不仅有利于优化资源配置，而且还有利于增强市场流动性、降低减排成本。

（二）建立长三角跨区域排污权交易的政策建议

建立长三角跨区域排污权交易市场的最大阻碍是突破行政区划界限，从长三角区域一体化发展的角度来制定统一的排污权交易制度框架，形成统一的排污权交易平台，充分发挥市场作用、减少政府干预。

建立长三角跨区域排污权交易市场需要完善的制度框架体系，具体制度设计涉及多个方面，包括：配额总量设定，覆盖范围确定，初始排污权的核定、分配、定价，排污权交易，监督管理（包括监测、报告与核查机制、奖惩激励机制）等。而且，上文提到的长三角地区排污权有偿使用与交易存在的问题，也是建立长三角跨区域排污权交易所面临的主要挑战，如缺乏法律保障、总量设定不合理、初始排放权的核定与定价缺乏技术规范、二级市场发育不成熟、实际排放量难以核查、超额排污处罚模糊等。基于此，本文提出以下几个方面的对策建议。

1. 确立排污权交易的法律地位

如果没有强制的法律约束，排污权交易制度就难以有效实施。目前，国

---

① 潘晓峰、郝明途、车秀珍、吴小令：《我国排污权交易污染因子和交易区域的选取策略研究》，《生态经济》2015 年第 2 期。

② 马驰、吴晨烈、胡应得：《浙江省初始排污权的分配问题》，《资源开发与市场》2015 年第 1 期。

家层面的法律法规中并没有确认排污权的法律地位，在配额总量的设定、覆盖范围的确定、初始排污权的核定与分配、排污权交易、监督管理等各个环节都缺乏法律保障，因而难以确保排污权交易的顺利实施。

2. 建立主要污染物排放的基础数据统计体系

建立基础数据统计体系对于排污权交易的具体制度设计尤为重要，总量控制目标的设定、初始排污权的核定与分配都离不开良好的数据统计基础。如果在缺乏基础数据统计的情况下，通过估算的历史排放总量乘以减排系数而得到的总量控制目标，并在此基础上设定配额总量，可能会产生偏差（如配额总量设置过高等）。

3. 制定初始排污权的核定与定价的技术规范

初始排污权的核定是配额分配的基础，由于不同地区的经济发展状况、环境污染程度各有差异，不同行业的污染物排放也各不相同，因而需要根据各地实际情况、各行业的污染物排放特征来制定初始排污权的核定标准，如排放绩效标准、排放标准或排放系数等。在排放权定价方面，同样需要考虑地区差异和行业差异，可以在排污权有偿使用费征收标准的基础上乘以相应系数来体现地区差异、行业差异等。

4. 增强市场流动性

建立长三角跨区域排污权交易市场，主要是为了突破原有行政区划的限制，鼓励企业跨市、跨省进行交易，提高二级市场交易积极性。增强市场流动性不仅可以起到市场价格发现的作用，而且有利于降低企业的减排成本。除此之外，建立长三角跨区域排污权交易市场可以在一定程度上避免行业覆盖范围过宽的问题。如果将覆盖范围集中在污染物排放密集的工业企业，将有利于在同一行业内起到优胜劣汰的作用，推动长三角地区的产业结构转型升级。

5. 建立第三方核查机构，提高监测监管能力

一方面，为了降低环保部门核查实际排放量的行政成本，建议委托具有资质的第三方核查机构每年对排污单位的实际排放量进行核查。排污单位的实际排放量结果以第三方核查机构出具的报告为准，这也在一定程度上避免

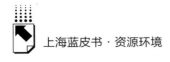

了核查方式不同而产生的数据不一致问题。环保部门需要对第三方核查机构进行监管，防止其出具虚假、不实的核查报告。

另一方面，环保部门需要扩大在线监测覆盖面，提高监测技术手段的精确度。在线监测设备应该覆盖到所有受污染物总量控制的排污单位，而不仅仅是国控、省控污染源。通过提高在线监测设备的质量、确保其正常运行来提高在线监控数据的准确性。

6. 设置合理的超额排放处罚标准

设置合理的超额排放处罚标准是排污权交易制度体系中的一个重要环节。在提高监测技术手段精确度的同时，应当在当前的法律法规中明确排污单位超额排放的处罚依据，在排污权交易的具体制度设计中明确超额排放的处罚标准，该标准应明显高于排污权的市场价格，这样才能有效地督促企业遵守污染物总量控制目标。

参考文献

虞选凌：《环境有价，交易先行——记浙江省排污权有偿使用和交易试点工作》，《环境保护》2014 年第 18 期。

张炳、费汉洵、王群：《水排污权交易：基于江苏太湖流域的经验分析》，《环境保护》2014 年第 18 期。

姚毓春：《排污权有偿使用费征收标准及征收模式分析》，《环境保护》2014 年第 16 期。

张永亮、俞海、丁杨阳、张燕：《排污权有偿使用和交易制度的关键环节分析》，《环境保护》2015 年第 10 期。

江苏省财政厅：《2015 年江苏省级排污权交易在泰州举行》，2015 年 8 月 7 日，http：//www.jscz.gov.cn/pub/jscz/xwzx/xwph/rw/201508/t20150807_79242.html。

江苏省环境保护厅：《江阴排污权有偿使用助推主要污染物排放量降三成》，2011 年 2 月 22 日，http：//www.jshb.gov.cn/jshbw/xwdt/sxxx/201102/t20110222_167853.html。

金浩波：《江苏太湖流域排污权交易试点实践》，《环境保护》2010 年第 19 期。

王金南、张炳、吴悦颖、郭默：《中国排污权有偿使用和交易：实践与展望》，《环境保护》2014 年第 14 期。

常杪、陈青：《中国排污权有偿使用与交易价格体系现状及问题》，《环境保护》2014 年第 18 期。

潘晓峰、郝明途、车秀珍、吴小令：《我国排污权交易污染因子和交易区域的选取策略研究》，《生态经济》2015 年第 2 期。

马驰、吴晨烈、胡应得：《浙江省初始排污权的分配问题》，《资源开发与市场》2015 年第 1 期。

案 例 篇

On Case

B.10

流域水治理的国际案例比较和启示

于宏源*

摘　要：　水资源问题不仅仅影响国家之间的相互关系，也带来了议题之间的相互影响。水资源直接影响地方治理，是影响社会经济可持续发展的重要因素。因此，中国不仅要从战略上认识到水资源的共生共存特性，还应该采取系统合作方式应对水治理恶化的态势。通过美国、日本、澳大利亚、加拿大和俄罗斯等国案例，本文梳理了国外水流域的集中治理模式、分散治理模式和集中－分散混合治理模式等不同的流域水环境治理模式。

关键词：　水治理　集中治理　分散治理　混合治理

＊　于宏源，上海国际问题研究院比较政治和公共政策所所长，研究员。

水资源安全是关系到国家经济、社会可持续发展和长治久安的重大战略问题。作为全球资源不可或缺的组成部分的国际水资源，其在全球淡水资源总量中所占的比重，决定了它的重要性。到 2030 年，全球经济发展所需要的、能获得的、可依赖的水资源缺口将达到 40%。[①] 以水为核心的治理最早起源于 2002 年南非约翰内斯堡召开的世界可持续发展首脑会议（World Summit on Sustainable Development，WSSD）。该峰会提出饮用水 - 能源 - 健康 - 粮食 - 生物多样性（Water，Energy，Health，Agriculture and Biodiversity，WEHAB）倡议。从理论研究的角度看，国内外学者对水资源安全的研究是多角度多层次的，糅合了多学科的理论知识并将其用于实际问题的解决。首先，淡水资源的供应在目前来说是充足的。从全球来看，水资源是充足的。随着科学技术的进步，人们对水资源的利用效率将大大提高，海水转化为淡水的成本也将大大减少，越来越多的国家可以利用这种技术造福人民。其次，虽然淡水资源是充足的，可是全球使用淡水的情况却不容乐观。贫困地区缺少水资源转化的基础设施，造成人们使用不上可靠的自来水。灌溉和工业用水的过度消耗和浪费。

一　理论文献综述

（一）国外学者对国际水资源安全的研究

国外对水资源安全的研究主要集中在对世界性的水危机的研究，而对于作为一个特定的概念的国际水资源安全的研究并不多见。与之相关的研究主要集中在国际水资源冲突与合作关系方面，美国学者在这方面的研究比较突出，比较有代表性的成果和观点如下。

---

① Jakob Granit, Andreas Lindström& Josh Weinberg, "Policy and Planning Needs to Value Water", *The European Financial Review*, April – May 2012, pp. 22 – 26.

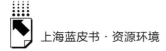

美国俄勒冈大学地理系的阿伦·沃尔夫（Aaron T. Wolf）研究了关于国际流域的资源合作与冲突问题。提出国际流域的合作与信任的建设和发展是重要议题。在国际关系领域，水资源谈判往往是易引发国家间紧张关系的基本问题，水资源冲突的解决有利于冲突的化解。沃尔夫等人研究了关于国际流域制度问题，通过调查水资源共享国家半个世纪的关系进展，得出结论：相较于自然地理情况，水资源共享为良好的国际关系发挥了更重要的作用。

梅雷迪斯·佐丹诺（Meredith A. Giordano）等人研究了该领域的背景。水资源冲突在一定程度上是社会、经济、人口与价值观等背景因素进一步恶化导致的。在国际关系领域，邻国间存有的紧张关系和风险也由水资源冲突而加剧，其中包括水稀缺、质量破坏以及经济发展不平衡等。

克丝汀·斯达赫（Kerstin. Stahl）等人通过俄勒冈大学地理信息系统数据库，考察了水气候、社会经济以及政治条件对国际水关系的影响。

凯尔·罗伯逊（Kyle. Robertson）等人通过参加实地跨界水域管理，多次访谈和对有限全球治理、国际机构设计、国际调解和综合跨界水资源管理方面的文献考察认为，随着人口的增加，水需求和污染水的联系不断加强，对国际河流共享水资源进行分配越来越成为困难的任务，必须建立机构以利于在政治和经济性质相异的同流域国家之间促进合作。[①]

乔·帕克（Joe. Parker）则从国际治理的角度研究了国际河流水资源的合作管理和开发。他认为，对于国际河流水资源管理来说，当地社会自上而下的治理必须让位给自下而上的治理，一个草根的，或以社区为基础的水管理议程，要确认人的基本权利，承认水的公平价值及其是如何被使用的。水基础设施估价必须由社区管理进行监督，这需要国际社会的支持。

---

① 冯彦、何大明：《国际水法基本原则技术评注及其实施战略》，《资源科学》第 24（4）期，第 89~96 页。

佐丹诺（Meredith. Giordano）等人从全球、地区和功能三个不同视角对国际河流流域管理进行了研究。

（二）国内学者关于国际水资源安全的研究

与国外相关研究状况相比，我国学界在国际水资源安全研究方面还处于更加初始的阶段，主要是按特定地区划分的水资源国际合作的研究。现有的主要成果和观点如下。

关于国际河流开发与国际合作的研究。云南大学亚洲国际河流研究中心是国内当今关于流域研究的领先机构。该中心何大明、汤奇成所著的《中国国际河流》一书是迄今唯一一本对中国国际流域进行全面分析的学术书籍，该书研究了中国在国际水资源方面的开发与合作。另外，他们也对我国西南国际河流的国际共同保护与开发进行了专门研究。

对水资源与国际安全的关系进行的研究中，比较有代表性的是王家枢所著的《水资源与国家安全》一书，他在书中列举了尼罗河流域和中东地区的一些水资源冲突事实，并指出水安全已经变成了全球性的重大政治问题。

中国社会科学院的李少军则在《水资源与国际安全》中研究了军事与水资源的关系。他详细阐述了军事受人口、气候与水资源的影响，水资源已逐渐成为军事安全的关键影响因素，同时他还提出了水与国际安全的关系的具体表现。

李志斐在《水问题与国际关系—区域公共产品视角的分析》一文中将水资源作为一种区域公共产品，分析了水问题的重要性以及水资源安全与国际关系之间的密切联系。

总而言之，国际流域治理的研究仍处于初级阶段，研究方面不完整，偏重于环境安全与策略研究而忽视了水资源安全系统等全面的分析与思考。此外，流域水现状、安全因素的分析也不够全面，研究体系分散，缺乏建设该研究领域的系统机制，从而无法针对具体问题进行宏观分析与战略研究。最后，国际关系作为重要的影响因素，对水资源冲突与合作发挥着重要作用，而针对该问题也应有更多的研究。

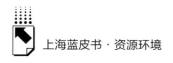

二 案例文献综述

各国国情不同、流域具体情况有异，对本国流域治理机构的设置也因此存在较大差别。通过对美国、加拿大、日本、澳大利亚以及欧洲各国的流域水治理分析可知，集中治理模式、分散治理模式，以及集中－分散混合治理模式为各国分别采取的主要三种流域水治理模式。

水资源管理层次分析法在实践中被发现是一个中央政府控制或一个流域管理局的形式。水资源配置是根据一个流域计划进程决定的，一个被指定的中央计划实体——一个政府或者一个有特殊目的的官方权威机构——集中做出进行交易的决定。在一个层次结构下，通常那些计划并决定进行交易的人和那些实施决定的人是分开的，利益是由中央计划实体协调与控制的。

水资源管理层次分析法的效率取决于中央实体可获得的信息、中央实体处理可获得信息的能力，以及中央实体为流域创建成功计划的能力（Simon，1945）。一个成功的计划通过可用水的利用，同时包括流域的短期与长期利益。效率同样取决于中央实体对不同流域利害关系方的利益协调能力。

当从地方级别向中央计划实体传递信息太昂贵或太困难时，层次分析法即变得低效。一个没有足够信息而创建的中央计划可能不会满足流域需求，可能不会高效地满足需求，抑或是不能执行的。当协调不同流域利害关系方的利益成本太昂贵或太困难时，层次分析法会变得低效甚至失败，当中央计划实体没有足够的中央计划能力时，层次分析法也会失败。

层次分析法主要是一个正式的治理结构，它依赖于交易监督与执行的正式制度与法律制裁。有效的层次治理也经常运用非正式制度与社会制裁来组织交易。正式制度，如合同，对于创建一个在多方间的层次关系是十分必要的，并且在层次治理之下的所有方都受正式制度的影响。当违反法律行为被发现时，如不完整或不充足地进行交易，法律制裁是强制实施的主要行动。非正式制度（例如信任、忠诚，或行为准则）以及社会制裁的存在被认为是和正式制度与法律制裁有同样影响力的。事实上，层次分析法能够利用非正式制度使得在某些交易类型中层次结构比市场结构更加有效。水资源管理层次分析法是在一些国家中最普遍实践的方法，在这些国家，法律与监管结构——正式制度——通常支持中央计划与一个管辖层次体系。当多个自治管辖的集合被认为有必要管理他们分享的水资源时，如跨界河流，层次分析法同样是普遍使用的方法。在后者的情况下，一个有专门目的的权威机构，如一个流域管理局或一个流域委员会，经常被创建为一个中央计划实体，例如泰晤士河（英国）、塞纳河（法国）、莱茵河（欧洲）、湄公河（东南亚），以及特拉华－科罗拉多河（美国）等河流的管理。

（一）集中治理模式

集中治理模式为由国家设置或指定专门机构进行整体流域治理。集中治理模式的研究案例主要为美国田纳西河流域管理局。

1. 田纳西河流域管理局（TVA）

周刚炎在《中美流域水资源管理机制的比较》[①] 一文中详细阐述了美国流域管理的运作方式。美国对于河流流域与水资源管理历史悠久，经验丰富，模式多样化系统化，形成比较成熟有效的管理模式。美国对河流的管理基本分为两种主要方式，流域委员会与流域管理局。前者涉及领域广泛，一般通过联邦政府委员会与州政府来管理多个行政区的河流，例如俄亥俄流域管理委员会与萨斯奎汉纳流域管理委员会。

第二类则为流域管理局模式。世界银行政策分析和建议项目的《欧洲和美国水资源管理的经验：从部门向综合管理模式的转变》[②] 一文中指出，最早的流域整体化治理机构就出现在美国 1933 年成立的田纳西河流域管理局（TVA）。环境保护署是在联邦范围内的主要管理部门，包括分配资金、

---

① 周刚炎：《中美流域水资源管理机制的比较》，水利水电快报，2007 年 3 月，第 28 卷第五期。

② 《欧洲和美国水资源管理的经验：从部门向综合管理模式的转变》，世界银行政策分析和建议项目，中国：解决水资源短缺背景文章系列，2006。

制定标准、审批与监督地方政府的管理等；此外，各州的流域机构是在州级范围内的主要管理部门，针对每条重要河流都设立了专门的负责机构。田纳西河流域管理局（TVA）是独立的美国政府法人机构，该机构于 1933 年由议会法案创设；它负责田纳西河谷的综合发展。TVA 的历史开始于 20 世纪 20 年代早期，当时参议员 George William Norris 资助了一个计划，来使政府接手运作 Wilson 大坝和其他由政府在阿拉巴马的 Muscle Shoals 出于"一战"中国家防御目的而建设的设施。但是，对于其产生的效果，相关立法在 1928 年和 1931 年遭到了 Calvin Coolidge 总统和 Herbert Hoover 总统的否决。1933 年的 TVA 法案，由 Franklin D. Roosevelt 总统再次起草，比之前的建议走得更远，它使联邦政府着手于一个地区规划和发展的大型计划中——该举措成为相似河流项目的典范。

田纳西河流域管理局的建立，标志着首次出现一个机构直接处理一个主要地区的全部资源发展需求。田纳西河流域管理局的任务是承担由破坏性洪水、严重被腐蚀土地、赤字经济和稳定外迁所引发的问题。该法案适用于整个田纳西河谷的综合发展，该地约 106200 平方千米，涉及七个州。田纳西河流域管理局由一个三人的指导委员会管理。事实上，它的主要办公室都位于该地区，而不是在华盛顿，这使得田纳西河流域管理局的工作能够更贴近当地民众。

（1）田纳西河流域管理局的领域和活动

在 1998 年，田纳西河流域管理局所发的电超过美国的任何一个发电厂，为 800 万居民供电。田纳西河流域管理局最突出的特点是多功能大坝和贮水池系统，对该地区的经济生活产生了巨大的贡献。在水力发电系统中的大约 50 个大坝具备超过 600 万 kW 的固定电容。到 20 世纪 90 年代晚期，田纳西河流域管理局固定电容中的 62% 来自燃煤的蒸汽电厂。持续增长的电力需求促使田纳西河流域管理局在 20 世纪 70 年代早期增加核电站。

来自所有资源的电力，其分配的观点是促进整个地区最大可能地用电——当地市政厅、州和联邦机构，以及农民合作社比起私有公司和工业享有用电的优先权。低成本的用电已经吸引了大量的商业和工业来到该地区，也使得从田纳西河口到田纳西 Knoxville 的航运航道河上交通大量提升，主要是在煤炭、建筑材料、谷物、汽油、化学品和森林产品方面。

（2）田纳西河流域管理局的资金筹集

纵观田纳西河流域管理局的大部分历史，当局的反对者认为它太费钱，并且认为政府不应该和私人企业竞争。在 1959 年，议会授权田纳西河流域管理局发行债券和期票，用于筹措增加其电力系统所需的容量。电力系统费用开始自筹，并在 20 世纪 90 年代早期向美国国库偿还了超过 25 亿美元。议会对于田纳西河流域管理局非电力项目的资金在 20 世纪 90 年代晚期逐步取消，使其完全自给自足。

（3）今天的田纳西河流域管理局

到 20 世纪 60 年代，许多关于发展的地区问题已经被解决，人均收入大幅增长，而快速外迁已经被中止。但是，田纳西河流域管理局继续寻求途径时，广大的乡村地区成为过于拥挤的城市的另外选择。在 20 世纪 60 年代晚期和 70 年代早期，田纳西河流域管理局开始更加强调环境保护，因为工业化和提升的生活标准导致了环境方面的更大需求。在经济和环境目标的冲突中，田纳西河流域管理局寻求一个合适的平衡，尤其是在它的典礼项目上。虽然田纳西河流域管理局在环境方面十分努力，但是对于该机构的批评主要是来自环境团体。具有争议的议题涉及在小田纳西河建设 Tellico 大坝和贮水池、核电站项目，以及田纳西河流域管理局在 1992 年从 Wisconsin Power and Light 购买污染信用额。

2. 萨斯奎汉纳河流域管理委员会

周刚炎在《中美流域水资源管理机制的比较》一文同样提到萨斯奎汉纳河流域管理委员会，其治理模式同样为集中治理模式，同田纳西河流域管理局的治理核心理念和运作方式基本类似。萨斯奎汉纳河（Susquehanna River）流域在历史上经历了大量人为破坏活动，如原始森林的乱砍滥伐、化石燃料的过度开采、化工污染、土地污染等，但该河流流域广泛，流经三个大州。萨斯奎汉纳流域管理委员会通过制定法律法规加以限制与规范，很

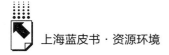

大程度上改善了原有状况，加上与联邦政府的密切合作，历久的污染与破坏得到有效治理。

3. 莱茵河流域德国段治理模式

伍永年在《论莱茵河流域管理体制之运作——以德国段为例》论文中详细阐述了莱茵河流域集中治理模式。① 莱茵河流域流经许多欧洲国家，其中包括瑞士、意大利、奥地利、法国、德国、荷兰等发达国家。同上述美国的流域情况类似，莱茵河也曾经遭受过严重的环境污染，主要由于附近的工业区发展，1940 年开始，莱茵河的污染治理逐渐得到关注与治理，莱茵河保护国际委员会（ICPR）成立后专门负责该流域的环境保护与污染治理问题。

高琼洁等人也在《化冲突为合作——欧洲莱茵河流域管理机制与启示》一文中指出联合国教科文组织（UNESCO）提出 PCCP（From Potential Conflict to Cooperation Potential）计划以解决日益加剧的流域水资源共享矛盾流域预警模型——统一的评估预测技术 ICPR 和 CHR（莱茵河水文组织）于 1990 年共同开发了"莱茵河预警模型"，对莱茵河水质进行实时监测，防止突发性污染事故，并将监测与模型技术结合。② 1963 年在瑞士首都签订《伯尔尼条约》，1976 年 12 月 3 日，欧共体作为签约方制定的补充协议对莱茵河化学污染防治做出了更为具体的规定：①各国向流域内水体排放有害污水时，必须获得事先批准;③ ②所排放的污水必须到达排放标准，否则加以制裁。④

张璐璐在《论莱茵河流域管理体制之运作——以德国段为例》中详细分析了莱茵河流域管理委员会机构的职权、制度安排、管理运作等，委员会以下设立秘书处为常设机构，秘书处下设 2 个永久性的战略组和 2 个动态性（临时）的项目组。此外，委员会下建立专业协调组和技术组，监督工作计

---

① 伍永年：《中欧流域管理立法比较研究——以太湖流域为例》，复旦大学硕士学位论文，2012。

② 高琼洁等：《化冲突为合作——欧洲莱茵河流域管理机制与启示》，1994 ~ 2015 China Academic Journal Electronic Publishing House：国际瞭望之环境保护，第 60 页。

③ 《保护莱茵河免受化学污染公约》第三条第一款。

④ 《保护莱茵河免受化学污染公约》第十五条及附件 II。

划的实施情况。① 对于委员会费用的负担与财务管理，依据 1998 年制定的《保护莱茵河公约》②：各缔约方共同负担委员会及其工作机构的费用，各国境内的研究和采取措施的费用各自负担。③

4. 泰晤士综合治理委员会和泰晤士水务公司

郭焕庭的《国外流域水污染治理经验及对我们的启示》以及袁群的《国外流域水污染治理经验对长江流域水污染治理的启示》都对泰晤士河的集中治理模式有详细分析。泰晤士河同上述众多流域河流类似，在流经人口众多的沿岸国家时，随着工业革命的发展与人口增长，该流域的环境也逐渐遭受破坏，主要因工业生产的污水排放治理低下，最终导致该流域水质恶化，流域内的生物几乎没有生活的机会。通过泰晤士河的治理，其含氧量逐渐提升，整个恢复治理大约用了一个世纪之久，才呈现出如今质量好、治理有效的泰晤士河流。有效的管理机制是泰晤士河流治理的关键。④ 泰晤士综合治理委员会和泰晤士水务公司对泰晤士河流域进行统一规划与管理，提出水污染控制政策法令、标准，并进行治污工作。泰晤士河 100 多年的治理费用高达 300 多亿英镑。⑤

（二）分散治理模式

分散治理模式与集中治理模式相对，其不存在集中的专门的机构治理，而是通过不同的区域、职能、方式等分别有不同的机构负责，管理流域治理工作的机构也相当多，按级别分层分部门管理。

水资源管理公共法通常没有上述两种方法显而易见，公共法通常不会采

---

① 张璐璐：《论莱茵河流域管理体制之运作——以德国段为例》，中国海洋大学，硕士学位论文，2011。
② 《保护莱茵河公约》第 13 条第 1 款及第 2 款。
③ 《保护莱茵河公约》第 13 条第 1 款及第 2 款。
④ 袁群：《国外流域水污染治理经验对长江流域水污染治理的启示》，《水利科技与经济》2013 年第 19 卷第四期。
⑤ 郭焕庭（国家环境保护总局）：《国外流域水污染治理经验及对我们的启示》，《调查与研究之环境保护》2001 年 8 月；李彬：《国外流域开发经验对西江黄金水道开发战略的借鉴意义》，《经济研究参考》2011 年第 53 期。

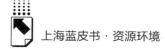

取一个有形的形式。当一个参与式决策系统被应用时，它的治理可能被认为是一个公共结构。此外，在公共管理下，那些参与决策制定的人通常就是那些实施决策的人。公共结构下的水资源分配是通过共识决定的，进行交易的决定是集体共同做出的，并在绝大多数情况下是一致同意的。利益通过沟通交流与广泛建立共识的努力而协调。

水资源管理公共法的效率取决于协调个人行动的意愿。当人们拥有共同的价值、社会（或社区）中社会资本水平高、各方相互信任、社区中存在一个强大社会控制机制或期望交易的目标一致性很高，人们的意愿程度往往就会高。一个有效的公共结构利用在社区普遍流行的非正式制度和社会控制来组织交易。公共法的效率也取决于为建立共识而选择的方式。

当机会主义倾向没有被可用的一套社会控制有效掌控，或当人们不能达成共识，公共法容易失败。公共结构几乎不提供防止机会主义行为的保障。① 因此，当一方怀疑交易中的其他方有机会主义行为，交易将不会发生。公共法可能也会因为各参与方的有限理性而失败。在没有能力评估合作利益的参与方中，意识到目标一致性并建立一个公共交易必需的共识是十分困难或极其昂贵的。②

公共法主要是一个非正式治理结构，它依赖于监督与执行交易的非正式制度与社会制裁。非正式制度对公共结构组织交易十分必要，人们的行为由社会规范指导，并被信任与社会制裁控制。为了加强公共结构，一些非正式制度被制定成了正式制度。在这种情况下，正式制度与法律制裁帮助并加强水资源公共管理。

---

① 缺乏防止机会主义行为的保障已经被认为是公共法最大的弱点，而有人试图修复公共结构的这一方面。一个尝试为将非正式制度正式化。公共管理中参与方已经将他们遵循的行为准则正式化，以给予他们具有法律约束力的权力。通过这样的行为，公共管理能比在正式制度与法律制裁之前更好地被保护而不受机会主义破坏。

② 换句话说，如果合作在足够能力建设——通过知识管理、训练、研究或管理技巧的先进等——之后才被意识到，所有能力建设所需成本都是交易成本，来发现在交易中增长的利益。如果这些交易成本被认为过高，然后交易——期望且有益的合作——即失败。

公共法在实践中比在理论研究中更多地被发现，分析水资源管理公共法的研究数量在近年来大量地增加。一个较实际且明显的公共法的应用是基于社区的水资源管理，基于社区的水资源管理近年来在发展中国家被积极地推进。其他应用可能没有如上述显著，尤其是当公共结构用来补充其他方法或牢牢嵌入在层次结构中。但是，作为一个水资源管理的工具，公共管理的有效性已经在实践中证明。[①]

郭焕庭在《国外流域水污染治理经验及对我们的启示》中指出琵琶湖—定川河流域的治理模式。琵琶湖是日本位于日本西南部，是日本第一大淡水湖，四面环山，面积约 674 平方千米，蓄水量 275 亿立方米。琵琶湖流向濑田川（Seta River），在流入京都后更名为宇治川（Uji River）。在京都和大阪交界的地方，宇治川、桂离宫河（Katsura）和木津河（Kizu River）相汇成定川河（Yodo River）。定川河自琵琶湖流经 75.1 千米，最终汇入大阪湾，年均流量 90 亿立方米。琵琶湖—定川河的整个流域，包括上游的分支木津河和桂离宫河，总面积达 8240 平方千米，流经滋贺、京都、三重县奈良、大阪和兵库县六市。随着滋贺县工业的发展和人口增长，城市工业和生活污染物排放量增加，以及农业污染物排放和水土流失等，使湖体水质逐渐恶化。[②]

（三）集中—分散治理模式

在集中治理模式和分散治理模式之外，还有集中—分散混合治理模式。所谓的"集中"是指由负责流域治理的部门协调涉及流域治理开发利用的各机构与各地区，"分散"是指涉及流域治理开发利用的各机构与各地区自主制定流域相关的政策、法规和标准等，按不同的分工职责完成对流域环境的治理。[③]

---

① 范兆轶、刘莉：《国外流域水环境综合治理经验及启示》，《环境与持续发展》2013 年第 1 期。

② 郭焕庭（国家环境保护总局）：《国外流域水污染治理经验及对我们的启示》，《调查与研究之环境保护》2001 年 8 月。

③ 曾维华、张庆丰、杨志峰：《国内外水环境管理体制对比分析》，《重庆环境科学》2003 年第 25（1）期。

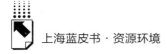

1. 澳大利亚流域治理

范兆轶与刘莉在《国外流域水环境综合治理经验及启示》一文中介绍了澳大利亚集中—分散的混合治理模式。澳大利亚联邦政府水利委员会作为集中—分散治理模式中的集中一端，对流域治理与水资源配置等问题进行全国的规划、统筹、安排与监督，通过下级各个流域部门的相互关联进行调节与沟通。此外，流域部长理事会、流域委员会、社区咨询委员会也属于不依附与任何地方政府的流域治理保障机构，向各州分配水权、交换治理意见、执行治理政策、流域调研，收集建议等等。

各州对州内的流域治理有很大的自主权，拥有自己的流域机构，可以适时开展或取消对流域治理进行的各种活动。① 保持水土平衡、调整资金投入的分配比例、控制流域污染物的排放、公布财务报告和水价，以提高公众参与程度等。

2. 俄罗斯流域治理

刘向文、王圭宇的《俄罗斯联邦伏尔加河跨地区自然保护检察院的改革及其启示》一文中介绍俄罗斯联邦伏加尔河跨地区自然保护检察院。② 自然保护检察院是俄罗斯流域治理的主要机构，即伏尔加河跨地区自然保护检察院，下级则设立有区、市级自然保护检察院。此外，在其他联邦主体内建立起了一个独立的，隶属于本联邦主体检察院的跨区自然保护检察院。

王文卿在《俄罗斯水资源管理法律制度研究》论文中详细阐述俄罗斯流域水资源的管理制度。一方面，俄罗斯联邦水资源局在自然资源部中专门管理河流流域的水资源，而联邦水资源署为自然资源部内的执行机构。另一方面，自然资源部针对生态环境的保护而制定政策，针对水资源的现状进行调查研究，针对环境的适宜程度进行合理开发，并根据资源的可持续性能力进行有效开采利用；此外，自然资源部的职能还在于根据水资源管理的经济、社会需求制定相应的政策与措施，有效实行资源开发利用的各项措施，

---

① 范兆轶、刘莉：《国外流域水环境综合治理经验及启示》，《环境与持续发展》2013 年第 1
期。

② 刘向文、王圭宇：《俄罗斯联邦伏尔加河跨地区自然保护检察院的改革及其启示》，《俄罗
斯东欧中亚研究》2013 年第 2 期。

并合理评估水资源的利用情况。

3. 法国流域水治理

法国采取集中—分散治理模式，其分成欧盟层面、国家层面、流域层面和地方层面。

王强与张晓琦在《欧洲水管理实践对中国流域水环境管理的启示》一文中综述了欧洲水框架指令 WFD 研究进展，介绍了 WFD 提出的背景、要点、编制路线图和相应 WFD 水环境管理针对流域水环境管理的顶层设计，Water Framework Directive（WFD）是一部具有法律约束力的水框架法令，已成为欧洲水环境管理的有效工具，实现了流域水环境的经济和生态协调、综合管理。① WFD 明确了如何通过建立环境目标和生态指标来达到地表水健康的方法②，并且需要综合考虑社会与经济发展等现实因素。《WFD》确立了"基于结果的管理原则"③，其意义为转移执行权利，为取得更加有效、更满足需求的结果将统一的指导原则实施分配给各个不同的成员国。

国家层面的水管理机构中，生态、可持续发展、交通及住房部是法国水管理中发挥重要作用的机构，制定水资源政策并贯彻执行，管理流域污染问题。在流域层面中流域委员会是主要的水资源管理机构，也是有效的权力机构，其负责制定该流域领域的政策、规划、预算与监督，而流域管理局则负责执行。地方层面中市镇政府直接负责相关流域的供水及污水处理、资金筹措、水价及确定项目和运行管理的公司。

除此之外，集中—分散管理模式是综合全面的管理模式，除了政府、机构、委员会等管理机制，市场也是流域治理的有效方法，市场法不仅在宏观上具有调节能力，并且能够深入地方资源管理的具体问题。

水资源管理的市场法在实践中被发现是水市场和水银行的形式，水资源

---

① 王强、张晓琦：《欧洲水管理实践对中国流域水环境管理的启示》，《环境科学与管理》2014 年 5 月第 39 卷第 5 期。

② Directives 2000 /60 /EC of the European Parliament and of the Council of 23 October 2000 Establishing a Framework for Community Action in the field of Water Policy［J］，OJ L 327, 22. 12. 2000：1 – 73.

③ 马丁·格里菲斯：《欧盟水框架指令手册》，中国水利水电出版社，2008。

配置将由水权从一方转让到另一方的市场交易决定。那些直接参与交易的人各自做出进行交易的决定，任何中央计划或者统筹力度都不是必需的，人民的利益随着市场价格机制自动调节。

水资源管理市场法的效率取决于生成有效价格的能力——有效价格即反映水权价值的精确完整的信息的价格。水权的经济评估被用水类型、稀缺价值以及任何直接或间接置于水权转让之上的限制影响。

当水权价值变得太困难或太昂贵以至于无法确定的时候，市场法就会失灵，多方也就不能在一个有效价格上达成共识。同样，当水权价值对于一方太昂贵而无法识别与交易有潜在利害关系的他方时，市场法也会失灵。

水资源管理中有正式与非正式的市场结构。正规市场依赖于它们执行和监督体系的正式制度与法律制裁，非正规市场依赖于非正式制度和社会制裁。正规市场被稳固地建立在若干地区，如美国（Saliba 与 Bush，1987；Michelsen，1994；Ziberman 等人，1994；Archibald 与 Renwick，1998）、智利（Brehm 与 Quiroz，1995；Hearne，1998a），以及墨西哥（Hearne，1998b）。非正规市场被认为在亚洲文化中更盛行，并出现在巴基斯坦和印度（Easter 等，1999；Meinsen - Dick，1998；Saleth，1998）。

水银行是正规市场的特殊形式。水银行被正式地建立并依赖于正式制度和法律制裁。水银行存在的地方，交易即会发生在银行与销售方之间以及银行与购买方之间，销售方与购买方之间没有直接交易。一个水银行，如果必要，能够控制价格，并从而利用价格机制改变分配情况。价格控制是根据土地利用计划或水利用计划，从这个意义上讲，水银行可能用于市场与层次结构的进一步目标。[①]

4. 美国马里兰水流域管理政策与实践

（1）背景

马里兰的自然资源部通过发放使用许可掌控波拖马可河（Potomac

---

① 郭焕庭（国家环境保护总局）：《国外流域水污染治理经验及对我们的启示》，《调查与研究之环境保护》2001 年 8 月；张伟天：《加拿大流域水资源管理与水权制度》，《中国给水排水》2006 年 3 月第 22 卷第 6 期。

River）的使用权。而美国陆军工程兵团（USACE）掌控着通航权，USACE 的权力则来自 1899 年颁布的《河流和港口法案》。然而，经过了一个世纪，相关的政策实践发生了巨大的变化。

20 世纪 40 年代早期，水质问题已然成了一个各州之间的共同问题，一套关于波拖马可河的区域管理方案随即出台。在 1940 年和 1941 年的议会中，波拖马可河覆盖的马里兰、弗吉尼亚、西弗吉尼亚和宾夕法尼亚四州共同签署了一项协议，成立了跨州委员会，致力于减少波拖马可河的河水污染，然而强制力的缺乏导致委员会无法提供关于波拖马可河足够的信息。即便如此，跨州委员会还是解决了很多州际之间的水质问题。

1950 年，隶属于总统的水政策委员会是第二次世界大战后致力于制定全面的水域治理计划的机构。20 世纪 60 年代，波拖马可河被界定为关乎美国未来的十大河流之一，并且获得了全面的调研。遗憾的是，当时并没有出台全面的治理方案。

20 世纪 50 年代的同一时期，美国政府开始意识到干旱问题的管理，并在国会内进行了讨论。接下来，由于对水资源的需求日益增大，美国参议院的公共工程委员会授权 USACE 于 1956 年制订一项全面的计划开发波拖马可河水域。该计划着力于洪水管控、供应水资源、减轻污染和建立休闲区域。USACE 在 1963 年发布了一份全面的研究报告——《波拖马可河报告》，报告指出需要建立 419 座上游水库和在主河流域建立 16 座水库，以便满足华盛顿大都会地区的需求，报告同时还提到了波拖马可河的水质及洪水管控问题。

当时的美国水治理仅限于修筑水坝、水库和开发新水源以满足无节制的需求。到了 20 世纪 70 年代中后期，华盛顿大都会地区的水治理方案转向如何在缺水时期提供水源。因为，人们意识到波拖马可河的水量无法满足该区域无限制的需求，所以需要一项管理机制能够公平、可靠地分配有限的资源。1978 年，由 USACE、马里兰、弗吉尼亚、华盛顿特区以及该区三大水厂的代表签署了一项《波拖马可河枯水量分配协议》，标志着新的治理机制的诞生。

协议的签署方达成了共识，共同认识到了问题，以及应该采取的解决办法。促成协议达成的主要因素是为了防止未来上游水位下降或是新的开发影

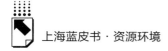

响到该地区的水源供应。华盛顿渡槽部门的蓄水，和哥伦比亚区的供水都由三大水厂的下游来提供。波拖马可河的水源枯竭将会影响到相关区域，所以各方应达成协议，确保各方用水量不超过河流的供应量。

新的协议涵盖波拖马可河的整个流域，其设立了一位协调人员，负责解决争端，该协议还包括干旱管理和水资源保护的条款。各签署方每年都会得到一份年度报告，以及在干旱期的水源年度分配议程协议。对于水源的使用需要马里兰州政府的许可，并且所有的许可应符合协议中的条款。

同时出版了三份关于如何更好治理波拖马可河的报告，它们通过不同的方式证明了华盛顿大都会地区的水供应情况的改善并不需要建立新的水库。1982年，美国地质调查所出版了一份报告，布卢明顿湖的水源在两周内就可以直接引到华盛顿大都会地区，并且沿途不会有大的损失，所以布卢明顿湖可以成为一个可靠的水源地。1980年，霍普金斯大学的研究人员也证明，并不需要建新的水库，只要三大水厂间的设备能够联合运作，该地区的水源供应就能大为改善。1983年，USACE出版了《布卢明顿河改造研究》报告，显示洪水中的一部分可以再分配为供应水源，而且不会影响到洪灾的管控。

1982年，USACE、哥伦比亚地区、州际委员会以及三大水厂签署了《水源供应合作协议》，接下来，州际委员会成立了一个水源供应合作操作部门，来制定、执行和贯彻具体的操作计划。

（2）水权和分配

华盛顿大都会地区的引用水来源于五个不同的地区：波拖马可河、奥科宽水库、帕塔克森特水库系统、小塞内卡水库和布卢明顿湖。来自波拖马可河、奥科宽水库、帕塔克森特水库系统的水源直接由水厂抽取，而来自小塞内卡水库和布卢明顿湖的水则先引到波拖马可河然后再抽取。

马里兰拥有波拖马可河的使用权，水资源的使用和采取需经州政府的批准。帕塔克森特水库系统由华盛顿郊区卫生委员会（WSSC）来管辖，奥科宽水库则归属FCWA，而小塞内卡水库和布卢明顿湖则按照《水资源供应合作协定》的规定由三大水厂联合管理。联合管理的水资源只有在波拖马可河处于低水位时才可使用，ICPRB CO－PO 拥有唯一的决定权。

当波拖马可河的水量充足时，任何供应商都可采水，对于 WAD，波拖马可河是唯一的饮用水源，而对于 FCWA 和 WSSC 来说，除了来自波拖马可河的水供应，还有奥科宽和帕塔克森特的水供应。三大水厂各自运作。此外，供应商可以超过许可量采水，只要不影响到对方。

（3）干旱管理

在《波拖马可河枯水量分配协议》和《水资源供应合作协定》之前，并没有干旱相关的管理措施。波拖马可河流域的干旱管理有两个步骤。首先，当水位低至可以采取《水资源供应合作协定》中提到的合作举措。其次，水位低至采取《波拖马可河枯水量分配协议》中规定的合作措施。当水位走低时，《水资源供应合作协定》要求各水厂间的协作，如有必要，将增加布卢明顿湖和小塞内卡水库的供水。将由州际委员会的 CO－OP 部门做出上述决定。州际委员会将确保各水库保持一定水位，以避免某些水库提前受到低水位影响或遭受更大的损失。协调的理念将导致各水厂更少的资金投入和运营成本。

《水资源供应合作协定》的最终目标实际上是避免运用《波拖马可河枯水量分配协议》中的措施。当水位达到干旱水位之前，《水资源供应合作协定》就应该先生效。根据《水资源供应合作协定》，州际委员会的 CO－OP 部门协调各水厂之间的操作，同时协调各水库的排放水，以避免波拖马可河出现干旱情况。

《水资源供应合作协定》要求每年进行一次干旱演习，每五年修订一次《20 年内的水需求预报》。演习可以检测新技术的运用效果，并确保相关的工作人员熟悉操作程序。而《20 年内的水需求预报》考虑到了区域内需求上升的情况，及早做出规划，是否新的水源需要开发利用。当出现更为严重的情况时将执行《波拖马可河枯水量分配协议》中的举措。当从波拖马可河中的采水量需要限制时，将根据五年移动平均的实际用水量来重新进行分配。如有必要，调解员将出面解决争议问题。目前，调解员还未派上用场。

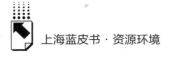

（4）水资源管理办法

《波拖马可河枯水量分配协议》致力于水资源储备及保护、周边工业的危机管理、使用条约的制定等。该协议由州际委员会的 CO – PO 部门来执行。该管理框架重点监视管道的泄漏和上游的浪费性使用。危机管理计划、突发事件的应对及一些其他的政策都将着手应对水质问题。规范性的倡议和水资源的分配研究目标在于改善水资源的供应。总的目标是为了保持良好的水质量、使枯水的情况降到最低和实现良好的生态系统，最终确保实现该地区的充足水供应。

《水资源供应合作协定》将由水厂协同 CO – PO 部门共同来执行。在该协议框架下的解决方案包含年度的干旱演习、水资源需求的修正报告和应急方案。该协议的目标是服务于供应方，提供安全网络以避免执行更为严格的《波拖马可河枯水量分配协议》。该协议的预算在 2 亿 ~ 10 亿美元之间，较之前的任何解决方案都更为经济。而该协议将由当地的水厂资助。

波拖马可河的管理办法在美国是有史以来首次成功地借助现有水厂之间的合作来实现的，而没有建立任何新的基础设施。

5. 国际联合委员会水领域治理

国际联合委员会（IJC）是根据《美加边界水域条约》于 1909 年成立的。该条约致力于预防及解决发生在两国共有的、约 9000 千米边界（IJC，2008）沿岸的跨境水域争端。这些水体包括大湖——圣劳伦斯水系，它储存着世界上 1/5 的淡水。

这些共享的资源对于发展经济是绝对必要的，且历史上它们还曾被工、农业重污染所影响。因此，对水质的关切是国际联合委员会的中心任务，并且两国均予以重视。两国之间达成了不把水污染致使另一方健康或财产受到损害之程度的承诺（IJC，2008）。更进一步的关切是竞争性行业的水治理，如水利、灌溉及环境。在过去 100 年间，有超过 100 起潜在的纠纷是通过 IJC 解决的。这一机制以及《边界水域条约》的成功要归功给总指导原则（而非详细规定性方法）的运用，它带来了清晰与灵活的解决方法。

（1）国际联合委员会成员职能

国际联合委员会由六个独立的成员或委员（美、加分别委派三名）组成，基于国家长期利益最大化，IJC 对任一方政府向它提交的、有关跨境水域的问题进行研究并推荐方案，他们还负责堤坝核准及监督。从 1909 年后，该条约已经被诸如 1972 年《大湖水质协定》，或更近的 1991 年《空气质量协定》等更进一步的协定所补充。

（2）跨境治理关键的经验教训

通过 IJC，美加两国的跨境水域得到有效治理。然而，仍有受人批评之处，尤其是在该条约的有限权威方面。在这里，我们将同时解剖导致 IJC 成功的因素以及其可以被学习的教训。

（3）主权及 IJC 的有限权威

对 IJC 的一个关键性的批评就是它权威有限。由于考虑到水资源主权，该条约的管理范围并未涉及流域。这意味着支流被排除在 IJC 的考虑范围外。观察者发现这种排除会使 IJC 背离其在 1987 年议定书（由 1972 年《大湖水质协定》而来）中用生态系统方法来治理共有流域的主张。该议定书将 IJC 在水质方面的权威及活动扩大，明确呼吁对矫正行为计划进行审核，发展湖宽治理计划，以及前面提到的，施行一个生态系统方法。

进一步的批评是认为 IJC 只能在联邦内发挥作用，而非在加拿大各省，美国诸洲，或者边境两侧的自治地区。这实际上限制了 IJC 在已知问题上的裁决能力，除非联邦 REFERRAL 达成。这样一来，联邦政府会希望以政治方式解决问题而不是提交 IJC 处理，这一制度的权威也由此局限（美国政策研究中心，2007）。

（4）公众参与

自 1909 年《边界水域条约》开始，加拿大和美国以及大湖流域所有的利益相关方就开始合作并由保护两国共有水域之承诺而成为一个集体。

特别是鉴于条约第 12 款，IJC 采取积极主动的方式吸引包括公众在内的全部利益相关者（Clamens，2005）。公众参与已被证实能够促进意识提高且还成功地被运用在计算公众对委员会所作之提案的反应上。

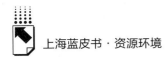

（5）联合研究

如同这里的许多案例研究，联合的调查与数据收集已经被证实能够增进合作与信任。这一点上，IJC 委派不同的委员会联合进行事实资料地收集，且通过两方签署，形成了合意的基础与统一的方法。这是 IJC 工作的一个重要特点，也是纠纷解决的基本原则，还是对两方最大利益的平衡点（Clamens，2005）。

（6）独立

IJC 致力于在跨境水域问题上实现美加两国的最佳长期利益。被委派的委员会成员独立于其国家政府的指导或操纵。这种独立性被认为是增强了 IJC 的有效性。

（7）结论

且不论对于其有限正式权威的批评，通过 IJC 的努力，《边界水域条约》已经以和平方式解决了超过 100 起跨境水域问题，也为潜在的问题提供了预先警告。它自身也在发展，以此应对过去几十年来这些国家面对新的环境压力所变换的议程。它依然是一个考虑到各方利益，以制度设计来管理跨境水域的出色例子。

三　借鉴和启示

通过分析国外水流域的集中治理模式、分散治理模式和集中—分散混合治理模式等不同的流域水环境治理模式，再结合中国当前面临的水流域管理问题，中国应该从水流域管理的机制框架和地区合作等方面学习国外的经验。

（一）提升机制框架

目前，我国实行的是流域水资源和水环境分开治理的机制，水环境保护法规体系不健全，甚至相关法规之间存在相互矛盾。所以，在此背景下，相关城市和各级政府需要提高水资源的使用和管理的有效性。各级政府要加强水流域治理体制的改革和创新，积极推动从传统的自上而下的科层体制向多元主体参与的网络机制发展。

（二）提高透明度

信息交换、咨询优先、通知优先的原则是水流域管理的关键所在。水资源管理方面的知识和信息的共享对增强政府、企业和公众合作而言是非常重要的。中国当前面临的问题是各治理主体之间的信息分享不通畅，从而导致存在各方都忽视的问题领域的存在。未来中国流域水治理可以建立本流域信息共享中心，共享资源和信息，以加强合作。

（三）鼓励公众参与

公众参与下的良好管理才是水流域合理管理的重要因素。特别在环境领域的例子中，流域国家的人民在多数情况下会被环境影响而改变（不论是自然性的或者是人为性的）。公众声音需要在管理河流和湖泊问题上得到反映。允许为达到良好水资源管理而开展的全民参与行动。在某种程度上，考虑采取公私合营的方法实现相关的最佳实践，同时在水流域治理领域方面提升公众水教育网络建设。

（四）加强地区合作

地区合作是流域水治理的重中之重。长三角主要是太湖区域的政府应该采取紧急性的措施来建立水资源安全方面的地区合作。为达到此目的，以下一些原则是必需的：关于河流系统，应该建立达成、接纳一种整体的、多方面的、整合的方法；解决水资源安全的方面应该致力于解决"供"与"求"两面。

促进长三角地区性合作，应该提升跨地区性的合作，加快城市之间的水管理经验交流、建立水资源应对的实践和管理的信息共享机制，确保水资源管理的有效性和效率。

B.11
东京都区域环境协作发展及对上海启示

刘召峰*

摘　要：　本文通过以东京都区域环境协作为研究对象，分析城市环境战略与区域发展之间的关系，从而梳理出东京都在区域环境协作上有益的经验，结合上海乃至长三角实际，提出了五个方面建议：环境战略与区域发展转型相互促进；清洁能源战略是区域环境协作的核心；区域环境协同治理要与区域规划相结合；重大活动是城市乃至区域环境问题解决的绝佳契机；以低碳城市建设来解决传统环境问题。

关键词：　区域环境协作　环境战略　区域发展　东京都

在长三角区域一体化已是大势所趋背景下，区域内生产要素流动日益频繁，产业链也在区域空间内优化重组，区域内分工和协作日益密切。与此同时，属地管理的环境治理模式在区域一体化趋势下效果越来越不明显，面对这种状况，区域环境协作显然非常重要。

东京都位于日本关东平原南部，面积2188平方千米，人口1322万。通常，研究东京都区域问题，常涉及东京都市圈与东京首都圈概念，其中东京都市圈包括东京都、埼玉县、神奈川县与千叶县；而东京首都圈由东京都与其周边八县（埼玉县、神奈川县、千叶县、群马县、栃木县、茨城县和山梨县）构成。通过将东京都环境战略与东京首都圈的区域规划相关联，不

---

* 刘召峰，上海社会科学院生态与可持续发展研究所，博士。

难看出，东京都环境战略发展的时间节点与东京首都圈的区域规划时间点高度吻合（见表1）。这说明东京都环境战略转变是以首都圈规划为基础，注重区域发展协同对区域环境治理的作用。

表1 东京都环境战略发展阶段与首都圈规划的时间对比

环境发展阶段	首都圈规划时间段	规划主题
复兴与公害规制时期（1945～1960年）	第一次首都圈基本规划（1958～1975年）	战后复兴
公害管理体制整备扩充期（1960～1975年）	第二次首都圈基本规划（1968～1975年）	一级集中控制型
环境保护应对时期（1976～1985年）	第三次首都圈基本规划（1976～1985年）	广域多核复合体地域构成
向综合的环境管理迈进（1986～2000年）	第四次首都圈基本规划（1986～2000年）	多核多圈区域构成
低碳城市建设时期（2001～2014年）	第五次首都圈基本规划（1999～2015年）	分散型都市圈网络结构
新的可持续发展战略（2015～2024年）	首都圈大都市区构想（2000～2025年）	提高首都圈的国际竞争力,建设环境共生型首都大都市圈

一　东京都区域环境协作的现状及发展

东京在区域环境协作机制——九都县市首脑会议环境问题对策委员会——中一直发挥核心和引领作用，通过制度化机制在低碳、大气污染、东京湾水质改善和绿化等领域展开区域合作。在1979年之前，区域环境协作机制尚未成型，东京都与周边县市的环境协作主要通过首都圈的基本规划来实现，通过东京都城市功能的转移、工业企业的迁移来充分利用区域的环境承载力。九都县市首脑会议（东京都、埼玉县、千叶县、神奈川县、埼玉市、千叶市、横滨市、川崎市、相模原市）起源于1979年的七都县首脑会议，之后的埼玉市、相模原市分别在2008年与2010年加入。九都县市面积合计为13560平方千米、人口约3567万。其与环境相关的是下设的废弃物问题委员会和环境问题对策委员会。环境问题对策委员会主要的职责是：①气候减缓与适应的区域及国际合作；②东京湾水质改善、下水道建设与改造等；③大气中氮氧化物、细微颗粒物削减；④区域绿化合作；⑤区域环境保护与城市建设等。在该机构中东京是连接国际和国内环境治理的重要节点。

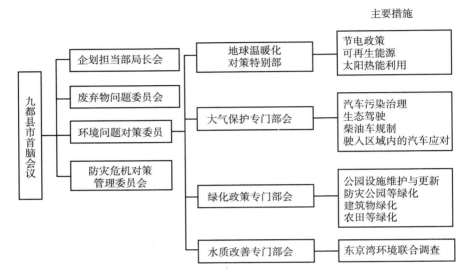

图 1　九都县市环境协同治理基本框架

资料来源：东京都官网。

二　区域环境协作下的东京都环境战略发展

东京都环境战略的发展与东京首都圈区域基本规划的时间节点吻合，在此背景下，东京都环境战略发展经历了六个阶段：战后复兴与公害规制时期（1945～1960年）、公害管理体制整备扩充期（1960～1975年）、环境保护应对时期（1976～1985年）、向综合的环境管理迈进（1986～2000年）、低碳城市建设时期（2001～2014年）、新的可持续发展战略（2015～2024年）。每一个阶段中，区域合作都发挥着巨大的作用，同时也对东京的经济发展、人口特征、能源发展、环境管理有着重要的影响。下为东京都区域发展与环境战略和经济社会发展的关系（详见表2）。

表 2　东京都区域发展与环境战略和经济社会发展的关系

环境战略阶段	经济发展	人口特征	能源发展	区域发展	环境问题	环境管理
战后复兴与公害规制起始时期：公害防止起始阶段 1945～1960	经济发展由战后复兴向高速增长转变。产业结构向重化工业发展。到1960年，东京都的三产比重为1：36：63。20世纪50年代前五位的行业是食品、钢铁、化工和电气版印刷，机械。产业政策以实施对煤炭和钢铁产业实施"倾斜式生产方式"，再向电力、化肥，纤维等产业，化工部门推进，并于1957年实施日本产业合理化政策，目标是打破日本产业结构的后进性，使其提高到国际先进水平	人口快速增加，并超过战前水平。到1960年，东京都的人口达到968万人，人口年龄结构为年轻型	以煤炭为主要能源供给的"煤主油从政策"	城市开发速度加快。为控制人口数量和限制产业设施过度集中，在首都圈实施工业控制法。日本在1958年实施的第一次首都圈整治规划中，提出控制人口数量和限制产业设施过度集中	出现工厂烟尘、噪音、恶臭现象时有发生，河水被污染等产业公害。同时垃圾处置问题困扰东京。1952～1953年的冬天，东京都心部等地的黑烟事件；1956年，日本熊本县发现水俣病等	主要关注传统污染问题，且环境质量不断下降，为此环境管理体系初步建立。如：东京都在1949年制定《东京都工厂公害防止条例》，成为首个制定日本最早开始对公害问题采取对策的城市。此外，《下水道法》《工业用水法》《国家公共公园法》《关于保全公共水域水质的法律》和《关于控制工厂排水等的法律》等，还制定了《东京都烟尘防止条例》《东京都烟尘防止条例》等。总之，这一时期公害应对制度刚起步且不完善，再加上经济增长刺激，东京都在人口、产业上进一步集中，且没有专门的机构负责公害管理，使得环境规划这使得环境管理效果大大减弱

217

续表

环境战略阶段	经济发展	人口特征	能源发展	区域发展	环境问题	环境管理
公害管理体制整备扩充期：公害防止走向成熟 1960～1975	"国民所得倍增规划"正式提出与实施。经济发展由高速增长向稳定增长转变。产业由重化工业向技术密集型的高加工度化发展。二、三产业的比重从1960年的36：63，发展为1975年的34：66。耐用消费品、电子等新兴工业部门的急剧增长，钢铁业工业总产值就已退出前2名，化工、石油等行业在这一阶段逐渐退出东京都	由快速增长向趋于稳定转变。从1960年的3.6%到1975年增速为0.2%,1962年东京都的人口总量超过1000万,到1975年人口规模为1167万。人口结构由年轻型向成年型转变	低价且稳定的石油供给支撑了东京煤炭向石油转变。在1960年,东京都的煤炭供给量超过石油供给量。东京都电力公司在1965年就开始石油替代煤炭,到1973年燃煤电厂关闭,到1979年之后改用液化天然气	城市规模进一步扩大,同时注重城市副中心的开发,以分散都区部密集功能。1964年,东京奥运会为东京都解决大规模基础设施建设和解决人口和产业问题提供了一次良好的机遇。1961年行政功能迁出,1963年公布的东京都长期规划提出了东京都疏散人口和产业设施过度集中,1966年向周边疏散商务通设施,首都圈呈现"一极依存形态"。	主要为应对大气污染、水污染、土壤污染、恶臭及震动、地面沉降等传统公害。并对传统的公害有了清晰的认识	各种环境制度纷纷制定,注重环境保护与经济发展相协调,但实际以经济发展优先。1970年代的日本"公害国会"召开,更是将公害治理推向高潮。东京都公害局成立标志着东京都对于工业公害的防治和治理进入了一个新的阶段。其中,最为重要的是1967年日本制定《公害对策基本法》,"环境保护"与经济发展相协调"为大方针,使得在实施过程中,以经济发展为优先导向,影响了环境质量,水环境质量标准等环境质量屡设定并不断完善

续表

环境战略阶段	经济发展	人口特征	能源发展	区域发展	环境问题	环境管理
环境保护应对时期:由末端重在预防转变1976～1985年	属于稳定增长期,工业逐渐以都市型工业为主,商务功能向东京都集聚。产业发展阶段由技术密集型的高加工度化阶段向知识的高度密集化的阶段发展。二三产比重从1975年的34:66发展为1985年的33:67。东京都工业逐渐变"轻",以出版印刷、电气机械,运输机械、食品、一般机械为前五大行业,电子信息和高技术产业日益壮大,成为制造业主要增长部门	人口规模基本保持稳定。人口年龄结构呈成年型。从1976年开始,东京都的人口出现负增长,向周边三县的人口迁移明显。同时,出现都心夜间人口空洞化问题。此后从1981年开始,东京都的人口开始再次增长	两次石油危机对日本能源战略演变产生深远影响,推出石油替代法,节能法、电力开发法三法,石油储备法等。限制高耗能产业发展,制定节能标准,核电大幅增长,天然气引入,可再生能源开发	工业用地面积下降,但"一极集中"的矛盾更加尖锐,造成东京都与地方之间差距日益扩大。在首都圈建设规划中,提出分散型网络结构的设想,向周边转移工业设施,同时发展教育文化。1980年代,东京全面放松空间管制,中心城区大量的商业设施在东区兴建,土地价格急剧上升	东京都的环境管理的主要对象仍是传统环境污染问题,同时环境质量的达标,也在这一时期完成	环境治理由未端治理向源头治理转变,主要表现在: *1980年的《东京都环境影响评价条例》实施,强化建设项目的环境准入管理,避免由城市规划和建设而造成的环境恶化 *1980年,东京都公害研究所更名为东京都环境保护局,认为东京不再是仅以关注单一环境问题为主,而是将环境问题作为整体来应对 *污染物总量控制措施的替代浓度控制,环境质量有所好转

续表

环境战略阶段	经济发展	人口特征	能源发展	区域发展	环境问题	环境管理
向综合的环境管理迈进：由被动治污向主动治污转变 1986～2000	由稳定增长期向后泡沫经济期转变。全球城市化、信息化。面对全球化和信息化，东京都二、三产比重从1986年的33：67发展到2000年的17.8：82.1。20世纪80年代中后期，东京都的工业以研究开发型和都市工业为主。而第三产业以金融、信息服务类产业为主	人口规模基本稳定，维持在1100万人规模，甚至一段时间出现了负增长。少子化现象日趋严重，老龄人口比重不断增多。人均寿命不断提高，平均期望寿命81岁（2000年）	依旧延续已有的能源战略，重视在成本与安全的最佳平衡。到2000年，东京的能源总量为2737万吨标准煤，结构中电力、燃料油、煤气分别占36.9%、35.5%、23.3%	产业用地面积下降，生活型城市建设上进一步程。区域发展上进一步强化东京的金融职能和总部经济功能，推动形成多极分散型国土开发格局。"生活型城市"商业提出（1995年）。商业用地与工业用地规模明显下降，尤其都区部商业用地下降明显。住宅用地规模明显上升	既包括产业污染和生活型污染，新型产污染对健康产生的损害等问题。垃圾生态系统产生的损害和全球变暖等问题。垃圾产生量迅速增加，并在1989年出现历史峰值	政府认识到经济发展并不能使居民生活环境质量大幅提高，环境管理以城市为出发点，制定和实施民健康为出发点的环境政策。主要策略： ＊循环社会建设、《东京都废弃物处理、再利用相关条例》等 ＊大气污染方面主要解决大移动源的氮氧化物污染问题。如东京都汽车氮氧化物总量削减计划 ＊1993年，日本《环境基本法》公布，同时《公害对策基本法》废除 ＊1994年，《东京都环境基本条例》公布，其环境管理思路也发生重大转变，并在此基础上第一次发布《东京都环境基本计划》(1997)

续表

环境战略阶段	经济发展	人口特征	能源发展	区域发展	环境问题	环境管理
低碳城市建设时期：推动环境革命 2001~2014	属于后泡沫经济期，经济增长停滞，不断通过体制改革促进经济发展。东京都的二、三产业比重从2000年的17.8∶82.1，下降到2011年的12.9∶87。第三产业中，以金融、信息、服务、知识服务业为主，且新经济形式不断涌现，同时，东京都的第三产业发展明显优于周边区域	进入21世纪，东京的再城市化势头明显，从2000年到2013年人口增加了120多万，达到1328万。老龄人口比重进一步增加，且人均期望寿命到2013年达到83岁	提出到2020年东京碳排放量在2000年的基础上减少了25%。2013年，东京能源消费2255万吨标煤，比200电力消费占44.4%、煤气27.9%、燃料油25%、LPG2.6%	这一时期，城市发展注重城市各项功能空间布局调整，加强就业与居住功能的平衡方针。都区部区域的用地结构调整，多摩地区的商业开发增加，住宅用地大面积增加。2006年发布"十年后东京"城市战略规划；2011年"东京2020"城市战略。第五次首都圈规划中，将都市圈与周边区域作为一个整体，提出可以自立，又高水平联系的"分散型都市圈网络结构"	重点关注气候变化与新型工业污染，机动车尾气、化学物质对健康影响，生态多样性，热岛效应等	关注气候变化和新型环境污染，提出建设世界上环境负荷最小的城市。主要做法： * 低碳城市建设。制定《东京都气候变化战略》《东京都碳排放限额和交易》等 * 环境规划修订，东京都发布了《环境基本规划》(2008)，目标是建成一个生活舒适的城市，并顺心且低能源消费的城市，将这一可持续的城市模式推向全世界 * 区域环境合作，既包括国际层面的C40合作，又在区域层面发展九都县市首脑会议环境问题对策委员会，使东京成为全球环境治理的重要枢纽性城市

续表

环境战略阶段	经济发展	人口特征	能源发展	区域发展	环境问题	环境管理
新的可持续发展战略(2015~2024)	东京都产业振兴基本战略(2011~2020)中,提出重点培育解决性产业(健康环境、能源、危机管理)、信息传播产业(时尚产业)、都市功能利用产业(航空、机器人)	人口总量、老龄化加剧。据预测,东京都2020年人口规模达到峰值,老龄化也不断加剧,65岁以上人口比重从2010年的20.4%,增加到2060年的39.2%	低碳能源战略。预计到2030年,东京的能源消费总量比2000年下降30%。东京要求到2024年可再生电力比重为20%,光伏安装规模到2024年达到1000MW。水素社会建设(氢燃料电池)	2020年东京奥运会的召开为东京城市建设和基础设施更新带来了新的机遇。城市战略《创造未来:东京长期远景》,以创建一个能够促进成熟的社会继续成长的大都市区系统。在"首都圈大都市区构想"(2000~2025)提高首都圈的国际竞争力,提升居民生活质量,加强交通基础设施建设,加强区域联系,发挥圈域整体聚集效应,提高首都圈乃至全国的发展活力,创造与环境共生的首都大都市圈	城市的可持续发展问题	更加重视可持续发展,为子孙后代留下绿色遗产。主要策略: *将东京都建成智慧能源城市 *人与自然和谐共处 *增强城市基础设施的弹性与安全性 *为老龄化社会重构开发城市结构

三 东京未来十年的可持续发展战略

随着日本东京奥运会临近，东京都政府意识到 2020 年奥运会只是通往未来东京的必经之路，目的是使东京成为世界上最好的城市。为此，2014 年 12 月东京都政府发布了新的城市战略《创造未来：东京长期远景》（Creating the Futrue：The Long – Term Vision for Tokyo）①，以创建一个能够促进成熟的社会继续成长的社会系统。该战略共提出两大基本目标与八大战略，目标一是举办有史以来最成功的奥运会；目标二是解决城市面临的种种挑战，并确保城市未来可持续发展。针对奥运会成功举办，提出了三个战略措施，即成功的东京奥运会（为运动员提供最好的比赛环境，并继承和发扬奥运遗产）、基础设施更新（打造世界上最便利的城市）、Omotenashi（最传统和优雅的服务款待世界各地游客）；东京都计划利用十年的时间（到 2024 年）解决城市面临的问题，并提出了五个战略，即维护公共安全，增强居民信任，打造世界级的安全典范；更先进的福利系统，支撑未来居民生活；提高国际竞争力，打造领先的全球城市；城市可持续发展战略；多摩地区和岛屿的保护与发展。

（一）未来东京的人口特征

未来东京面临着许多挑战，但最为紧迫和最大的挑战来自于人口。据东京都政府等机构预测，东京都 2020 年人口规模将达到峰值，为 1336 万，随后人口规模不断下降，到 2060 年将达到 1036 万，区部人口规模也呈同样的趋势。同时，老龄化也将不断加剧，65 岁以上人口数量占人口总量比重从 2010 年的 20.4%，增加到 2060 年的 39.2%。这些问题对东京的发展产生了极大的制约作用。

---

① TMG 官网，http：//www. metro. tokyo. jp/ENGLISH/ABOUT/VISION/。

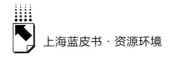

（二）可持续环境战略

1. 将东京都建成智慧能源城市

大范围的能源管理和氢能源的广泛引入等措施能够实现高效节能、用能便利及灾害防御，确保东京在长期内可持续发展。东京都碳排放限额和交易制度的实施、保温住宅的推广（如零能耗建筑）、家庭能源管理系统的安装能够稳步促进东京成为世界上领先的节能城市。同时，东京都要求商业部门安装热电系统，在 2024 年，应用规模将达到 60MW，预计到 2030 年，东京的能源消费总量比 2000 年下降 30%。在可再生能源方面，东京要求到 2024 年可再生电力比重由 2012 年的 6% 上升到 20%，同时光伏太阳能的安装规模到 2024 年达到 1000MW。氢能是清洁能源之一，东京都政府希望到 2020 年氢能轿车规模达到 6000 辆，氢能公交车达到 100 辆以上，氢能供应设施达到 35 家。

2. 人与自然和谐共处

美丽的自然环境是成熟城市必不可少的组成部分。为此，东京将采取三项主要措施来实现人与自然和谐共处。一是建设绿色城市，不仅对公园、公共空间、私人建筑进行绿化，还需对稀有物种的栖息地进行保护。二是建设清洁的滨水环境，利用污水处理设施水平提高（预计到 2023 年污水存储能力达到 170 立方米）等措施，改进水质。三是清洁空气和舒适空间，采取各种措施减少汽车、轮船等污染源的污染物排放，计划到 2024 年 $PM_{2.5}$ 满足环境质量标准，同时减少中心城区的热岛效应，增强城市的舒适度。

3. 增强城市基础设施的弹性与安全性

对城市基础设施进行可持续维护和管理，确保将高质量的基础设施传递给下一代。一是利用尖端技术对城市基础设施进行维护；二是系统翻新和功能升级，包括桥梁使用寿命延长及下水道的翻新。

4. 为老龄化社会重构开发城市结构

未来城市结构的一大选择是对建成区进行重新开发，建成紧凑型城市。

城市可以通过提供高质量的住宅和大型的综合住宅进行重建和翻新，为居民提供舒适和安全的生活。一是紧凑型社区，通过住宅、商业设施、医疗服务、高端服务、育儿设施及交通站点的融合建设，为社区增添活力。二是在老龄人口增长的地区，重新整修基础房屋，促进公共区域的无障碍通行。三是盘活空闲房产。

四　东京都区域环境协作对上海环境发展的借鉴

东京都环境战略转型过程是对环境和发展关系逐渐认识的过程，既有成功经验，如低碳城市建设将有助于继续保持全球城市领导力；也有负面教训，如公害管理体制整备扩充期，虽明确"环境保护与经济发展相协调"为大方针，但在实施过程中，以经济发展为优先导向影响了环境保护的实施效果。

（一）东京都在环境战略转型中教训

东京在环境战略转型的教训主要在表现两个方面：①环境保护与经济发展关系的协调。在战后复兴阶段，百业待兴，为了将生产力恢复到战前水平，东京都虽然制定了公害应对政策，但在政策执行中，常常以经济发展为主，大力发展重化工业。在经济高速增长阶段，东京都环境管理明显滞后于经济发展。结果从1945年到1975年的30年，东京环境污染日益加重，甚至产生恶劣的公害事件。②前期阶段，未采取综合性环境政策，出现"头痛医头"现象。在前三个阶段，环境管理总是被环境污染牵着走，出现什么样的污染就采取什么样的措施，没有通盘考虑污染物减排的协同性，这表现在能源战略在一开始并未作为环境战略的一部分。

（二）上海与东京都环境发展对比——以大气污染为例

相较于上海，东京环境发展起步早，且成效显著。主要污染物的统计指标在1970年左右已经设定，并不断提标。以大气污染为例，东京的二氧化硫浓度不断下降，至 2013 年，已经达到 0.006mg/m³，远低于上海的 0.024mg/m³，二氧化氮的浓度在 2013 年为 0.037mg/m³，低于上海的 0.048mg/m³，可吸入颗粒物的浓度是上海的 1/4。从三种污染物的浓度看，上海的空气质量水平相当于东京的 1990～2000 年的第四阶段。

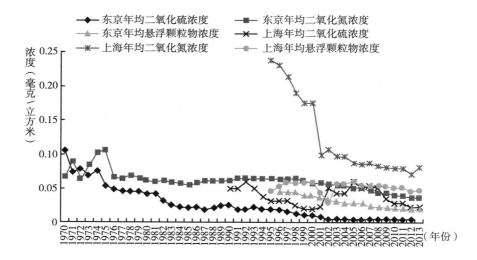

图 2　东京与上海的空气质量对比

资料来源：东京都统计年鉴，上海环境状况公报。

从经济发展看，东京的经济总量是上海的 3.2 倍，人均是上海的 5.5 倍，从历史看，上海的人均 GDP 相当于东京在 20 世纪 70 年代末的水平。

从上海的经济发展战略看，上海正处于结构转型升级的关键期，第二产业尤其是重工业还将在未来 20 年内占据很大的比例，这就使上海在未来面临更多的传统工业污染。同时，随着人口的增加，生活型污染尤其是生活垃圾的处置将困扰着上海的发展。再者，全球城市战略的提出，更表明上海将承担更多的国际责任，气候变化应对问题是不得不面对的难题。所以，与东京的环境问题不同，上海在发展经济的同时，还面临着多种环境问题并存、时间更加紧迫、外部压力更加巨大、环境需求更广的局面。

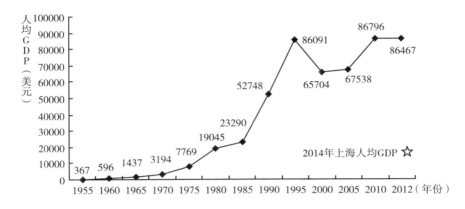

图3 东京与上海的人均 GDP 对比

资料来源：东京都统计年鉴。

（三）东京都区域环境协作对上海环境发展的借鉴

1. 环境战略与区域发展转型相互促进

东京都的环境战略转型起始于城市发展一个阶段，完成于另一个阶段，这也从侧面说明环境战略是为经济社会发展转型服务的。如在战后复兴与公害规制时期，环境战略实施有助于解决城市发展面临的一些突出矛盾，避免这些矛盾影响城市转型升级；在公害管理体制整备扩充期，环境战略的实施有利于城市讲究健康发展和产业结构的升级；环境保护应对时期，环境战略的实施能够从源头来影响城市的发展，从而更好地塑造城市未来；在综合环境管理方面，环境战略的实施是为了促进城市可持续发展；而低碳城市建设时期，环境战略的实施是为了使东京继续保持在全球城市中的领导力。上海现在正处于转型发展的关键期，正努力建成具有领导力的全球城市，这就需要上海在经济发展和城市建设等方面都做好转型发展，而环境战略转型可以促进城市转型发展。因此，上海城市转型的目标、路径等都必须充分参考环境战略转型。由于上海环境污染的复合型，以及时间紧迫性，上海环境战略的转变不必按照传统环境战略转型的阶段来制定，而是采取更加综合、激进

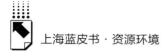

的环境战略。

2. 重大活动是城市乃至区域环境问题解决的绝佳契机

1964 年的东京奥运会对东京都乃至东京首都圈发展都具有很大的促进作用。到 2020 年,东京将再一次举办奥运会,从筹备过程看,这无疑又为城市发展提供难得的机遇。而上海应该争取重大活动举办权,为城市转型发展提供良好的契机。当前,世界上最有影响力的大型体育赛事是夏季奥运会和足球世界杯。值得一提的是,纽约至今还未举办过奥运会,但在积极申办中。大型赛事主办权将采取"轮流坐庄制"的形式,即不能在同一大洲连续举办两次。从赛事的举办规则上看,2032 年奥运会、2036 年奥运会、2040 年奥运会与 2030 年足球世界杯、2034 年足球世界杯、2038 年足球世界杯和 2042 年足球世界杯,上海均有机会申办。

3. 区域环境协同治理要与区域规划相结合

环境问题是跨行政边界的。区域内的环境问题需要区域内的城市来共同治理。环境战略转型以城市产业、功能格局、人口发展为依托和出发点。早在 1953 年,日本就在《首都圈整治法》中将东京都与其周边地区作为一体化的区域法定规划对象,到目前为止,日本已经制定了五次首都圈规划:第一次首都圈基本规划(1958～1975 年)的主要内容是在建成区周围设定绿化带,控制建成区扩张与卫星城市建设;第二次首都圈基本规划(1968～1975 年)的主要内容是城市空间改造、城市和绿地空间的协调与推进卫星城市建设;第三次首都圈基本规划(1976～1985 年)的主要内容是摆脱单一中心型结构,促进商务核心城市发展与充实周边地区社会文化功能,形成不依赖于东京都心的大都市外围地区;第四次首都圈基本规划(1986～2000 年)的主要内容是形成以商务核心城市为中心的自立型都市圈和多核多圈层的区域结构;第五次首都圈基本规划(1999～2015 年)主要着眼于解决周围地区对东京都心的依赖与单一中心结构所带来的问题,强化都心与近郊区之间的功能布局和联系,促进新的城市空间配置,推动环状核心城市群的形成。以上五个规划都是由日本中央政府制定的。而 1999 年,东京都提出的"首都圈大都市区构想"(2000～2025 年)的主要理念是"提高首都圈的国际竞争力，提升市民生活质量、促进国内外交流、加强交通基础设施建设、加强圈内七个县市的区域性联系、发挥圈域整体聚集效应，提高首都圈乃至全国的发展活力、创造与环境共生的首都大都市圈"。[①] 其中与环境直接相关的内容有东京湾水质改善一体化措施、大气污染对策、废弃物回收处理的联系等；这三项内容都是将区域一体化作为环境战略的出发点。长三角大气污染防治协作机制起始于上海世博会的环境保障工作，并于 2014 年 1 月以长三角区域大气污染防治协作机制的形式固定下来。该机制实施了近两年，取得了明显的成效。2015 年上半年，区域内共淘汰中小燃煤锅炉和窑炉 10026 台，淘汰黄标车和老旧车辆 33.6 万辆，基本完成国家下达的四大行业 543 家企业，1027 条生产线的治理工作。近年来，长三角区域融合的趋势越来越明显，这就要求未来的产业、功能、能源等在区域范围内优化配置。而上海作为长三角的龙头，势必应该在区域融合中发挥引领作用。而环境战略区域融合是区域融合的落脚点和有力抓手，当前，长三角区域开展的大气污染联防联控机制中，不仅要实现区域大气环境质量的改善，更谋划了区域内产业、市场、能源、信息等的协调优化。

4. 上海应以低碳城市建设来解决传统环境问题

当今，以东京为代表的全球城市的环境战略以低碳城市建设为方向，推动区域乃至全球可持续发展。但是，必须指出的是这些城市环境污染治理开展较早，且传统环境污染问题已经基本解决。而上海目前的环境问题呈复合型，既有传统的污染问题，也包括气候变化等新型环境问题。因此，上海应在低碳城市建设中，注重产业结构和能源结构的升级优化，从根本上解决传统环境问题。

5. 清洁能源战略是区域环境协作的核心

东京的环境战略实施都伴随着能源战略的转变，煤主要从煤炭向石油转换、再到石油危机后的能源多样化战略，21 世纪后的低碳能源战略，能源总体趋势是向清洁化、低碳化方向发展。东京从 1979 年就开始全面实现天

---

① 王郁：《城市管理创新：世界城市东京的发展战略》，同济大学出版社，2004。

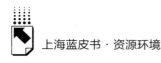

然气发电对煤电和油电的替代，这是东京空气质量提高的原因之一。目前，东京正大规模的发展太阳能发电，将可再生能源作为主要的能源战略之一。同时，东京能源战略之所以顺利转换不仅得益于石油危机前的低油价，更依赖于东京经济发展和产业升级。因此，上海的能源战略应清洁化和低碳化发展。但是，而当前长三角区域雾霾严重，仅靠上海不能实现雾霾治理。从已发布的区域内城市雾霾源解析看，煤炭的使用是主要的原因之一，从长三角煤炭占能源消费总量比重看，长三角区域的煤炭消费超过60%。因此，发展清洁能源战略是长三角区域的当务之急。

B.12
伦敦都市区环境治理经验及其启示

程　进*

摘　要： 伦敦环境治理历经了环境公害治理阶段、产业结构和能源结构调整阶段、环境标准制度体系完善阶段和低碳及适应气候变化阶段四个发展阶段。随着城市废弃物、额外的能源供应需求、公共交通需求等成为城市未来主要的环境压力和挑战，智慧化环境管理和绿色发展成为伦敦市面向未来的环境管理发展方向。在伦敦环境治理发展过程中，通过建设新城，推动中心城区人口与产业活动向外围疏解是其中的一项重要内容。通过中心城区与外围新城的合作，优化资源配置和城市功能定位，为伦敦疏解城市环境压力做出了贡献。

关键词： 环境治理　城市环境　伦敦

伦敦曾经是一个污染严重的国际大都市。以治理伦敦烟雾事件为契机，伦敦采取了一系列环境治理措施，包括新城建设、产业结构调整、能源结构调整、完善环境标准体系等，经过几十年的努力，伦敦的城市环境已经大为改观。为了进一步加强大伦敦都市区的环境保护，2000 年，大伦敦管理局成立之后，便开始制定伦敦不同时期的空间发展战略规划草案，以促进都市区不同功能区之间均衡发展。经过多年摸索和实践，伦敦在大都市区环境治

＊ 程进，上海社会科学院生态与可持续发展研究所，博士。

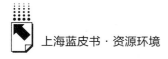

理方面积累了丰富的经验，对相似的大都市区的城市发展和环境政策的制定
有较强的借鉴作用。

一 伦敦城市环境治理转型

伦敦环境战略发展演化可以分为环境公害治理阶段（20 世纪 50 年代～
20 世纪 60 年代）、产业结构和能源结构调整阶段（20 世纪 70 年代～20 世
纪 80 年代）、环境标准制度体系完善阶段（20 世纪 90 年代～2002 年）和
低碳及适应气候变化阶段（2003 年至今）四个发展阶段（见表 1）。从这些
环境战略阶段可以看出，伦敦环境战略转型呈线性发展，先期基于末端治理
解决环境公害问题，然后从源头调整产业结构和能源结构，解决传统的工业
污染状况。随着城市环境质量的不断改善，伦敦开始完善环境标准制度体
系，从机制和制度上保证城市环境战略的有效实现。伦敦又是一个河口城
市，近年来日益严峻的气候变暖问题给伦敦城市安全造成很大危险，因此低
碳及适应气候变化成为 21 世纪以来伦敦主要的环境战略发展方向。

表 1 伦敦环境战略发展阶段

环境战略阶段	经济发展	人口特征	主要环境问题	环境战略
环境公害治理阶段（20 世纪 50 年代～20 世纪 60 年代）	工业革命后，工业化水平不断提高，工厂坐落于滨水地区，煤炭是主要能源	战后人口数量猛增，超过 800 万人，增加了能源消耗量和垃圾产生量	"伦敦烟雾事件"等环境公害是该时期主要环境问题，促使了全社会对环境保护的重视	出台环境公害问题的解决方案，开始构建环境法律体系，从末端治理环境污染
产业结构和能源结构调整阶段（20 世纪 70 年代～20 世纪 80 年代）	伦敦开始从重化工阶段向后工业化阶段转型，加快发展服务业	随着制造业企业外迁，伦敦人口 1981 年降至 660 万人	伦敦的制造业在产业结构中占比仍为最大，制造业是主要污染源的情形没有得到根本转变	环境战略的方向转移到污染源头治理，调整产业结构、能源结构和人口布局

环境战略阶段	经济发展	人口特征	主要环境问题	环境战略
环境标准制度体系完善阶段（20世纪90年代~2002年）	制造业比重大幅度下降，服务业就业岗位则有不同程度的增加	人口规模基本保持稳定，维持在600万~700万之间	拥有机动车的家庭数超过总户数的50%左右，尾气取代燃煤成为伦敦主要的城市大气污染源	根据新的环保形势，完善环境法规体系，完善环境监测机制、环境评估机制、环境规划机制等
低碳及适应气候变化阶段（2003年至今）	经济增长迅速，伦敦及东南部地区占全英增长的37%	伴随经济快速增长，人口数量到2011年增加至817万人	气候变化带来的海平面上升、高温、暴雨灾害给城市安全带来很大威胁	生态城市和低碳城市成为环境战略的主题，制定气候变化适应措施

（一）环境公害治理阶段（1950~1969年）

随着工业化的扩展，伦敦煤的产量和消耗量逐年上升，因而煤烟和二氧化硫的污染程度和范围较之前一时期有了进一步的发展，由此酿成严重的燃煤大气污染公害事件。由于出现了严重的烟雾事件等环境公害，在各方压力之下，使得伦敦开始重视环境问题。因此本阶段内环境治理目标集中在两个方面：一是调查环境问题成因。调查分析烟雾污染和泰晤士河水污染的成因，分析环境问题与能源结构、人口、企业布局和产业结构的内在联系，为环境问题的解决提供支撑。二是出台解决环境公害问题的应对方案。经过长期的积累，烟雾污染和水污染已到了非常严重的程度，对居民健康和经济发展都产生了严重的危害，因此解决突出环境问题成为本阶段内环境战略的首要目标。

本阶段环境治理措施主要包括三大方面内容：一是颁布法律法规。出台了《清洁空气法》，这是一部控制空气污染的基本法，法案中"烟尘控制区"措施对伦敦的烟雾治理起到了显著作用。到1969年，超过50%的大伦敦已被烟控区覆盖。二是建立管理机构。在大气污染治理方面成立了清洁空气委员会、住房和地方政府部等；在水环境治理方面成立了泰晤士河水务管

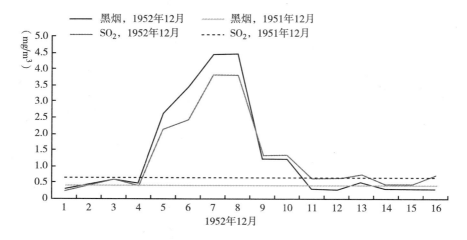

图1　1951年12月和1952年12月伦敦烟雾和SO₂浓度对比

资料来源：Greater London Authority. 50 Years On The struggle for air quality in London since the great smog of December 1952 ［R］. 2002.

理局。三是出台具体的治理措施。大气污染治理集中在两个方面：对污染物排放的控制和烟尘污染控制区的建立。伦敦对排放物的控制主要是通过转换燃料构成来实现。批准的燃料包括煤气、电、天然气或加工的固体无污染燃料。烟尘污染控制区内的家庭和工厂禁止把黑烟排入空气中。在水污染治理方面，对污水处理设施进行现代化改造，如克罗斯内斯和贝肯顿污水处理厂经过改造后，成为当时欧洲最大的污水处理厂，大大提高了污水处理能力。在生态空间建设方面，1954～1958年间伦敦在外围地区建成一条宽8～10英里的绿化带。绿带发挥着限制城市盲目扩展的作用，成为推动世界城市建设环城绿带的成功典范。

（二）产业结构和能源结构调整阶段（1970～1989年）

经过前一个阶段的治理，伦敦市环境质量得到了很大幅度的改善，此时，伦敦的制造业在产业结构中仍占有较大比重，1984年，制造业就业岗位全部就业的比重高达11.63%，在所有行业中占比最高（见表2）。必须进行产业结构调整，并以此带动能源结构调整，才能从根本上降低生产活动对环境的污染程度。因此，环境保护逐渐由分领域的环境问题整治转向环境综合保护，以及产业结构调整、城市布局调整、能源结构调整。

表2　1984~1989年伦敦各行业就业岗位比重变化

单位：%

项目	1984	1985	1986	1987	1988	1989
第一产业 & 公用事业	1.37	1.33	1.30	1.20	1.13	1.10
制造业	11.63	11.03	10.33	9.59	8.92	8.73
建筑业	5.79	5.79	5.68	5.95	5.96	6.10
批发	6.60	6.47	6.39	6.17	5.98	5.77
零售业	9.36	9.43	9.50	9.54	9.50	9.53
交通和存储	7.55	7.37	7.10	6.93	6.76	6.73
住宿及餐饮服务	4.89	4.97	4.97	4.97	5.04	5.16
通信与信息	5.28	5.31	5.29	5.28	5.30	5.37
金融及保险活动	7.01	7.15	7.54	7.79	8.07	7.96
地产、科学及技术	7.87	8.24	8.54	8.96	9.31	9.65
行政及支援服务活动	5.98	6.18	6.44	6.60	6.80	6.98
公共管理和国防	6.81	6.62	6.61	6.43	6.19	5.89
教育	6.91	6.91	7.05	7.08	7.20	7.24
卫生	8.72	8.89	9.01	9.13	9.43	9.29
艺术、娱乐和休闲	2.37	2.45	2.42	2.49	2.49	2.57
其他服务业	1.81	1.87	1.86	1.89	1.90	1.94

本阶段内，伦敦环境治理目标主要包括三个方面：一是调整能源结构，20世纪70年代两次石油危机使伦敦日益受到资源短缺的巨大压力，促使伦敦着手调整能源结构，1965年，发现北海气田让伦敦调整能源结构成为可能。二是调整产业结构，第二次世界大战后的60年代至70年代，资本主义社会发生若干次经济危机，加剧了伦敦制造业的衰退，再加上能源短缺，发展空间有限，本阶段内伦敦开始大力发展服务业，促使产业发展大幅度降低能源和原材料消耗，以减少污染物排放。三是调整城市人口布局，伦敦中心城区人口过于密集，伦敦工业与人口不断聚集，主要是工业所起的吸引作用。伦敦通过郊区化发展，旨把人口、制造业企业从城市的中心向郊区迁移，以缓减人口过度集中所带来的环境负担，减轻中心城区的环境压力。

为了实现环境治理目标，伦敦采取了四方面措施：一是颁布了综合性环境法规，1974年正式颁布了《污染控制法》，这是一部最为全面的综合性法律，包括了废弃物处理、水污染防治、噪音和空气污染整治等内容，正式将环境作为一个统一体来看待。二是提高能源结构中天然气所占比重。伦敦政府采取了一系列措施以改变能源结构，加大清洁能源的比例，用天然气和电力等代替煤。到了20世纪80年代前期，伦敦市区全部使用燃气和电力。煤在燃料结构中的比重由1965年的27%下降至1980年的5%。三是提高生产者服务业在产业结构中的比重。20世纪70年代至80年代，伦敦制造业就业比重持续下降，在制造业就业以及整个社会的就业岗位处于下降的背景下，金融等生产服务业的就业水平则是上升的（见表3）。大伦敦生产部门的就业率从45%降至29%，金融等生产者服务业就业率由13%增加至23%。① 四是人口郊区化发展。为疏散中心城区人口，伦敦兴建郊区新城，人口和工业企业向郊区新城外迁，整个20世纪70年代，伦敦以每年大约10万人的速度向外移出人口。同时，伦敦政府加速了工业搬迁的速率，到了20世纪80年代，伦敦市区已不再是工业集中区，大大减轻了对环境保护的压力。

表3　1971~1989年伦敦就业变化

单位：千人

年份	大伦敦		
	总就业	制造业	生产服务业
1971	3937	1049	520
1978	3663	769	560
1981	3567	681	568
1984	3463	569	631
1987	3505	432	753
1989	3481	444	793

数据来源：俞文华：《战后纽约、伦敦和东京的社会经济结构演变及其动因》，《城市问题》1999年第2期。

---

① 俞文华：《战后纽约、伦敦和东京的社会经济结构演变及其动因》，《城市问题》1999年第2期。

（三）环境标准制度体系完善阶段（1990～2002年）

经过20世纪70～80年代的产业结构调整，伦敦的制造业比重有了很大幅度的下降，到了1990年，制造业就业岗位与全部就业的比重为8.24%，到了2002年进一步降至4.53%，服务业就业岗位则有不同程度的增加（见表4）。产业结构的调整，使得生产活动对环境的污染大大降低，环境污染源有了新的变化。最突出的表现在汽车污染迅速增加，1971年伦敦的汽车数量约为170多万辆。至2000年，拥有汽车的家庭数占比已达50%左右，汽车污染引起了高度重视。欧盟的成立也在一定程度上影响了伦敦的环境战略。

表4　1990～2002年伦敦各行业就业岗位比重变化

单位：%

项目	1990	1992	1994	1996	1998	2000	2002
第一产业 & 公用事业	1.07	1.09	0.90	0.79	0.82	0.83	0.68
制造业	8.24	7.23	6.59	6.66	6.08	5.48	4.53
建筑业	6.08	5.73	5.36	5.24	5.21	5.11	5.10
批发	5.56	5.31	5.49	5.13	5.44	5.42	5.02
零售业	9.69	10.06	10.16	9.13	9.27	9.22	9.15
交通和存储	6.86	6.92	6.59	6.35	6.43	5.94	5.81
住宿及餐饮服务	5.27	5.21	5.82	5.16	5.91	6.18	6.58
通信与信息	5.49	5.57	5.70	6.00	6.76	7.48	7.50
金融及保险活动	8.07	8.01	7.93	8.46	7.83	7.68	7.77
地产、科学及技术	9.88	10.11	10.88	11.31	11.17	11.33	11.61
行政及支援服务活动	7.31	7.62	8.16	9.02	9.66	10.18	10.05
公共管理和国防	6.08	6.58	5.98	5.69	5.21	4.98	5.21
教育	6.63	6.09	6.03	5.80	5.82	5.94	6.16
卫生	8.91	8.89	8.52	9.05	8.33	7.92	8.38
艺术、娱乐和休闲	2.73	3.14	3.23	3.43	3.19	3.35	3.59
其他服务业	2.09	2.41	2.46	2.80	2.91	3.00	2.95

随着经济社会的发展，伦敦市环境保护的内容和重点发生了很大变化，因此，本阶段环境战略目标集中在两点：一是完善环境法律法规。根据环境

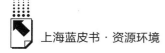
保护的新形势和新要求，颁布新的环境法规以及对既有环境法规的修订，使之满足环境治理的需要。二是建立环境保护机制。主要包括环境监测机制、环境评估机制、环境规划机制等。

此阶段内伦敦环境治理路径体现在以下几个方面：一是密集出台了一系列新时期环境治理的法规政策，如《环境保护法》《道路车辆监管法》《清洁空气法》《环境法》《国家空气质量战略》《大伦敦政府法案》《污染预防和控制法案》等。二是建立环境保护标准和机制。包括制定环境质量标准、建立达标评估/规划机制、建立监测网络等，开始要求地方政府定期评估环境质量以及达标状态，建成了伦敦空气质量监测网络，为伦敦空气质量治理提供数据支持。三是加强道路交通管理。包括对一些主干道的交通流量进行控制，禁止尾气排放不符合标准的车辆上路，利用提高停车场停车费用、限制停车时间等方法减少重污染区的汽车流量，同时鼓励市民参与绿色交通行动。四是探索市场化手段治理水环境。1990 年，泰晤士河管理局等水务局改制成私营公司，供水、污水处理业务归属于企业，而水质的检测、监管、检举等则归属于国家河流管理局。

（四）低碳及适应气候变化阶段（2003年至今）

经过多年治理，伦敦环境质量得到了很大的改善，1992～2001 年伦敦 NO_2、PM_{10}、O_3、SO_2、CO 均呈下降趋势，其中 SO_2 浓度低于 $30\mu g/m^3$，相对于 1953 年的 $402\mu g/m^3$，有了很大幅度的改善。PM_{10} 的浓度也由 1992 年的 $40\mu g/m^3$ 下降至 2001 年的 $25\mu g/m^3$，基本达到欧盟环境标准。全球气候变化造成暴雨、水位上涨、海平面不断提高，这些威胁不断升级。泰晤士河水闸自 1982 年运转以来共关闭了 119 次，其中，潮汐洪水 76 次，河流洪水 41 次（见图 2）。泰晤士河水闸在过去的 25 年内的使用频率不断提升，近年来全球气候变暖引发的极端天气发生频率不断上升，再加上海平面不断上升等因素影响，泰晤士河水闸未来使用频率将越来越高。

2003 年，英国发布《我们能源的未来：创建低碳经济》，由于伦敦地

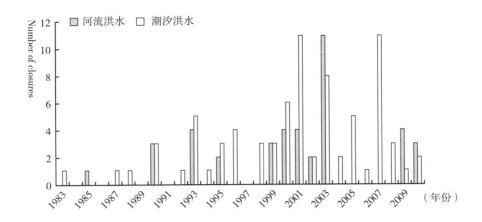

图2　1983~2011年泰晤士河水闸关闭次数

资料来源：Mayor of London. State of the Environment Report for London. 2011。

理位置原因，受海平面上升的威胁较大，低碳城市开始成为伦敦环境战略的主题。伦敦市制定低碳生态城市战略的目标主要集中在提高居民生活质量，改善城市生态系统服务功能，提升伦敦生态环境的国际竞争力。通过环境治理，将伦敦建设成为更具有吸引力、设计得更精致的绿色城市和低碳城市。

　　此阶段伦敦环境治理目标实现路径体现在以下几个方面：一是制定统一的空间发展战略规划。1986年，大伦敦议会被撤销后，伦敦一直缺乏统一的发展规划，城市规划和环境规划主要由各郡政府自行组织。随着经济社会的发展，城市面临越来越多的宏观层面的环境问题，仅凭各郡难以应对各种新时期环境问题。2000年，大伦敦政府重启了大伦敦空间发展战略的规划。伦敦空间战略规划充分阐述了伦敦在垃圾管理、空气质量、生物多样性、水资源利用等议题上的要求。核心思想包括增长、平等共享和可持续发展。二是以拥挤收费和低污染排放区促进低碳交通出行。2003年，伦敦在工作日采取私家车收费政策，以缓解市中心拥堵状况，并减少机动车排放污染。伦敦还在2008年实施了低污染排放区政策，低污染排放区内的车辆必须满足一定的排放要求，否则将会被收费。三是加强绿色景观和绿色基础设施建设。伦敦通过废弃土地或建筑的绿化再利用、屋顶绿化等途径增加城市绿色空间，2006~2010年，伦敦AoD（居民很难接触到自然的区域）的比重由22%下降至16%。80%以上的伦敦居民认为户外活动已经成为他们生活中重要的一部分。四是制定气候变化适应措施。2008年，伦敦市政府制定了《伦敦适应气候变化战略》，主要内容包括气候影响评估、脆弱性与风险评估、与气候变化相关的洪水、水资源短缺、热浪和空气污染等。2010年2月发布的《伦敦的能源未来和伦敦应对气候变化的适应策略》进一步提出了适应气候变化的策略。

（五）面向未来的伦敦环境战略（2050年）：智慧化环境管理、绿色发展

伦敦市政府预测，从2011年至2021年伦敦的人口将增长100万，到2030年人口将接近千万。在这样的人口增长情况下，到2031年，伦敦需要额外增加64万个就业岗位，新增80万个家庭，高峰时段将会有60多万游客利用公共交通出行。面向更大的时间尺度，2011年至2050年，伦敦总人口预计增长37%，这使得伦敦到2050年的人口约为1127万，最高可达1339万人，最低也会达到951万人。伦敦总就业人数预计将由2011年的490万增加至2050年的630万，这相当于0.65%的年率增长速度。在这样的人口增长背景下，城市不断增加的废弃物、额外的能源供应需求、公共交通需求等将成为城市未来环境发展面临的主要压力和挑战。

因此，伦敦需要利用先进技术的创造力来服务伦敦环境保护，并提高伦敦市民生活质量，以此着眼于应对伦敦到2030年及2050年将会遇到的机遇与挑战。2013年12月底，伦敦市议会发布了《智慧伦敦规划》，2014年发布了《伦敦基础设施规划2050》，智慧化环境管理和绿色发展成为伦敦市未来环境战略的主要发展方向。

表 5 伦敦绿色智慧化环境管理目标

管理目标	主要内容
伦敦 2030 年智慧化环境管理目标	· 让城市的表现、消费、环境数据成为公开数据(能源,水,垃圾,污染等) · 到 2016 年,定量刻画智能技术和相关服务在伦敦交通和环境设施管理领域做出贡献 · 到 2020 年,刺激智慧电网业务,严格减少高峰用电的需求和相关基建费用,并达到 10000 毫瓦时/年的供求应对 · 到 2020 年,展示 3D 伦敦地下资产地图,实时更新和升级,并对所有资产拥有者和相关工作人员开放 · 到 2020 年,保证伦敦在所有世界性大城市中空气质量最好,这要求交通领域减少 50% 的排放 · 到 2020 年,努力使伦敦温室气体排放在 1990 年的基础上下降 40%
城市 2050 年绿色发展目标	· 到 2050 年,所有新建建筑将包括更多的绿色覆盖,包括绿道、袖珍公园、屋顶花园、绿色屋顶和墙体绿化 · 污染水平变低。到 2020 年成立一个超低排放区,将空气污染物排放量降低至伦敦市中心的一半,并加强现有的伦敦低排放区管理 · 建设包括 200 公里的荷兰式循环公路在内的绿色自行车道路网络 · 伦敦的绿地将被整合,成为一个战略性的网络,而不是孤立的点状管理 · 到 2050 年,伦敦将走向循环经济,产品将被设计为能够重复使用、修理或改造 · 适应不断变化的气候,确保建筑物和基础设施能够抵御所有的极端天气事件,最大化利用气候变化所提供的任何机会 · 建立一个安全、可持续和满足需求的能源系统。更智能的系统将帮助管理能源需求,伦敦将把能源需求和能源浪费控制到一个最低限度 · 建立一个安全、可持续和满足需求的供水系统。雨水和废水将被视为宝贵的资源,城市的绿色和灰色基础设施系统将互为补充

未来伦敦智慧化环境管理的内容主要包括:一是推广应用智能电网技术。应用智能电网技术来更好管理水电等能源的供求。通过低碳伦敦建设,应用智能电网技术来满足日益增加的电力需求,管理发电储备功率,减少用电高峰时期的损耗。伦敦市将利用智能技术来支持智能水表的使用,以更好地管理城市水资源功耗和泄漏。二是利用数据和科技来发展新的垃圾处理市场。伦敦市将鼓励数据和科学技术在城市垃圾处理领域的使用,打破垃圾回收和利用的间隔,提高废弃物回收利用的效率和规模。三是实现伦敦基础设

施建设的 3D 可视化。伦敦将通过从不同的公用事业公司收集数据，标注地下资产，绘制地下资源开发地图，实现城市基础设施的 3D 可视化。通过共享城市地下资产数据，将减少不同的公用事业公司间不必要的道路开挖和重复建设。四是规划伦敦到 2050 年的基础设施建设需求。伦敦计划已经确定了涉及应对气候变化的潜在影响一些长期的绿色基础设施的需求。伦敦市将调查伦敦的长期基础设施需求，以及数据和数字化技术将如何了解和帮助满足这些需求，以指导未来 2050 年的基础设施建设投资。

二 伦敦新城建设与都市功能疏解

伦敦都市区是由大伦敦和绿化带附近的县所组成的空间范围[①]，工业革命之后，伴随着工业经济的增长，伦敦的城市化水平不断提高，带来城市人口的大量集聚，1801 年伦敦人口为 109 万人，到 1939 年达到高峰值 862 万人，20 世纪 50～60 年代虽有所下降，但仍超过 800 万人（见图 3）。伦敦市人口激增带来环境恶化、交通拥堵等城市问题的爆发，为了方便城市人口和产业活动，并创造良好的居住环境，伦敦都市区建设了若干新城，在产业布局、环境污染防治方面开展合作。

（一）伦敦都市区新城建设总况

第二次世界大战后，为了疏散中心城区的人口和产业，缓解中心城区环境压力，英国开始推进新城建设，并于 1946 年发布《新城法》，阐述了新城开发的具体要求。20 世纪 60 年代，伦敦人口密度最大的区位于内伦敦地区，超过 10000 人/平方千米，人口和工业过度集中带来很大的环境负担，需要采取措施促进人口分流，将人口及部分工业企业引向郊区，减轻中心城区的环境压力。在这样的背景下，从 1946～1949 年，伦敦地区建设了八座新城，

---

① 谈明洪、李秀彬：《伦敦都市区新城发展及其对我国城市发展的启示》，《经济地理》2010 年第 11 期。

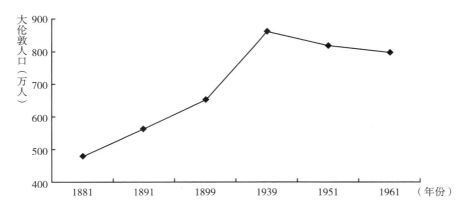

图3 1881～1961年大伦敦人口变化情况

资料来源：http：//www. londononline. co. uk/factfile/historical/。

1968年，增建了密尔顿·凯恩斯新城，自此，伦敦都市区共有九座新城，这些新城对缓解伦敦市区人口、环境压力以及分散城市功能发挥一定作用。

表6 伦敦都市区新城概况

新城名称	建设时间/年份	规划人口规模/万人	代数	距母城中心距离/km
斯蒂文乃奇	1946	6		50
克罗利	1947	5		51.5
汉默·汉普斯泰德	1947	6		42
哈罗	1947	6		37
海特菲尔德	1948	2.5	第一代新城	32
韦林田园城市	1948	5		32.2
贝丝尔登	1949	5		48
布莱克奈尔	1949	2.5		48
密尔顿·凯恩斯	1968	25	第二代新城	72

资料来源：谢鹏飞：《伦敦新城规划建设的经验教训和对北京的启示》，《经济地理》2010年第1期。

英国共建设有三代新城，其中，建在伦敦地区的新城只有第一代和第三代两代新城。第一代新城的特点体现在规划规模较小、功能分区明显、强调独立自足和平衡的目标，伦敦第一代新城的人口规模并不大，最大的新城人口也仅仅达到十万人，本质上更是一类人口规模不大的新镇。第三代新城设施配套建立较为完善，不仅仅是居住区，也是大型区域"反磁力中心"，在规模上能够一定程度地促进中心城市发展。伦敦都市区的密尔顿·凯恩斯新城是英国新城的典范，城市规模合理扩大，经济与社会规划相对较为成功，并发展成为次级区域中心城市。

（二）中心城区功能向外围疏解

在伦敦环境治理发展过程中，中心城区人口与产业活动向外围疏解是其中的一项重要内容。通过中心城区与外围新城的合作，优化资源配置和城市功能定位，为疏解城市环境压力做出了贡献。为了解决城市人口和工业企业过于集中而带来的大气污染等问题，早在20世纪70年代，伦敦就开始向外围新城疏散中心城区的工业企业和人口。伦敦新城的兴建，很多是由政府先建造商店、学校、住宅、厂房和休憩场所等基础设施，而且新城镇的税收相对较低，政府额外再给予一定补贴，生活成本也相对较低，由此吸引了人口和产业的外迁。

20世纪70年代，伦敦以每年大约十万人的速度向外迁移。内伦敦人口由1961年的320万人下降到1983年的235万人，外伦敦人口则由1951年的500万人下降到1983年的440万人。1967~1981年，大伦敦人口下降了13%。同时，伦敦也加快了工业企业外迁的速度。政府一方面利用税收等优惠政策鼓励市区企业迁至郊区新城；另一方面，新城也在工业区建设、厂房出租、创造良好的居住环境等方面采取积极措施，吸引市区工业企业迁移。至1974年，伦敦市区共外迁2.4万个岗位，之后又陆续外迁4.2万个劳动岗位。与此同时，郊区新城企业数量则由823家增加到了2558家[①]。伦敦在疏解城市职能方面实施监督措施，并确定了外迁企业的去向比。外迁的劳动岗位中有90%限定迁往"鼓励地区"。到了80年代，伦敦市区主要是无污染的商贸、金融及文化产业，中心城区外围主要是各种住宅，再外层是各种

---

① 顾向荣：《伦敦综合治理城市大气污染的举措》，《北京规划建设》2000年第2期。

轻工业，此举大大减轻了城市环境保护压力。由于承接了中心城区外迁工业企业，伦敦新城在建立时的产业主要为工业制造业，后随着英国进行产业结构调整，伦敦新城的工业比重才不断下降，逐渐发展成为区域服务业中心，目前，伦敦新城产业结构主要为金融、旅游、零售业和信息产业等。

三 伦敦都市区环境治理启示

伦敦环境治理发展脉络非常清晰，早期以凸出环境问题的治理为目标，随后环境战略方向调整为产业结构和能源结构调整，从源头解决环境问题的产生，在上述目标实现后，环境战略调整为完善环境标准和环境质量规范，建立一套完整的环境保护机制。随着全球气候变暖问题日益严峻，伦敦环境战略转型为低碳发展。面向未来，城市人口的增加以及科技进步再次促进伦敦环境战略转型，智慧化和绿色发展成为环境战略的主要内容。伦敦市环境治理发展过程总体上呈线性发展模式，原因在于，伦敦在长期工业化过程中环境问题的分阶段出现，从而使得根据各个阶段经济社会发展的不同特点制定相应的环境战略成为可能。

尽管伦敦都市区新城在发展过程中也充满争议，疏散伦敦市区产业和人口的预想也没有得到明显的实现，而且受国际移民因素影响，在 21 世纪的前十年，伦敦人口反而有所增加，但新城建设的一些理念和方法至今仍被世界其他城市广泛应用。伦敦新城建设表明城市功能疏解在很大程度上是保障城市环境战略顺利实施的重要条件，因此大都市环境治理应该借鉴伦敦城市转型与绿色发展经验，加强城市功能均衡化疏解，实施多中心城市集聚，避免人口、交通、产业在局部地区特别是中心城区的过度集聚和拥堵。采取科学、合理、均衡的财政货币政策、创新发展政策、城乡一体化政策及人才扶持政策等，带动对特定区域的投资，在大都市的新城和新市镇创造更加良好的居住、交通、生态环境和就业机会，促进城市不同区域均衡发展。

B.13
纽约市环境治理与都市圈环境
合作对上海市的启示

陈　宁*

摘　要：　本文从纽约市的经济社会发展状况入手，考察经济社会背景、
环境质量与环境保护手段之间的内在逻辑关系。将一个世纪
以来纽约市环境保护历程划分为四个阶段，分别是环境能力
建设阶段、以环境治理为导向阶段、以环境质量为导向阶段、
以居民健康为导向阶段，详细梳理了各个阶段不同的环境保
护手段与措施。同时，纽约市的经济社会发展与都市圈紧密
相连，纽约市是区域经济发展的强大引擎，又受益于都市圈
互联互通的交通、高技术的劳动力以及成熟的基础设施。近
年来，纽约都市圈的经济社会合作已呈现密不可分的态势，
但行政管辖权的分割阻碍了更广阔的区域规划和合作的实施，
包括交通、能源、电信、生态保护及其他关键领域。因此，
纽约都市圈多年来不断探索出以纽约市为主导、以金融为纽
带、以专门机构为主要实施者的环境合作体系。

关键词：　纽约市　都市圈　环境合作　环境治理

　　纽约市是全球最大的城市之一，在全球经济、金融、时尚领域都具有强

---

* 陈宁，上海社会科学院生态与可持续发展研究所，博士。

大的影响力。同时，纽约市又是生态环境最好的城市之一，空气质量和水环境质量都是 50 年来最干净的。作为以建设具有国际影响力的全球城市为目标的上海，纽约市的环境治理无疑是值得研究的范例之一。

一 纽约市环境治理历程

纵观百余年来纽约市经济社会与环境保护历程，纽约市的环境保护手段与政策呈现显著的阶段性特征。本文的研究从纽约市的经济社会发展状况入手，考察经济社会背景、环境质量与环境保护手段之间的内在逻辑关系。从而将一个世纪以来纽约市环境保护历程划分为四个阶段，分别是环境能力建设阶段、以环境治理为导向的阶段、以环境质量为导向的阶段、以居民健康为导向的阶段。

（一）环境能力建设阶段

从 19 世纪末 20 世纪初到第二次世界大战，伴随着纽约市全球制造业中心、全球航运中心的兴起，人口快速增加，纽约市逐渐出现了各种环境问题，但此时的环境保护仍然处于温和的放任阶段，主要战略目标是环境能力建设，包括建立相关主管部门，通过基础设施建设和市政服务维持城市运转等。

1. 环境管理机构建设

1881 年，纽约成立街道清洁局（department of street cleaning），1886 年，重组并更名为卫生局（department of sanitation）。在卫生局的组织下，身着统一制服的环卫工人开始清扫垃圾。1897 年，大纽约市成立，1903 年成立了纽约市发展委员会。

1906 年，纽约大都会污水委员会成立，并决定于 1906 年开始进行首次纽约港水质调查。纽约港水质调查持续了百年时间。1916 年纽约市评议委员会（New York City's Board of Estimate）颁布了全国第一个分区条例，其中除了对建筑物的高度、体积等设定相关限制并制定空间的标准外，同时引入

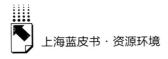
了对工业的落地区域进行限制的概念。但是这些限制是有限的，并且反映的是那些富有的、不希望自己的别墅和庄园被工业影响的土地所有者的利益。

2. 基础设施建设

到19世纪末，纽约市开始通过建造污水处理厂来寻求解决水污染的问题，1886年建造了第一座污水处理厂"Coney island"，1894年建造"26th Ward"，1903年建造"Jamaica"。然而，不得不说，那时的处理方法是非常原始的，仅仅是过滤直径较大的固体材料，并只能处理废水中的很少一部分。由于克罗顿河的水已经无法满足日益增长的人口需求，开始建设卡茨基尔水源地。为了美化城市，1856年，纽约市建设了至今影响深远的中央公园，1864年建设了希望公园，1872年建设河滨公园以及林荫道系统，一系列公园绿地的建设为纽约市的城市环境绿化奠定了良好的基础。

3. 相关公共立法

1905年，纽约市颁布了"水供应法"（The 1905 Water Supply Act），该法经几次修订基本上能够满足城市发展的需要。1906年，经修改的"水供应法"将达拉华河的水供应系统的管理由宾夕法尼亚州和新泽西州划归纽约市。

（二）以环境治理为导向的阶段

第二次世界大战以后到20世纪70年代，纽约市的制造业步入衰退期，从中心城市迁出。同时郊区化的城市规划导致纽约市逐渐形成铺开的城市。这一阶段，环境问题不断凸显，但还没有上升为全国性的环境保护运动。这一阶段的环境保护可以认为是以环境治理为导向的阶段，市级层面早于全国出台了污染控制法律法规，通过城市行政管理代码进行污染控制。

1. 大气治理

纽约市层面的大气治理立法早于国家层面，1952年纽约市成立了空气污染控制局和委员会。1966年，颁布第一个空气控制法令（Local Law 14），该法确立的框架沿用至当前仍在使用的纽约市空气污染控制代码（APCC）。APCC设立了排放标准、燃烧及垃圾处理系统排放标准、设备和装置的标准等，并要求任何可能影响纽约市空气质量的设备和工艺的使用都必须获得许可和证书。

纽约市议会就如何解决大气污染问题召开了一系列听证会并发布报告。烟煤和 6 号燃料油是二氧化硫污染的首要来源，同时，城市主要的公用事业供应商 Consolidated Edison，消耗了城市燃料的近一半。与此同时，城市垃圾燃烧炉、12000 个公寓及商业焚烧炉每年向空气中排放了大约 12750～13300 吨颗粒物。基于这些发现，1966 年出台空气污染控制法令，要求逐步取消烟煤使用，升级市政及私人垃圾焚烧炉，并禁止新建建筑安装焚烧炉。法令要求两年内所有六层及以下的多层住宅必须升级已经存在的焚烧炉，而其他多层住宅，必须在一年内升级完毕。虽然该法令（被称为 Local Law 14）得到了市议会的一致通过，但升级现有私人焚烧炉的规定由于会带来过高的费用，被房地产界激烈反对。法令中允许 1951 年以前安装的焚烧炉可以选择自愿关闭的规定也引起了卫生局的反对，因为卫生局没有能力处理这些原本可以焚烧掉的垃圾。卫生局局长曾公开表示，卫生局所有的 11 个垃圾焚烧炉不能按时升级，并且纽约市房产管理局也对其管辖的公寓能在最后期限到来前升级焚烧炉表示怀疑。最终该法案进行了修订，折中的修正案给予了业主更多的选择以遵守法律，并引入了分阶段的实施时间表。法律规定有 20 个单位及以上的建筑可以在升级焚烧炉或关闭焚烧炉，安装垃圾压实机或支付垃圾收集费之间选择，少于 20 个单位的建筑可以升级或关闭焚烧炉或由卫生部门收集其未压实的垃圾。垃圾焚烧作为一种处理生活垃圾的常见做法，由于 Local Law 14 的规定以及随后清洁空气法案中减少空气污染的要求，在纽约市 20 世纪 70～80 年代已经渐渐停止。①

2. 水环境治理

20 世纪 60 年代，水污染的影响越来越凸显，纽约市控制水污染的努力主要体现在继续投资建设污水处理厂。1965 年，纽约市开始建造位于布鲁克林的 Newtown Creek 污水处理厂，这是纽约市最大的污水处理厂，至今其

---

① NYC Planning, New York City: Open Industrial Uses Study, 2014.

处理能力达到 3.1 亿加仑/天，可处理的最大流量是 6.2 亿加仑/天。到 1968
年，纽约市在运的污水处理厂 12 座，处理能力达到每天 14 亿加仑。它们可
以去除 65% 的悬浮固体和生化需氧量。

（三）以环境质量为导向的阶段

20 世纪 70 年代到 20 世纪末 21 世纪初，纽约市服务业迅速发展，生产
者服务业兴旺发达。前期以制造业为主的产业结构导致的环境恶化促使了全
民的环境意识觉醒，全国性的环境保护运动促使国家层面立法。这一阶段是
以环境质量为导向的阶段，纽约市主要执行国家层面清洁空气法案、清洁水
法案制定的环境质量标准和控制手段。

1. 基础设施建设

1972 年，纽约市开始运营 Spring Creek 合流下水道设施，并连入 26th
Ward 污水处理厂。这一阶段，解决下水道溢流是纽约市的主要关注点。在
干燥的天气下，纽约市几乎所有的污水可以得到收集和处理，但是在雨天，
雨水径流大大增加了合流制下水道的排放，超过了污水处理设施的处理能
力。纽约市每年投入大量资金升级基础设施，使雨水的收集率从 1987 年的
13% 提高到 20 世纪末的 73%。[①]

2. 水环境治理

1972 年，国会通过清洁水法，这部不朽的法律提出了减少水污染以及
使城市水道变为安全的休闲娱乐场所的目标。清洁水法还包括一个帮助地方
政府升级污水处理标准的联邦公共事业基金项目，并授权州政府负责设定水
质标准和行政许可目标，纽约州环境保护局成为纽约市污水处理设施升级的
重要合作伙伴。清洁水法的通过意味着纽约州需要升级其污水处理标准，悬
浮固体物和生化需氧量的去除率至少要达到 85%。到 1979 年，纽约市的九
座污水处理厂已经升级为二级处理标准。从清洁水法实施以来，纽约市改善
城市水质的投资已经超过 350 亿美元。同时，纽约港口水质监测站点已经达

---

① NYCDEP, New York Harbor Survey Program：Celebrating 100 Years（1909－2009），2013.

到 53 个。为了达到清洁水法要求的更全面监测水质的要求，纽约市水质监测的指标增加了叶绿素 a、硅、氮磷、夏季平均溶解氧、夏季细菌含量这些参数。1979~1995 年，纽约市升级了 Coney island 和 Owls head 污水处理厂，达到二级处理标准。同时又新建了两座污水处理厂，1986 年建设位于曼哈顿的北河（North river）污水处理厂，1987 年建设布鲁克林 Red hook 污水处理厂。截至 1987 年，纽约市已经有 14 座污水处理厂，基本上可以收集和处理全市干燥天气下的全部污水。港口水中细菌含量已经比 1970 年下降了 99%，平均溶解氧水平高于 6 毫克/升，并且纽约港最开放水域的水质已经可以支持划船等娱乐活动了。[①] 在污染源管理方面，水质逐渐变好也使得追查偷排或非法接入下水道系统的责任人具有了技术上的可行性。

1988 年，联邦海洋倾倒法案生效，禁止向海洋倾倒污泥，纽约市必须寻找到新的污泥处置途径。纽约市升级了污水处理厂，建造了一个新的设施，该设施可以将污泥脱水并压实为一个饼状的物体，这种物质可以被送到垃圾填埋场填埋或变成堆肥和其他土壤添加剂，有助于保持土壤的水分和养分。这个方法被纽约市用来处理每天 13 亿加仑废水的副产品，这是一种可持续发展途径。水质监测的参数和站点继续增加，由 85 个站点监测 20 多个参数，包括水的物理和生化数据、当天的气候、漂浮物的评价等等。

3. 大气环境治理

1990 年，联邦清洁空气法修订案授权国家经营许可证的方案，覆盖数以千计的大型工业和商业。要求大型企业测量释放到空气中的污染物数量，并有计划以控制和减少排污，及定期报告。大多数许可证由各州和地方机构发行。如果州没有足够监控，环保署可以采取控制手段。公众可以和环保署联系要求查看许可证。许可证不超过五年，需要更新。

1997 年，美国环保署收紧了可允许的地面臭氧，烟雾和细颗粒物水平的环境空气质量标准。

---

① NYCDEP, New York Harbor Survey Program: Celebrating 100 Years (1909-2009), 2013.

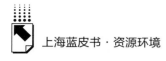

1999 年，美国环境保护署使用空气质量指数（AQI），以反映新的 PM$_{2.5}$和臭氧标准。

纽约经过长期的能源结构调整，能源结构优化。煤炭占一次能源的比重下降至 1.9%，天然气提高至 36.5%，可再生能源提高至 11.3%。煤炭消费量仅相当于 1960 年的 1/10。

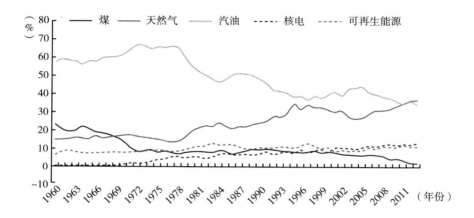

图 1　1960～2013 年纽约州一次能源结构

资料来源：美国能源信息署（EIA）。

（四）以居民健康为导向的阶段

21 世纪以来，纽约市变得更强大，人口继续增长；公共交通使用率达到 50 年最高，犯罪率却是 40 年来最低的；有着评价最好的债券和最低的失业率，纽约市环境治理的关注点上升为生态环境对居民健康的影响。特别是 2007 年纽约中长期规划"纽约 2030"发布后，纽约市的环境保护进入了以居民健康为导向的发展阶段，分项环境目标的制定都以确保居民身体健康和全面发展为出发点。"纽约 2030"之后，纽约市又相继发布了《更强大、更有弹性的纽约》《一个纽约：强大和公平城市规划》，也鲜明地体现了以居民健康为导向的理念。

1. 大气环境治理

从 2000 年开始，纽约市的总体空气质量趋势向好，根据纽约州环境保护局的日常监测结果，纽约市年均 $PM_{2.5}$ 浓度从 2000 年的 20 微克/立方米下降到 2012 年的 13 微克/立方米左右。取得这样的成就源自市内的风力发电厂、工业设施、卡车和其他车辆、建筑设备都达到了联邦、州及纽约市的各项法律规定。2007 年，"纽约 2030" 中长期规划出台，空气战略的目标是使纽约市的空气质量成为美国所有大城市中最干净的。从 2007 年开始，纽约市开始了更严格的空气环境管制，包括燃料油的规定、市政车队采用更多混合动力汽车和电动汽车、减少校车排放、通过增加步行自行车等方式扩大清洁交通覆盖、通过分区的改变促进交通需求减少等。同时，由于天然气价格下降，市场驱动热电部门转向采购更多的天然气。空气战略的一个组成部分是纽约市健康和心理卫生局负责组织实施的纽约市社区空气质量调查，顾名思义，社区空气调查是测量街道的空气污染状况。2008～2010 年，Nyccas 测量了 150 个站点，2010～2013 年，测量了 100 个站点。2009 年的调查结果表明空气污染物对公众健康有重要影响，$PM_{2.5}$、SO_2 和镍（ni）这三种污染物，在安装以燃料油为原料的燃烧炉建筑密度较高地区的浓度明显较高，特别是残余燃料油（4 号和 6 号燃料油）。因此，从那时开始，纽约市采取措施消除建筑物残余燃料油，那些将要废除残余油的业主可以通过城市清洁热能计划获得其他的资源。另外，纽约州对 2 号燃料油的硫含量限制以及纽约市对 4 号燃料油的硫含量限制在 2012 年执行。通过这些措施，2012～2013 年冬天，SO_2 浓度比 2008 年下降了 69%，而镍下降了 35%。由纽约州环保局负责监测的空气质量记录显示，2009～2011 年纽约市的 $PM_{2.5}$ 浓度相比 2005～2007 年下降了 23%。空气质量的改善，预计将有助于每年减少 780 人死亡，减少 1600 人次的哮喘急诊就诊，减少 460 例呼吸道及心血管病例。[①]

---

① NYC Health, New York City Trends in Air Pollution and Its Health Consequences, 2013.

2. 水环境治理

为了确保纽约港仍然是所有纽约人的重要自然资源，纽约市继续投资完善基础设施网络，不断升级污水处理设施，并找到更自然的净化水域的途径。在 DEP 的主持下，城市仍在大规模建造下水道系统级污水处理设施，但不得不说，未来可以建造基础设施的资金和空间已经比较有限。"纽约2030"提出了一个系统解决环境问题的整体框架，水质方面的目标是开放90% 的水域供城市居民开展娱乐活动，并致力于通过跨部门的最佳管理实践工作组评估新型的雨水管理策略。工作组发布了可持续的雨水管理计划，认为在城市很多区域建设绿色基础设施是可行的，比建设大规模的雨污合流储水管道更加经济。DEP 发布新纽约市绿色基础设施计划——可持续的清洁水体战略。这个新的计划是利用绿色基础设施，通过收集、拦截洪水降低污水溢流而改善纽约市地表水的水质。

二 纽约都市圈生态环境合作机制

纽约市的经济社会发展与大都市圈紧密相联，纽约市的经济发展带动了区域的繁荣，数据显示，纽约市的地理面积仅占大都市圈的4%，但创造了46% 的区域经济规模，提供了45% 的区域就业，可见纽约市的确是当之无愧的区域经济发展的强大引擎。同时纽约市的发展又受益于都市圈互联互通的交通、高技术的劳动力以及成熟的基础设施。在 1990～2010 年，纽约大都市圈人口增长了10.9%，增长最快的地区是北新泽西（14.3%）。从2000年以来，纽约市的就业增长率占据都市圈就业增长的80%。每年都市圈通过公交、地铁、郊铁、渡船等交通方式出行的规模都超过40 亿人次，相当于每人每年184 次，这在美国任何一个都市圈都是不可想象的。在纽约都市圈中，通勤的方向不仅仅是进入曼哈顿。2000～2010 年，反向通勤的数量增长了12.5%，进入曼哈顿的通勤数量则增长了9.5%。[①]

---

① One New York: The Plan for a Strong and Just City, 2014.

表 1 纽约市环境治理历程的阶段特征

	时间	经济社会特征	主要环境问题	环境战略与治理
1	19 世纪末 20 世纪初至第二次世界大战结束	制造业繁荣 人口急剧增长 住宅短缺 交通拥挤	垃圾、未经处理的污水和其他有害物质被倒入湿地，河流和海洋。长期向水道中倾倒及填埋垃圾的行为，增加了纽约市土地面积，但只能用于工业	环境能力建设 1. 环境管理机构建设 1881 年，成立街道清洁局，后更名为卫生局 1903 年，成立纽约市发展委员会 1906 年，城市排水委员会成立，开始进行年度水质调查 2. 环境基础设施建设 1886 年，修建第一个污水处理厂，其间共建设 6 座处理厂 1905 年，水源地水库、隧道和管道系统建设 1934 年，建设纽约市第一个大型金属废料堆场 3. 法律建设 1896 年，出台法律禁止向纽约港倾倒垃圾 1905 年，颁布"水供应法" 1916 年，出台全国第一个分区条例 1929 年，卫生局组织实施第一个废水处理计划
2	第二次世界大战结束至 1970 年代	制造业步入衰退期，从中心城市迁出 铺开了的城市，以公路建设为先导，低密度的郊区 社会阶层分化	多次发生严重雾霾现象 大气污染频繁损害市民生命健康 通住曼哈顿的通勤问题	以环境治理为导向 1. 1952 年，纽约市成立了空气污染控制局和委员会。1966 年，颁布第一个空气控制法令（Local Law 14），确定纽约市空气污染控制代码（Apcc）。设立了排放标准、燃烧及垃圾处理系统排放标准、设备和装置的使用标准等。设备和工艺的使用须获得都使用标准提高 2. 污水处理设施建设，污水处理标准提高 3. 分区制改革，对轻重工业设定不同的排放标准

续表

	时间	经济社会特征	主要环境问题	环境战略与治理
3	20世纪70年代末至90年代末	·服务业迅速发展，生产者服务业发达 ·产业布局的区域差异拉大	·多数地区的空气质量达不到联邦标准，越来越多城市饮用水需要过滤，很多城市邻里缺乏的公园绿地，郊区化继续在山脉与农田中蔓延，环境公平问题出现	以环境质量为导向 ·1972年，联邦清洁水法，授权州政府负责设定水质标准和行政许可目标 ·联邦清洁空气法颁布。要求企业对释放到空气中的污染物测量数量，并有计划以控制和减少排污；1997年，美国环境署收紧环境空气质量标准，主要是臭氧、烟雾和细颗粒物的PM2.5，反映新的空气质量指数(AQI)，1999年，美国环境署使用空气质量标准。1992年，对噪音进行测量，并明确规定了噪声控制标准，这在全球是最早的
4	21世纪以来	·人口继续增长 ·公共交通使用率达到50年最高 ·犯罪率却是40年来最低的 ·有着评价最好的债券和最低的失业率	·基础设施老化； ·几乎所有水体被纽约州环保局列为受损水径，70%是被城市雨水径流污染，其余的30%是被历史沉积的污染物污染 ·颗粒物的污染造成纽约市每年有近2000人过早死亡 ·气候变化成为切肤之痛	以居民健康为导向 ·纽约市健康和心理卫生局负责组织实施的纽约市社区空气质量调查，实施更严格的空气环境管控 ·水环境目标是开放90%的水域供城市居民开展娱乐活动，并致力于通过跨部门的最佳管理实践工作组评估新型的雨水管理策略。DEP发布新纽约市绿色基础设施计划：可持续的清洁水体战略 ·实施能效计划，市政采用能耗的清洁能源替代，更新公共耗能设施为高能效及新能源设备 ·环境公平计划，保证郊区等地区居民环境友好与身体健康

都市圈的经济社会合作密不可分的同时，管辖权的分割阻碍了更广阔的区域规划和合作的实施，包括交通、能源、电信、生态保护及其他关键领域，基础设施和公共服务的孤立和分割无法产生最佳的产出。纽约市必须加强与都市圈其他城市之间的合作，包括在交通领域与整个都市圈的互联互通，在水环境领域与新泽西州沿哈得孙河的区域，长岛区域，牙买加湾区域合作等等。在区域合作中，纽约市处于区域政府间的领导地位，这将确保区域合作和协调顺利开展，也有利于投资的高效。为了这个重要而共同的责任，纽约市中长期规划（ONE NYC）中，明确提出未来十年中市政府及区域机构将在都市圈地区投入 2660 亿美元[①]，其中通勤地铁、能源和水、生态修复等与生态环境有关的区域合作项目占到一半以上（详见图 2）。

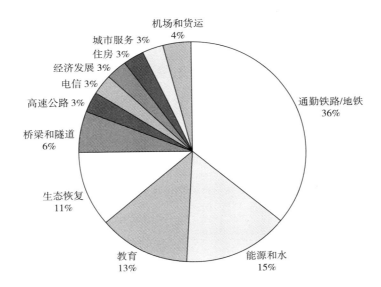

图 2　纽约市中长期规划中区域投资的比重

资料来源：One New York：The Plan for a Strong and Just City，2014。

根据规划，纽约市初期预算大约能够满足这一期望支出的 1/4，这对纽约市政府驱动并实现区域可持续性、弹性和公平的目标将产生直接影响。未

---

① One New York：The Plan for a Strong and Just City，2014.

来十年及更长一段时间，纽约市也将致力于引导这些投资，并将其纳入城市发展战略过程中，以使这些区域投资也能够撬动城市利益的最大化。

这一大规模的投资计划主要由城市及区域管理机构和实体负责投资，他们的任务是维护和改善区域的基础设施建设和公共服务。有大量资本预算的城市机构包括交通运输部、环境保护部、学校建设管理局、纽约城市大学等；区域管理机构和实体包括纽约和新泽西港口管理局，大都市圈运输局，新泽西道路，桥梁，隧道，机场货运管理局；民营机构如 Verizon，Con Edison；还有一些基础设施运营商，如国家电网、电信基础设施运营商；以及一些参与飓风桑迪灾后恢复和提升弹性的机构。

表2　纽约市中长期规划部分涉及大都市圈建设项目

类别	项目	负责机构
通勤铁路/地铁	门户工程:新哈得孙河隧道设计及建设	Amtrak
	Moynihan 站建设二期工程	Amtrak
	North 河隧道建设	Amtrak
	Pelham 湾铁路桥更换	Amtrak
	Portal 铁路桥梁改造	Amtrak
	第二大道地铁二期工程建设	MTA
	地铁信号升级——第71大道联合道路能力改善、第六大道线路能力改进、昆士大道线能力改进、Dyre 大道线能力改进	MTA
	中央车站东部接入工程	MTA
	牙买加站东侧进入能力改进	MTA
	牙买加站公交车站修缮	MTA
	Penn 站接入和 Bronx 地铁北站	MTA
	Grove 街道拓宽	PANYNJ
	Harrison 站升级	PANYNJ
	Newark 机场扩建	PANYNJ
	道路系统各种项目	PANYNJ
能源和水	Rainey – Corona 传输能力改进	ConEd
	第26区污水处理厂各项目	DEP
	Bowery 污水处理厂各种项目	DEP
	Coney 岛下水道升级	DEP
	Gowanus 运河 CSO 设施升级	DEP

类别	项目	负责机构
能源和水	North 河污水处理厂热电联产升级	DEP
	东南昆士区下水道系统建设	DEP
	Wards 岛污水处理厂升级	DEP
	中岛雨水收集能力改进	DEP
	水道加深工程虹吸管置换	DEP
	绿色基础设施计划	DEP
	Delaware 水管修复	DEP
	增强 Gilboa 水坝弹性	DEP
	增强 Kensico – Eastview 连接隧道弹性	DEP
生态修复和弹性	东部沿海弹性提升	ORR, DPR
	Rockway 栈道重建	ORR, DPR
	哈得孙河沿线生态恢复	MTA
	Red Hook 生态修复	MTA
	Rockaway 重建(牙买加湾和大西洋海滩)	MTA
	Staten 岛东海岸生态修复	USACE
	曼哈顿下海岸综合岸线保护	USACE

资料来源：One New York：The Plan for a Strong and Just City，2014。

1. 都市圈交通合作

纽约都市圈的交通尤其是通勤交通由都市圈交通管理局（MTA）所有并运营。MTA 负责制定和实施纽约大都市区统一的交通政策，包括纽约市的五个区和都市圈城市达切斯、纳苏、橘子郡、普特南、罗克兰、萨福克和威彻斯特等，也就是纽约都市圈"都市通勤交通区"所涵盖的范围（MCTD）。MTA 是西半球最大的区域公共交通提供者，为分布在 5000 平方英里的土地上的 1460 万人口提供交通服务，行政区域范围跨越纽约州和威斯康星州。

MTA 的决策层是由 19 名成员组成的董事会，其成员分别代表纽约市的五个区和纽约州的都市圈城市。除了董事长和首席执行官，有五名董事会成员由纽约州的州长任命，四名成员由纽约市市长提名，其他每个都市圈城市都有一个代表，每个代表有一票投票权。

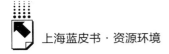
在 MTA 的管理下，纽约都市圈的交通系统是全球最大的通勤交通系统，也是一个高度合作的复杂基础设施体系。

2. 都市圈水环境治理合作

纽约—新泽西港口河口计划（HEP）是纽约都市圈一个非常典型的合作治理水环境的行动范例。HEP 计划是全美 28 个河口计划之一，缔结于 1987 年。覆盖城市为了共同的愿景，即实现健康高效的生态系统，而共同承诺实施这一计划。计划的内容主要包括合作改善水质、保护和恢复生物栖息地、教育公众、提供公众参与的条件等。区域的公共机构、地方政府、科学家和公民组织都积极参与这一计划，并做出了各自的贡献。在计划所需的资金中，来自清洁水法基金的拨款是比较有限的，大部分资金来自于计划合作者们的筹集。过去十年间，合作伙伴的年均投资额超过 8500 万美元，2014 年更达到创纪录的 5.54 亿美元。

HEP 计划有严密的战略框架，首先出台的是综合保护与管理计划，这是促使计划合作方共同实现愿景的综合战略。其次，制订一个行动计划，确定未来五年的工作重点；制定综合治理计划。此外，HEP 会提供一个论坛，用以帮助利益相关方制定和实施一系列具有科学基础、环境友好同时又具有经济性的行动方案。[①]

为了有效地实施 HEP，合作方在 HEP 框架下成立新的工作组来负责推进。如为了有效管理水体底泥，成立一个主要的指导委员会，成员包括国家联邦泥沙管理机构的成立者或它们的代表。在这个指导委员会之下，设立若干个分工作组，分别负责解决重点沉积物的质量、沉积物数量及疏浚物料管理。工作组的成员由政府机构代表、技术专家、非政府组织代表组成，具有较广泛的代表性和利益相关性。工作组负责调查每个建议行动的实施情况，确保他们的意图是明确的和可实现的，并且给出下一步的行动建议。

---

① HEP, Working Together to Improve the NY – NJ Harbor Estuary, 2014.

三　纽约大都市圈环境治理及合作对上海市的启示

通过上述对纽约市环境治理与纽约都市圈环境合作的梳理，总结出如下可供上海市借鉴的经验。

1. 水环境治理兼具阶段性与长期性

自 1886 年第一座污水处理厂建设以来，纽约市对于哈得孙河为主的城市水环境治理已经走过了一个多世纪。在这个漫长的治理过程中，呈现出一定的阶段特征。早期由于大量生活垃圾和工业固废向水体倾倒，同时制造业快速发展，造成了水环境的急剧恶化。纽约市建立卫生局统一清运垃圾；建设了一批污水处理厂，对污水进行初级处理；并在生态环境状况良好的卡茨基尔兴建饮用水源地的工程；第二次世界大战结束到 20 世纪 70 年代，纽约市制造业开始衰退，纽约市继续污水处理基础设施的建设，这期间，全市的污水处理厂数量达到 16 座；70 年代以来，联邦清洁水法的颁布，纽约市面临污水处理标准提升及污泥处理的问题，这一时期污水处理设施的提标改造成为主旋律。进入 21 世纪以来，纽约市准确判断出现阶段雨季气候下，城市径流对水环境的不利影响已经成为水环境治理的重中之重，于是增加雨天下的雨污收集处理量，并出台绿色基础设施建设规划等等。

同时，纽约市水环境治理更多体现的长期性，如从 1906 年开始纽约市进行了第一次纽约港水质调查，这一行动持续了 100 余年，积累了丰富的气候、水文、水质数据资料；从 1886 年开始建设第一座污水处理厂，到 1986 年城市共建设了 14 座污水处理厂，并从初次处理不断升级到二级处理和深度处理，截至 20 世纪末，纽约市的污水处理设施已经能够满足干燥天气下的所有污水收集和处理。在长期不懈的专注下，纽约港口水质也呈现出良好的改善轨迹，1920 年纽约港口溶解氧水平低于 1mg/L，最严重的地方成为死水，细菌含量太多导致无法计量；1970 年，溶解氧水平达到 5mg/L，细菌含量为 2000/100mL；2009 年细菌含量相比 1970 年下降 99%，溶解氧水平高于 6mg/L。若以我国地表水环境质量标准计量，纽约港口水质已经达到二类水的标准。溶解氧从 1mg/L 提高到 5mg/L 需要 50 年，而从 5mg/L 提高到 6mg/L 则用了 30 年。

2. 以能源战略为主导，推动大气环境质量改善

自 20 世纪 50 年代纽约市发生严重雾霾现象以来，纽约的能源消费结构发生剧烈变化，突出表现是煤的消费量急剧降低，其在纽约一次能源消费结构中所占的比重由 1960 年的 23.1% 下降到 2013 年的 1.9%（不含掺混燃料），2013 年的煤炭消费量仅相当于 1960 年的 1/10。天然气消费量大幅上升，天然气的消费结构由 1960 年的 14.5% 上升到 36.5%，上升 1 倍多。汽油消费的比重也有较大幅度降低，从 1960 年的 56.9% 下降到 34.1%。可再生能源的替代不明显，从 1960 年的 6.3% 上升到 11.3%。

分部门来看，2013 年纽约工业部门的能耗仅相当于 1960 年的 1/3 左右，商业和交通能耗略有上升，但也仅相当于 20 世纪 70 年代的水平。

在交通领域，纽约市致力于通过混合动力汽车的广泛使用，降低颗粒物污染及二氧化碳排放。纽约市的混合动力公交车数量是全美国最大的，大约 6000 辆替代燃料汽车和 70 辆纯电动汽车。纽约市在布鲁克林兴建了一个生物柴油加工厂，年处理 9500 立方米生物柴油，供应全市的加油站使用。此外，从 2005 年开始，纽约市市属的车辆，包括高级官员的私人汽车都必须是能源效率较高的混合动力汽车。目前，纽约市的汽油消费只相当于全美 1920 年的平均水平。

建筑领域，纽约市绿色建筑的主要风格是雨水回收利用，用于厕所用水和灌溉，同时智能化控制能源系统。在 2000 年，纽约州出台了绿色建筑的税收抵免政策，允许绿色建筑的开发商抵扣高达 600 万美元的税收。纽约市城市建设部出台规定，鼓励市政工程采用绿色建筑，这一规定导致约 7 亿美元的绿色建筑建设项目。

进入 21 世纪以来，纽约市发起能效计划。立法规定市政部门只能购买最节能的汽车、空调、复印机等办公设施。替换 11000 个以上的交通信号灯，采用新的能源效率更高的发光二极管灯管，并用新的能效设计的灯管替换 14.9 万个路灯。在公共住房项目中，超过 18 万个低效率的冰箱被替换

掉，新采用的冰箱耗能仅有原冰箱的 1/4。市内自由女神像、埃利斯岛和其他 22 个联邦大楼大约每年 2700 万千瓦时的电力需求由风力发电提供。

3. 公共交通优先战略解决城市布局问题

由于中心城区高端服务业集聚及地价高企，导致纽约市的职住分离现象较为突出，如曼哈顿集中了全市约 56% 的就业岗位，但在曼哈顿就业的人中，只有 30% 住在曼哈顿，17% 来自皇后区，16% 来自布鲁克林，8% 来自布朗克斯，2.5% 来自斯塔顿岛，还有 10% ~ 20% 来自更偏远的长岛甚至新泽西。纽约市的通勤距离和负荷巨大，但现阶段却未对大气质量造成严重负面影响，原因在于纽约城市私人汽车拥有量较低，公共交通使用量为全美最高。纽约市有 54% 的家庭未购买私人汽车，全市的通勤结构为：41% 的人使用地铁，12% 乘公共汽车，10% 走路去上班，2% 乘通勤铁路，5% 合伙使用汽车，私家车比重仅 24%。

纽约市的地铁是全球历史最悠久、规模最大的地铁系统之一，第一条地铁线路自 1904 年开始投入运营，至今有 26 条线路，1056 公里的主线轨道，2013 年全年纽约市地铁客运量超过 17 亿人次。纽约地铁几乎所有列车服务都经过曼哈顿，曼哈顿以外的纽约地铁系统多为架空路段、堤坝路段和地面路段，每天进入曼哈顿中央商务区的客流中，搭乘地铁到达的为 62.8%。纽约地铁是全球唯一的 24 小时运营的大众运输系统，为纽约市民提供便捷服务。此外，纽约市政府倡导非机动车出行及汽车分享运动（共乘一辆车），两人共乘一辆车进入曼哈顿地区的收费低于一人一车。

4. 环境正义促进环境和谐

近年来，"环境正义"运动将环境公平问题带入了公众的视野，主要是指有害物质的处置场地往往不成比例的布局在低收入或少数民族聚集的地区。在纽约市的多个社区（尤其是南布朗克斯、北布鲁克林、日落公园和皇后区），原本已是重工业集聚或混合功能的地区，区域内布局了大大小小的私营垃圾转运站，处理来自城市酒店、办公室和餐厅等的商业垃圾。这些垃圾从收集车到长途卡车到垃圾转运站，每天有成千上万的重型卡车通过这些社区，导致这些社区成为国内哮喘发病率最高的地区。2004 ~ 2005 年，

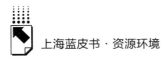

纽约市卫生局新垃圾转运站选址办法修正案中，没有新增在南布朗克斯、牙买加、皇后区、威廉斯堡、布鲁克林的转运站许可，因为这些地区的转运设施已经较为密集。并在这些地区建立从住宅小区到垃圾转运站之间的缓冲区。2006 年，纽约市通过了一个新的固体废弃物管理计划，这是第一次体现环境正义和社区公平的行动计划。计划的核心内容是：纽约市将使用船舶和铁路作为垃圾出口的主要运输工具，显著减少市内卡车垃圾运量。第二，在纽约市所有五个行政区使用垃圾处理设施，确保每个区公平地处理生活垃圾。2013 年，纽约市通过 Intro 1160A 法案，规定所有持拍照的垃圾运输商只能使用满足 2007 年美国环境署柴油车排放标准的卡车，或是配备最好的改造技术。2014 年，纽约市通过"垃圾处理总量限制"法案（Trash Cap）（Intro 495），规定任何一个社区都不能发放超过城市 5% 的垃圾新产能许可。

5. 以纽约市为主导推动都市圈环境合作

纽约都市圈环境合作的突出特点是纽约市始终居于主导地位，无论是早在 1904 年制定的《水供应法》中规定的纽约—新泽西州的水供应系统由纽约市负责管理，还是纽约都市圈交通管理局、纽约—新泽西州港口管理局，不仅区域管理机构都位于纽约市，并且在机构的决策层中纽约市也居于主导地位。同时，在有关区域环境基础设施建设中，纽约市以其国际金融中心的强大功能，引导并支配了区域环境合作的主要资金。纽约都市圈环境合作的另一个值得借鉴的特点是都成立特定的机构进行管理和负责实施，如上述的都市圈交通管理局等。最后，金融在环境合作中扮演了重要地位。如上文提到的纽约中长期规划中特别规划了规模巨大的区域合作的资金，在纽约—新泽西港口河口计划中合作方资金对计划的主要内容和落地区域也起到了决定性作用。

B.14
巴黎大都会区环境治理经验教训与启示

曹莉萍*

摘　要：　区域环境治理一体化是区域环境治理合作的重要机制。本文比较国际都市圈形成以来不同阶段的环境问题和环境战略，对巴黎大都会区环境治理经验和教训进行总结，探索巴黎大都会区环境治理一体化的实现路径与效果，并从水污染治理、大气污染治理和环境管理三个方面提出对我国以上海为中心的长三角地区环境治理合作的启示，以期为长三角各地方政府及环保部门提供参考。

关键词：　巴黎大都会区　环境治理

　　1964 年，巴黎大都会区建成包括一市七省，亦称"巴黎大区、大巴黎地区、法兰西岛"。整个大都会区的环境变化历经近 50 年的治水，30 年的治气，其水环境得到质的提升，大气污染尤其是雾霾污染得到很好的控制。纵观巴黎大都会区建成以来的环境变化与环境战略转型，大致可分为三个阶段，包括：20 世纪 60～80 年代，从末端治理向源头治理转变的环境战略转型；20 世纪 90 年代～21 世纪初，环境优先的城市管理战略；21 世纪初至今，适应气候变化的绿色城市战略。巴黎大都会区环境战略经过三个阶段的转型，其环境质量逐步改善，在环境规制上也形成了一套完整的符合自身发展的环境保护与污染防治制度。

---

* 曹莉萍，上海社会科学院生态与可持续研究所，博士。

一 巴黎大都会区环境问题与环境战略变迁

（一）20世纪60～80年代，从末端治理向源头治理转变的环境战略转型

20世纪50年代，第二次世界大战后的巴黎在经济、人口、能耗上呈现空间上高度集中的现象，即使是技术进步也没有改变巴黎城市的环境污染、交通拥挤、郊区扩散等问题；60年代的城市规模调整更加剧了巴黎大都会区城市环境的恶化，巴黎人开始意识到环保政策重要性，并将其纳入城市规划中；70～80年代巴黎改变治标不治本的末端治理环保策略，采用源头治理环保策略对城市环境进行治理并配以城市空间结构调整而取得了良好的治理效果。

1. 环境问题

（1）极端气候造成洪水频发

自20世纪50年代以来，由于极端气候频繁出现而导致整个塞纳河洪水多次暴发，巴黎大区数百万人流离失所，城市的电力供应、供热和饮水设施遭到破坏。因此，巴黎政府在城市规划设计上不得不加高防洪线并将地下电源系统与地上电源系统及设施相隔离，以保证人身安全。

（2）水污染严重，水环境治理面临挑战

巴黎大都会区建成后，郊区大量的分散式供热系统和私人长距离交通工具的使用使得化石能源消费量增加，从而加重了空气中二氧化硫和氮氧化物的浓度，加重了巴黎地区因酸雨而导致的地表水污染。同时，塞纳河巴黎大区段上游因化肥、杀虫剂的大量使用，农业面源污染较为严重。整个塞纳河流域多处地下水硝酸盐浓度都超过40mg/L①。而巴黎大区内许多城市污水收集系统能力有限，存在污水溢流问题。

---

① Martin Seidl，Viviane Huang，Jean Marie Mouchel. Toxicity of Combined Sewer Overflows on River Phytoplankton: the Role of Heavy Metals. Environmental Pollution，1998，101：107–116.

　　从具体污染物指标来看，1969 年，塞纳河巴黎大区段下游 100 千米范围内水体厌氧或近似厌氧，下游断面溶解氧平均浓度低于 3mg/L[①]，甚至有若干断面溶解氧浓度接近 0mg/L（见图 1）。1969～1971 年，塞纳河中氨氮浓度非常高，平均浓度为 4mg/L，巴黎大区段及 Achères 污水厂断面氨氮浓度更是高达 9mg/L（见图 2）。从总氮负荷指标来看，塞纳河巴黎大区段的负荷在 20 世纪 60 年代达到了峰值；从总磷负荷指标来看，自 1960 年起，由于含磷洗衣粉的普及化使用，塞纳河总磷负荷呈现逐步增加趋势，至 80 年代，整个塞纳河总磷负荷达到高峰（见图 3）。

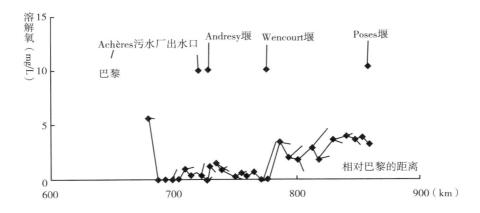

图 1　1969 年塞纳河巴黎下游断面溶解氧变化趋势

资料来源：Gilles Billen et al, 2001.

　　从水生物种类来看，由于塞纳河巴黎大区段水体污染严重，尤其是污水厂排水口附近水体的富营养化，导致水生生物因缺氧而灭绝[②]。因此，从 20 世纪 60 年代开始，巴黎大都会区水环境治理一直面临着多重挑战。

---

① Natacha Brion, Gilles Billen, Loic Guezennec, et. al. Distribution of Nitrifying Activity in the Seine River（France）from Paris to the Estuary. Estuaries, 2000, 23（5）：669 - 682.

② Alexander J. P. Raat. Ecological Rehabilitation of the Dutch Part of the River Rhine with Special Attention to the Fish. Regulated Rivers, 2001, 17（2）：131 - 144.

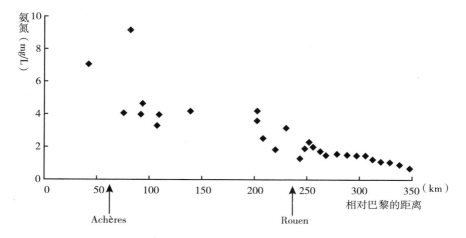

图2　1969~1971年塞纳河巴黎下游断面氨氮浓度分布

资料来源：Gilles Billen et al，2001。

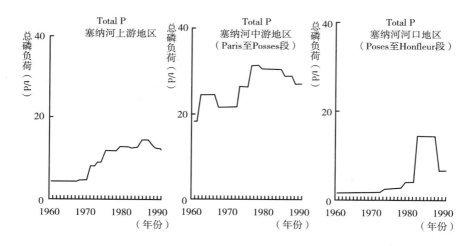

图3　1960~1990年塞纳河总磷负荷的变化趋势

资料来源：Gilles Billen et al，2001。

2. 环境战略

（1）战略目标

20世纪60年代，欧洲的环保战略是一种末端治理战略，对环境保护的理解更多地是从资源合理开发利用的角度，理解为保护资源环境、保护人类健康方面。基于这种末端治理战略的策略是被动、适应性的，采取的环保措施只是考虑到对资源和环境以及人类健康的负面影响，对环境质量改善没有起到很好的作用。在不断调整巴黎大区的城市规划后，20 世纪 70 年代，石油危机使巴黎大区的环境政策更多地考虑对资源和自然环境进行良好的管理，考虑整个生态系统的平衡。因此，巴黎大区环境战略目标是要实现主动的源头治理，以更好地控制环境污染物的产生和提升环境质量。

（2）战略举措

①实施欧盟环境规制与制定国家法律

在国际环保条约与规划方面，进入 20 世纪 70 年代后，法国作为欧盟成员国将环境治理的内容和领域集中在测定和标注危险化学制品、饮用水和地表水的保护以及控制空气污染①上，增加废弃物和噪声管理与控制②以及核能利用，更多地考虑对自然资源和社会环境的良好管理，其治理措施从末端治理转向源头防治，以满足可持续发展要求。1973 年，欧共体第一个环境行动规划出台，强调环境政策中的预防政策；1977 年出台第二个环境行动规划（1977～1981）强调了环境保护在经济增长中的重要性；1983 年欧盟第三个环境行动规划（1982～1986）出台，这一规划为法国提供了一个自然资源和环境保护的全面战略，并提出五点创新："综合污染控制"，强调环境政策的经济、社会影响，开发使用不可再生资源的替代品，强化环境政策中的预防功能，包括有意识地培养公民的环保意识，强化环境影响评估③。1986 年签署的《单一欧洲法令》对《罗马条约》进行了修订，这对于欧盟环境政策有着突破性的意义，它将环保要求纳入其他政策中，并提出了"可持续发展"的定义和目

---

① 《有关危险制品的分类、包装和标签的 67/548 指令》（1967）。
② 《有关机动车允许噪声声级和排气系统的 70/157 指令》（1970）。
③ 蒋尉：《欧盟的环境规制：演进、制度因素和趋势》，《中国社会科学院研究生院学报》2013 年第 7 期。

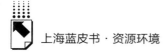

标。1987 年，欧盟第四个环境行动规划（1987～1992）出台，此次规划为补充法律手段不足，提出了主要污染物的所有治理方法。

在国家环境立法方面，1964 年，法国颁布了《水法》来管理六条主要河流划分的六大流域的水资源，《水法》体现了水资源管理的四项原则：一是水资源必须进行综合管理，并从长远利益考虑生态系统的平衡；二是以流域为单位进行管理，由流域委员会制定流域水资源开发管理规划；三是实行水资源开发管理民主化，即要求各层次的有关用户共同协商和积极参与各项水资源、环境政策的实施；四是要采用经济手段管理水资源环境，即谁用水谁付费，谁污染谁交钱[①]。

②调整产业空间结构，转变制造业发展模式

为了改变工业集中对巴黎大区水环境污染，法国政府实施了"工业分散"政策，严格限制工业在大区中心城市的继续集中，在巴黎大区内新建和重建的工业项目都必须通过政府有关部门的严格审批。要求对工业厂房占地超过 500 平方米的企业建立和扩充加以控制，并采用经济手段[②]迫使工业企业转移到巴黎大区的边缘，甚至迁出巴黎大区，同时，进一步将高级服务功能如管理、研究、发展、计划和市场等集中在城市中心。此外，1973 年的石油危机改变了法国制造业对化石能源高度依赖的制造业发展模式，之后，以循环经济为核心的反浪费政策在全国范围内开始实施[③]。

③修编城市规划，增加城市绿地空间

1965 年的新巴黎大区城市规划《巴黎大区国土开发与城市规划指导纲要（1965～2000）》（简称 SDAURP 规划）和 1976 年的《法兰西之岛地区国土开发与城市规划指导纲要（1975～2000）》（简称 SDAURIF 规划），均强调通过建设新城实现郊区的城市化，保留城市建设区中较高地带的绿地，强

---

① 费永法：《法国的水资源管理与优化配置特点简介》，《治淮》，2002。
② 为对迁移到巴黎大区外的企业实施财政援助，准许经济和社会发展基金的贷款，职员训练的财政援助等。
③ 维拉希尔·拉克霍：《法国环境政策 40 年：演化、发展及挑战》，《国家行政学院学报》2011 年第 124 期。

调住宅区与就业岗位、交通设施等相关城市公共设施建设的协调配套，从而在完善现有城市聚集区的同时，有意识地在其外围地区为新的城市化发展提供可能的空间。

④建设城市水处理基础设施及提高处理率

1964 年，塞纳河诺曼底水务局（the Seine – Normandy Water Agency）也投入大量资金用于污水截留和污水处理设施的建造以改善流入塞纳河的水质。因此，塞纳河水质的改善主要归功于沿岸污水处理厂的建造和城市下水道的完善。20 世纪 50 年代初至 80 年代末，从整个巴黎大区污水产生量及处理量比较图中可以看出，污水处理设施的建造与该地区污水量的增加是同步的（见图 4）。而且巴黎大区污水处理率从 60 年代末到 70 年代初显著提高，从不到 30% 提高到 70% 左右，并一直保持高于该值的处理率（见图 5）。

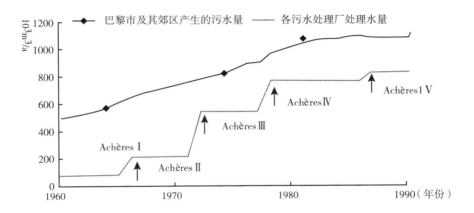

图 4　1960～1990 年巴黎市及其郊区污水产生量与处理量比较

资料来源：Gilles Billen et al，2001。

在削减农业污染方面，河流 66% 的营养物质来源于化肥施用，主要通过地下水渗透入河。巴黎一方面从源头加强化肥农药等面源控制，另一方面对 50% 以上的污水处理厂实施脱氮除磷改造。

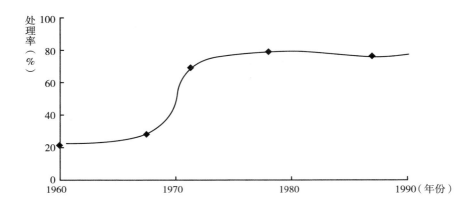

图 5　1960～1990 年巴黎大区污水处理率变化趋势

资料来源：李芳，2004。

（3）举措效果

①巴黎大区工业比重和专业化程度下降

20 世纪 60 年代中期以后，巴黎大区的非工业化趋势明显，第三产业也开始向郊区扩张，在市中心区则表现出下降的趋势。在 1963～1973 年间，巴黎大区百人以上的工业企业减少了 22%（整个法国减少了 11%）。1954～1962 年，大区工业就业率（不包括建筑和公共工程）年平均增长 0.9%，1962～1975 年间（工业疏散政策实施后），平均每年下降 1%。1954 年，大区工业就业率占全部就业率的 38.2%，1975 年，这一比重降到 29.5%。由此，自 20 世纪初以来，巴黎大区工业就业人口占全国工业就业总人口的比重经历了一个"倒 U 形"的发展轨迹。同时，受地区工业疏散思想的影响，1975 年，巴黎大区工业专业化程度降到 0.976，在这之后下降趋势不断加快[①]。

---

①　朱晓龙、王洪辉：《巴黎工业结构演变及特点》，《国外城市规划》2004 年第 5 期。

②城市空间格局紧凑，用能效率提高

研究表明，紧凑的城市空间格局能够提高能源利用效率①，从出行方式来看，城市的人口密度与交通耗能之间存在着较强的负相关：人口密度越大，年人均交通能耗就越少②。因此，巴黎市区的年人均交通耗能处于全球城市的较低水平，但从巴黎大区看，在交通出行方面的能耗仍有较大的压缩空间（见图6）。

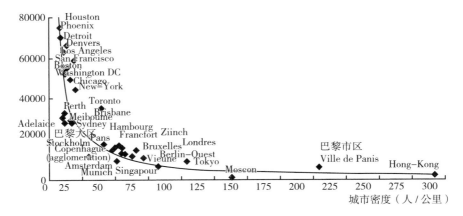

图6　世界大城市交通能耗与人口密度关系（1989）

资料来源：APUR，2007。

③塞纳河水质有所改善，形成水管理服务体系

从具体污染物指标上来看，通过30多年的整治，塞纳河水质有了显著

---

① 与新型工业化城市不同，大部分欧洲城市在第二次工业革命，也就是碳氢燃料大规模使用以前（19世纪70年代），经历了较长时间的步行和马车时代。这种以可再生能源为燃料、低速的出行方式，使得城市在相当长一段时间里没有出现大规模的蔓延现象。虽然第二次世界大战后私人汽车增长较快，但铁路和航空等公共交通网络的快速发展及时地遏制了私人交通方式的膨胀。北美城市学者从20世纪60年代开始对"以私人小汽车为主要出行工具，城市空间无限制、低密度扩张方式"提出质疑，认为这种方式在生活多样性和能源利用方面都存在问题，提出了"紧凑城市"（compact city）和"精明增长"（smart growth）的概念。他们认为城市中心区人口的理想密度应当是每英亩100户居民，大约247户/hm²。这与欧洲和大部分亚洲城市人口密度更为接近（Jane Jacobs，1992）。

② 杨辰：《城市规划：一种改善城市气候的工具——巴黎气候计划（PCP）简介》，《国际城市规划》2013年第4期，第76~80页。

的提高，几乎每个欧盟环境规划实施后巴黎大区的水环境质量都能提高一些。其中，巴黎大区段下游断面溶解氧浓度有一定程度提高，到1988年，溶解氧平均浓度达到7mg/L，最低浓度不低于5mg/L。1988年以后，水体所含溶解氧量继续得到改善，平均值达到8mg/L，最低浓度也在6mg/L以上（见图7）。而水体中的氨氮浓度到1973年开始有所下降，巴黎大区段平均浓度为2mg/L，Achères污水厂断面也下降到7mg/L。之后，随着废水处理程度的进步，氨氮污染有了显著减少（见图8）。但是，直到20世纪90年代，虽然污水处理厂除磷能力有了大幅度的提高，但城市水体中总磷负荷减少幅度不大，城市总氮负荷指标仍旧偏高（见图9）。此外，塞纳河的水生生态系统已有了明显改善。

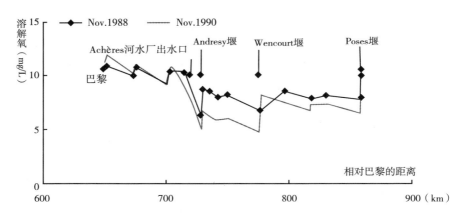

图7　1988年、1990年塞纳河巴黎下游断面溶解氧变化

资料来源：Gilles Billen et al，2001。

（二）20世纪90年代～21世纪初：环境优先的城市管理战略

20世纪最后10年，巴黎大区的水污染问题得到卓有成效的综合整治，水环境质量不断提升。在治理水污染的过程中，硝酸盐污染一直是城市治理顽疾，这一污染直指其产生源头——以氮氧化物污染为表征的大气污染问题，从而引起了巴黎人们对于大气污染治理的重视。而大气污染的治理涉及

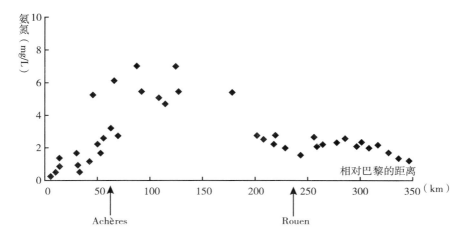

图8 1973～1978年塞纳河巴黎下游断面氨氮浓度分布

资料来源：Gilles Billen et al，2001。

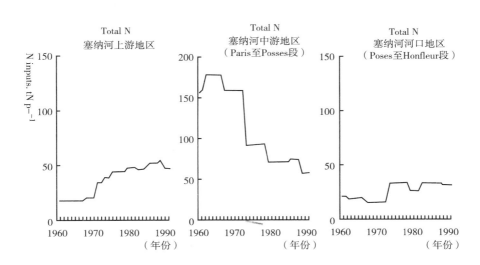

图9 1960～1990年塞纳河总氮负荷的变化趋势

资料来源：Gilles Billen et al，2001。

城市管理理念和措施的创新，基于环境优先的城市可持续发展理念，巴黎大区环境战略又一次实现了转型。

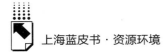

1. 环境问题

（1）以温室气体为主的大气污染严重

法国的大气污染程度分为十级，进入 20 世纪 90 年代，巴黎大区的大气污染曾创下七级（严重污染）的纪录[①]。大区对于空气质量的关注日益凸显，尤其是大气污染物和由能源使用产生的温室气体（见图 10）。巴黎大区的主要能源依靠核能，故煤烟型污染几乎被根治，交通和建筑业对大气环境质量的消极影响尤为突出。其中，在交通方面，对于小汽车的依赖导致巴黎大区的空气容量中氮氧化物的浓度居高不下。在建筑方面，则体现为居民生活能耗的增加和用氟电器的增加，导致空气中温室气体含量逐渐增加，臭氧含量上升，成为大气污染突出物。直到 20 世纪 90 年代末，巴黎大区大气污染物浓度有所下降，但臭氧浓度一直居高不下。

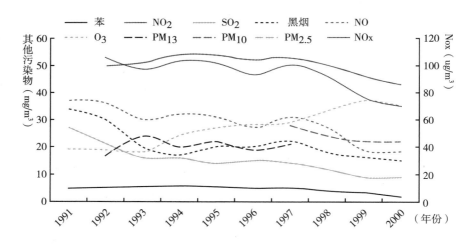

图 10　1991～2012 年巴黎大区空气污染物浓度

资料来源：http：//www.airparif.asso.fr/telechargement/telechargement – statistique。

（2）城市污水脱氮除磷效果不明显

巴黎大区水环境经过了 40 年的治理，呈现出明显的改善，水体中的污

[①] 《洛杉矶、伦敦、巴黎等城市治理雾霾与大气污染的措施与启示》，《中国科技信息研究所》，2014。

染物负荷随着第五个欧盟环境规划（1992 ~ 2000）的出台进一步下降，但由于大气雨水中硝酸盐和生活污水的磷污染，地表污水脱氮除磷问题仍是城市难以处理的痼疾。

2. 环境战略

（1）战略目标

郊区过快的城市化建设增加了以石油为动力原料的交通工具的使用量和以化石能源为主的供热系统，这些增量对于城市 GDP 的增长具有贡献意义，但是对于已处于后工业化社会的地区大气环境则起到消极作用。20 世纪所采取的环保措施出现了"反弹效应"① 或者环境改善效果不显著。在里约热内卢会议上，经济优先于环境的发展模式部分地受到可持续发展模式的替代性挑战。之后，人们对于资源环境价值的重视使得环境问题被纳入社会经济的决策框架之中②。因此，这一阶段，在城市管理发展的各个方面，环境优先理念引导着巴黎大区环境战略，其目标是实现环境与经济的可持续发展。

（2）战略举措

①出台法律法规

这一时期，法国制定了第一个《可持续发展战略》，同时成立了"可持续发展部际委员会"和"可持续发展国家咨询委员会"，分别负责政策定位和制定国家战略，并予以评估。1998 年，法国又成立"经济、环境和计划委员会"，一是评价环保措施对经济的影响；二是通过经济手段鼓励经济主体减少污染③。此外，信息公布和公众参与原则也成为法国环境法律体系中的重要原则。

②修编城规，在空间设计上减少对环境影响

1990 年，法国政府开始对 1976 年的 SDAURIF 规划进行修编。1994 年，

---

① 环境反弹效应是指环保投入增加，但环保产出较低，即环境质量的改善不明显。

② 维拉希尔·拉克霍：《法国环境政策 40 年：演化、发展及挑战》，《国家行政学院学报》2011 年第 124 期。

③ 维拉希尔·拉克霍：《法国环境政策 40 年：演化、发展及挑战》，《国家行政学院学报》2011 年第 124 期。

法国为 21 世纪巴黎大区城市发展编制了《法兰西岛地区发展指导纲要（1990～2015）》（简称 SDRIF 规划）。SDRIF 规划在环境保护方面确定了三条土地利用的基本原则，其中，在空间设计原则上重点关注环境保护和污染防治。同时，强调巴黎大区发展建设应协调建成空间（即城市空间）、农业空间和自然空间的比例，使三者共同发展，改善城市交通、建筑对大气环境的影响。

③住宅性能评定制度范围的扩大

随着住宅建设水平的进步和住宅性能评定制度的发展，法国住宅性能评定专门机构"QUALITEL"将评定的种类从新建住宅，扩展到既有住宅；将评定的深度从全面综合评定深入到高性能环保建筑专项评定。

④继续截污治理水污染问题

大区政府规定污水不得直排入河，要求搬迁废水直排的工厂，难以搬迁的要严格治理。1991～2001 年十年间，巴黎继续加大城市污水处理设施的投资，使污水处理率又提高了30%①。同时，巴黎大区地下排水系统经过了百余年的不断修缮和补充，直到1999 年，巴黎大区才达到城市废水及雨水100%的处理能力，极大改善了塞纳河的水质，更使大区市民远离了暴雨可能造成的灾难。

（3）举措效果

①城市交通能源利用效率不断提高

由于大区内城市间空间设计紧凑，巴黎大区也较其他欧洲城市能源利用效率高。仍从出行方式看，虽然整个巴黎大区在交通出行方面的能耗仍有较大的压缩空间，但中心城市的交通能耗下降趋势明显（见图11）。

②水质进一步改善并趋于稳定

巴黎大区水环境经过40 年的治理，呈现出明显的改善，水体中的污染物负荷随着第五个欧盟环境规划（1992～2000）进一步下降，尤其总氮负

---

① 章轲：《国外城市如何综合整治水体污染》. http://www.yicai.com/news/2015/04/4606930.html。

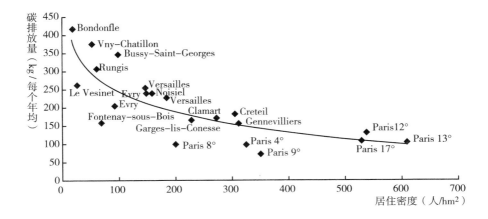

图11　巴黎大区中心城区与郊区交通碳排比较

荷下降得较快（见图12），总磷负荷虽然也有阶段性的下降，但是下降幅度不是很大（见图13）。

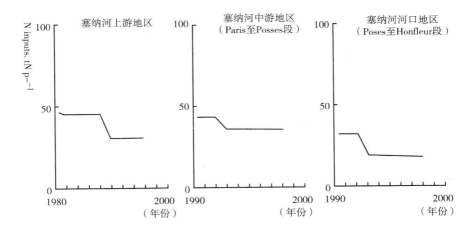

图12　1990～2000年塞纳河总氮负荷的变化趋势

资料来源：Gilles Billen et al，2001。

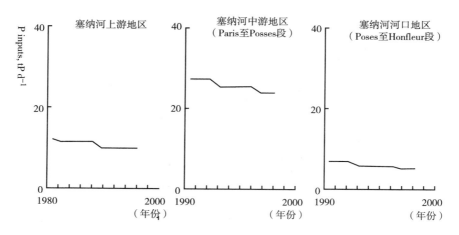

图 13 1990~2000 年塞纳河总磷负荷的变化趋势

资料来源：Gilles Billen et al，2001。

（三）21世纪初至今：适应气候变化的绿色城市战略

21 世纪，法国也面临全球气候变化所带来的环境风险，温室气体减排成为主要环境问题。在延续治理巴黎水环境的同时，巴黎大区大气污染中温室气体污染治理被提上日程。因此，以"巴黎气候计划"为主导的绿色城市战略成为近 15 年巴黎大区的环境战略。

1. 环境问题

（1）城市大气中固体颗粒污染物扩散速度减慢

21 世纪开始，巴黎大区空气质量时好时坏，大气中氮氧化物和臭氧这两项污染均超过欧盟的空气环境质量标准（见图 14）；加之全球气候变化的影响，巴黎大区 50 年来的夏季天数呈现上升趋势（见图 15）。法国卫生监测公报显示，2004~2006 年，温室气体浓度的增加使大气中固体颗粒污染物（PM）扩散速度减慢，巴黎空气中 PM2.5 年平均浓度超出了世界卫生组织（WHO）标准的上限①。

---

① 《需要过滤嘴的城市》，2013 年 1 月 28 日《新民周刊数字报》。

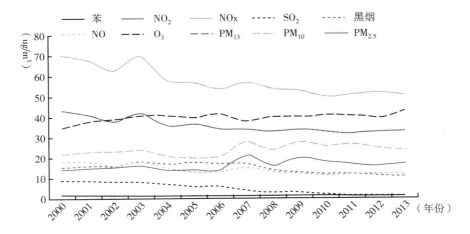

图 14　2000～2013 年巴黎大区空气污染物浓度

资料来源：http：//www. airparif. asso. fr/telechargement/telechargement － statistique。

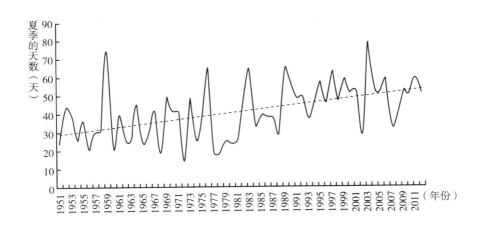

图 15　50 年来巴黎城市夏季的天数变化

资料来源：http：//www. eea. europa. eu/data － and － maps。

（2）交通与建筑采暖用能对大气质量影响加剧

从温室气体排放数据来看，交通和建筑（主要是住宅采暖）是近十年巴黎大区温室气体排放的主要来源，约占总排放量的80％。需要指出的是，巴黎大区私人拥有的柴油车数量已由2002年的41％增加到2012年的63％；

货车数量同期也有所增加，大部分配备的都是柴油发动机①。因此，巴黎城市公路旁的空气质量一直以来都超过欧盟标准（见图 16）。

表 1　巴黎大区温室气体（GES）排放来源（2004）

	建筑物	交通		垃圾处理	工业	绿色空间	总量
		客运	货运				
排放量（万吨）	175	175	175	130	3.5	-0.3	655.5
比重（%）	26.7	26.7	26.7	19.7	0.5	—	100

（3）塞纳河水质尚未达到游泳区Ⅲ类水质

经过 50 年的源头治理与末端治理，塞纳河巴黎大区段的水质已经达到了人体非直接接触的娱乐用水标准（相当于Ⅳ类水），是 50 年来最干净的水质。但是由于仍存在极端气候下暴雨带来的下水道污水溢流、生活垃圾倾倒污染和上游的农业污染问题，其水质离达到渔业水域及游泳区水质标准（相当于Ⅲ类水）还有一段距离。在 2013 年和 2014 年塞纳河上的三项全能比赛就是因为卫生原因（水体菌群超标）而被取消②。

2. 环境战略

（1）战略目标

进入 21 世纪，法国也面临全球气候变化所带来的环境风险，温室气体减排成为主要环境问题。在延续治理巴黎大区水环境的同时，大区大气污染中温室气体污染治理被提上日程。因此，以"巴黎气候计划"为主导的绿色城市战略成为近 15 年巴黎大区的环境战略。这个战略要实现欧盟提出的三个"20%"③气候目标，以及到 2024 年塞纳河巴黎大区段的水质能够提

---

① 中国科技信息研究所：《洛杉矶、伦敦、巴黎等城市治理雾霾与大气污染的措施与启示》，2014。

② 《Metronews》，2015.

③ 即到 2020 年，欧盟单方面将温室气体排放量在 1990 年的基础上至少削减 20%；能效改善 20%；可再生能源在总能源消费中的比例将提高到 20%。

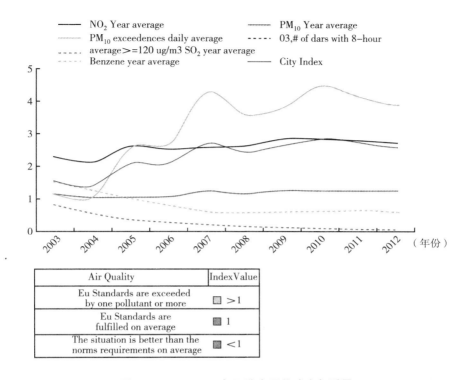

图 16　2003～2012 年巴黎市区公路空气质量

资料来源：http：//www. airqualitynow. eu/comparing_ city_ annual. php？ paris。

升到举办奥运会的Ⅲ类以上标准水质①。

（2）战略举措

①出台专门法律法规

2004 年，法国通过了《环境宪章》，这个环境宪章代表了法国所有可持续发展法律的核心，在私人和公共部门中塑造了环境保护的理念，并建立了生态责任和风险预防为中心的原则。近几年，法国在环境方面最新的努力主要体现在温室气体减排的环境政策上，2010 年，法国政府颁布了《空气质量法令》，规定 $PM_{2.5}$ 和 PM_{10} 值浓度上限，可吸入颗粒物

---

① http：//www. chinanews. com/gj/2015/07 – 10/7397220. shtml。

一年内超标天数不得多于 35 天。2005 年，法国通过了《能源政策法》，2007 年又推出"环境问题协商会议"，并提出要到 2020 年在节能减排、促进可持续发展方面投资 4000 亿欧元。在降低建筑能耗和污染物方面，法国不断修改《建筑节能法规》，大幅调整能耗限制，为此，各种新能源在新建建筑中得到应用。而对于耗能巨大、污染较重的老建筑，也将逐步改造。此外，2013～2015 年，法国政府计划投入 1.35 亿欧元用于翻新家庭供热系统[①]。

虽然 2008 年金融危机之后，为了恢复法国经济，减少产品增值税，新的经济修正案使得风电和分布式供能等新能源项目停滞，在农业中使用杀虫剂（巴黎大区水污染的主要来源）的措施和其他环保措施也被推迟。但是绿色城市战略作为可持续城市规划中的一部分并未改变，2010 年，法国政府通过"恢复城市中的自然"项目来解决雨水径流、能源、气候适应性、生物多样性、湿地恢复、有毒物品使用等问题[②]。

②针对空气质量改善实施专门的行动计划

目前，法国空气质量改善制订了三个行动计划：第一个计划是"颗粒减排计划"，该计划旨在各领域建立长效减排机制，主要包括：建立强制机制，提高大气排放标准、加强工业排气监管；设立激励机制，对环保支出实施税收抵免政策，推动优先行动区域计划；强化宣传机制，加强环境保护宣传等，减少可吸入颗粒物对民众健康的影响和对环境的污染。力争到 2015 年使可吸入颗粒物（$PM_{2.5}$）在 2010 年基础上再减少 30%。第二个计划是"空气质量紧急计划"，该计划重新对交通污染物排放制订了 5 个方面、38 项具体应急措施。第三个计划是"空气保护计划"，该计划根据中央政府的"空气质量紧急计划"而制订不同地方[③]改善空气质量的具体措施。主要包

---

① 《洛杉矶、伦敦、巴黎等城市治理雾霾与大气污染的措施与启示》，中国科技信息研究所，2014。
② Timothy Beatley. Green Cities of Europe. Island Press，2012.
③ 法国政府要求城市常驻居民超过 25 万人和污染指数超标的地区必须制订"空气保护计划"。

括：降低城市内快速道的限速、降低一些燃料机器的排放阈值、强化对工业污染物排放的检查力度等。

③加强对巴黎大区 PM2.5 排放的科学研究与监测

2011 年，法国科学院大气系统实验室对 2009 ~ 2010 年巴黎大区 PM2.5 情况进行综合研究。该研究利用高科技监测手段，应用法国国家空气质量模型 CHIMERE（后被应用为欧盟空气质量预报模型），解析 PM2.5 有机颗粒物的污染源，从而定量一次和二次污染，划分局部和区域污染以及人为和自然污染，并重新整理目前巴黎大区 PM2.5 的排放源清单①。同时，根据形成的最新污染源排放清单加强对巴黎大区空气质量的监测。

④提倡并支持"低碳"出行

为减少城市温室气体排放量，巴黎大区实施了一系列公交工程，希望从根本上解决交通污染问题。主要措施包括：推行"自行车城市"计划，开辟自行车车道，提供免费自行车租赁共享服务，提倡人们多骑自行车；开展"无车日"活动；将城市的车辆逐步替换为清洁能源车；拓展地铁、公交线路，完善巴黎大区的低碳交通覆盖网。

（3）举措效果

2002 ~ 2012 年，通过综合治理，巴黎空气中各项污染物排放浓度指标大幅下降②，但雾霾天气仍不时侵袭，且臭氧污染成为城市主要污染物。而臭氧的来源主要来自城市居民生活供冷系统和冷冻系统所产生的副产品，由于全球气候变暖，人们对于冷气需要越来越多，制冷要求逐步提高，致使臭氧的产生量在 21 世纪初处于较高的状态。但近几年臭氧污染指标急剧下降至欧盟空气质量标准之下（见图 17）。唯有二氧化氮污染物超标，再一次表征了交通对于巴黎大气污染贡献力度较大。

---

① 《洛杉矶、伦敦、巴黎等城市治理雾霾与大气污染的措施与启示》，中国科技信息研究所，2014。

② 李宏策：《法国治理空气污染：科技先行，政策到位，办法得力》，《科技日报》，2014。

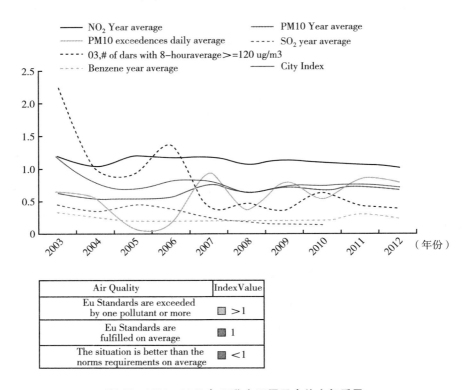

图17　2003～2012年巴黎市区居民户外空气质量

资料来源：http：//www. airqualitynow. eu/comparing_ city_ annual. php？paris。

二　巴黎大都会区环境治理经验与教训

第二次世界大战后，巴黎大都会区环境战略经历三次转型，其环境质量逐步改善，在环境规制上也形成了一套完整的符合自身发展的环境保护和污染防治制度。同时，也为其他城市大都会区环境一体化治理提供了经验与教训。

（一）巴黎大都会区环境治理经验

1. 注重区域经济与环境的平衡

巴黎大区的城市规划虽然以控制人口规模，促进经济增长为切入点，但同时紧跟地区环境变化而变，从而有效地解决了各个发展阶段的城市中的环境问题，实现了保护自然生态环境、防治地区环境污染、提供人们生活质量的目标。巴黎城市规划和环境政策更充分认识到了保护环境的重要性，在发展经济和保护环境二者之间，更看重保护环境。到 20 世纪 90 年代，巴黎大区内自然环境与人文环境达到平衡，从而提高了全球城市巴黎的经济竞争力与生态系统服务能力，改善巴黎城市居民的生活质量及保证社会公平之间的平衡。

2. 加强各项污染防治的法制建设

在应对全球性环境问题时，巴黎大区的环境保护政策除了体现在其城市规划的政策变迁上，还体现在欧盟与法国环境政策上。近 50 年来，欧盟环境政策在污染防治、生态环境保护等方面的工作卓有成效，巴黎大区的环境规制是与法国和欧盟的环境规制相一致的。在每个阶段，欧盟设立新环保机构后法国也相应设立环保机构，第二次世界大战后，法国在水资源、土壤、大气这三方面的立法都比较早，并定期对环境资源的管理内容、实施手段进行更新，目前，法国已经形成一整套较完善并符合国情的法律体系。巴黎大区则在国家的环境立法的基础上，根据其全球地位，提出更高的对环境保护、污染防治的要求。

3. 加强对大气污染源的科学研究和监测体系建设

在环境信息与数据权威性方面，巴黎是一个值得学习的榜样。巴黎 $PM_{2.5}$ 情况的综合研究是中纬度发达国家为例对 $PM_{2.5}$ 进行的系统研究，这项工作为巴黎大都市的 $PM_{2.5}$ 污染治理提供了可信的科学依据。同时，为了加强对 $PM_{2.5}$ 排放的监测，巴黎加强了空气监测站的建设，从而形成巴黎空气质量实时监控体系，并将大都市各区域的空气质量实时在网上公布。

（二）巴黎大都会区环境治理教训

1. 上游污染积累和城市生活水污染是巴黎大区水环境污染主因

从第二次世界大战后巴黎治理城市水环境的历程来看，法国和欧盟的水法发挥了重要作用，同时，巴黎的大区城市污水处理基础设施和工程，如污水处理厂和下水道建设、截污纳管工程等，随着城市规模的不断扩大而增加，污水处理设施的处理效率也不断提高，地下排水管系统已经相当完善，因此，巴黎大区水环境也有了明显的改善。但据人民网新闻报道，至今，巴黎大区城市河道的水质尚未达到能够举办奥运会的Ⅲ类以上标准水质。从污染源来看，大区水环境污染问题的原因主要有两个：一个是来自上游的污染物积累增加了大区城市水污染负荷。这一因素可以从塞纳河上、中、下游水污染负荷数据变化看出：上游至下游的污染负荷是不断增加的，但到了下游，污染负荷均低于上中游。另一个原因是生活用水中的非饮用水以雨水为主，而雨水因大气污染，导致酸雨污染较为严重，所以用未处理的雨水直接蓄用冲洗街道或者强排入河道，造成巴黎大区地表水污染的恶性循环。

2. 蔓延式空间设计锁定了巴黎大区城市分散式能源供给方式

直至1964年巴黎大区建成，大区规模才得以确定下来，面积为12011平方千米。基于此，巴黎大区政府将空间设计紧凑作为新城市规划原则，但是，原先蔓延式的城市规划仍表现出锁定效应。2011年，巴黎市区人口密度达21428人/平方千米，与巴黎大区平均人口密度（987人/平方千米）形成鲜明对比；在1954~1964年法国"工业分散"政策和1964年开始的巴黎大区国土开发与城市规划指导纲要不断修编的影响下，巴黎大区通过新增城市空间进一步分散了城市人口、缓解了环境压力，大区内逐渐形成了除巴黎市区以外多个城市聚集区，巴黎市区的人口经历了"二战"前的集聚——"二战"后向周边扩散——20世纪90年代开始回潮——2012年巴黎市区与大区人口增速趋同的过程。然而，这种以分散城市空间来缓解城市生活环境压力的途径，即没有达到限制城市人口集中的目的，也没有彻底解决因生活污水磷污染导致的城市水污染问题。同时，分散式的城市聚集区促使城市间交通网络的发达，以化石能源为主导的交通工具保有量不断上升，致使以二氧化碳、氮氧化物及其二次污染物臭氧为主的大气污染愈发严重。

3. 早期对于大气污染治理的忽视加大了大区地表水治理的难度

全球气候变化加剧巴黎大区的环境问题。然而，法国在1974年就已出台《建筑节能法规》并不断修改，1996 年出台《大气保护和节能法》，2005 年才出台有关温室气体减排的《能源政策法》、2010 年才颁布限制 PM2.5 和 PM10 浓度的《空气质量法令》，对于因能源使用而导致的大气污染的关注也是从近几年才开始。虽然巴黎大区一直注重河道水污染治理，但是在极端天气的频繁影响下，巴黎夏天的高温天数逐年增加，降水天数也不断增加，雨水携带着大气污染物形成的地表径流致使城市河道的治理资金投入较多但是效果甚微，尤其是大气雨水中的硝酸盐一直是大区城市难以处理的痼疾。

三 对长三角地区环境治理的启示

我们可以从巴黎大都会区环境战略转型经验和教训中得到以下启示。

（一）水环境区域一体化管理和建设海绵城市

1. 进行水环境区域一体化管理，建立区域环境治理委员会

水环境治理方面，我国长三角与巴黎大都会区遇到同样的问题。近年来，长三角地区城市不断加大截污治污力度，大部分城市地表水环境质量持续改善，但氮磷污染问题仍然突出。分析氮磷污染问题的原因，主要受流域输送和雨水污染影响。因此，需要站在区域的视角进行长三角城市环境一体化协同治理流域水环境污染。其首要的措施是建立长三角区域环境治理委员会，并将公众参与引入区域管理，在一定程度上使水质管理采用听证方式向公众开放以及将水治理信息公开，从而提高区域内支流水质管理和水环境协同治理的有效性。

2. 基于生态补偿手段建设具有蓄水防涝功能的海绵城市

江苏、浙江、上海等城市地处长江流域的下游和入海口，由上游的面源污染（如农业）导致的环境破坏常常得不到用户的补偿或者补偿额较低。此外，江苏和上海是地下水位较高的水质性缺失城市，受到东南季风影响，雨水比较充沛。每当暴雨来临时，城市多地都出现内涝，加之受到大气污染

的酸雨直接形成地表径流排入河道或下渗土壤，不仅造成了雨水的流失和酸雨对城市河道的污染，而且错失了计算上游来水污染量的机会。因此，需要建设具有蓄水防涝功能的海绵城市，在提高应对气候变化能力的同时，科学合理的计算上游污染水量，从而为长三角地区开展生态补偿制定科学合理的标准。

（二）发展低碳公共交通和推广新能源替代

1. 发展低碳公交，以城际高铁实现区域内低碳出行

虽然巴黎大区的公交系统较为发达，公交分担率（除步行外）为61%，但轨道线网密度相对于其他全球大都市区来说较低，2002年仅为0.11km/km²，且轨道网线多集中在巴黎大区市区与内环以内，大区外环以内几乎没有地铁，而是以快铁（RER）路网为主，这造成了占大区90%面积以上的郊区交通往来以私人交通为主。因此，为了缓解区域内城市交通带来的环境污染，首先要从区域交通规划入手，在增加区域内高速轨道交通线路的基础上，通过提高区域内城市公共服务整体水平，化解一线城市人口过度集中而造成的城市环境污染。

2. 推广新能源替代，提高区域内道路排放监测水平

除了低碳的TOD城市空间设计之外，巴黎大区也在积极发展新能源交通工具来替代保有量不断上升的柴油车，以降低因柴油发动机排放细微颗粒物对大气的污染。然而，柴油发动机汽车在整个法国所占比例很高，目前采取的限行策略对减少大气污染有一定贡献。同时，从全国范围来看，供暖和工业的空气污染贡献率要高于机动车尾气。巴黎的大气污染源与长三角地区的相似，从碳排放结构来看，对温室气体大气污染贡献最大的是工业、建筑和交通。在工业和建筑方面，长三角城市已经大力推广以合同能源管理模式、PPP模式为主的能源减排，节能减排效果明显；但在交通方面，由于我国新能源汽车技术水平尚未达到较高水平并形成规模替代，而柴油车在交通运输方面的功能不可替代，因此对柴油车的自身和运输途中的节能减排就变得极其重要。因此，在互联网＋

时代，需要提高长三角地区道路排放流动监测水平，运用经济手段（如罚款、入境污染税）治理区域内超标柴油车，并通过政府补贴对区域内柴油车加装减排装置。

（三）完善区域层面的环境法规和参与国际合作

1. 完善区域层面的环境专项法律法规

2000 年，《欧盟水框架法令》采用了法国流域综合水资源管理体制，具体政策覆盖到所有用水主体，是结果导向的水管理法令；20 世纪 90 年代以来制定的三部欧盟大气污染防治法，其内容详细，操作性强，注重大气污染信息公开和公众参与，注重成员国之间的区域合作，共同降低空气污染。但是，我国目前尚未有区域类的环境专项法规条例来指导区域环境治理委员会的环境治理工作，区域内各城市环境污染信息不完整，公众参与的积极性和程度都不高。在区域环境信息不对称的情况下，要进行区域合作治理，其中会因存在较多的零和博弈而降低协同治理的效果。因此，建议赋予长三角环境治理委员会较高的行政级别，并在"水十条""气十条""土十条"的基础上，试点制定长三角环境专项法律法规，包括"长三角大气污染防治计划""长三角流域水框架计划""长三角土壤污染防治行动计划"等，完善区域层面的环境专项法律法规。

2. 参与国际合作应对全球气候变化产生的环境问题

全球气候变化导致的环境问题已经成为全球所有城市共同面临的问题：城市原有的防御性基础设施不能应对极端气候导致的高温、暴雪、暴雨天气，多个城市出现火灾、内涝等灾害导致的区域大气污染和水环境污染。因此，保护生存和生活环境已经不是单个城市的事情，长三角城市需要基于流域、区域的视角，开展国际合作共同采取保护措施，相互监督，互通环境、先进治理技术信息，通过政府和市场化结合的手段，包括转移资助、生态补偿、资源权交易，以及技术人才等方式援助等方式解决相似的环境问题。

参考文献

Martin Seidl, Viviane Huang, Jean Marie Mouchel., "Toxicity of Combined Sewer Overflows on River Phytoplankton: the Role of Heavy Metals", Environmental Pollution, 1998.

Natacha Brion, Gilles Billen, Loic Guezennec et al., "Distribution of Nitrifying Activity in the Seine River (France) from Paris to the Estuary", Estuaries, 2000.

Alexander J. P. Raat., "Ecological Rehabilitation of the Dutch Part of the River Rhine with Special Attention to the Fish", Regulated Rivers, 2001.

《有关危险制品的分类、包装和标签的67/548指令》（1967）。

《有关机动车允许噪声声级和排气系统的70/157指令》（1970）。

费永法：《法国的水资源管理与优化配置特点简介》，《治淮》2002年第2期。

维拉希尔·拉克霍：《法国环境政策40年：演化、发展及挑战》，《国家行政学院学报》2011年第5期。

朱晓龙、王洪辉：《巴黎工业结构演变及特点》，《国外城市规划》2004年第5期。

中国科技信息研究所：《洛杉矶、伦敦、巴黎等城市治理雾霾与大气污染的措施与启示》，《公关世界》2014年第4期。

章轲：《国外城市如何综合整治水体污染》，《第一财经》2014年4月4日。

乐蕴：《需要过滤嘴的城市》，《新民周刊》2013年第4期。

李宏策：《法国治理空气污染：科技先行，政策到位，办法得力》，《科技日报》2014年1月12日。

附　录

Appendix

B.15
上海市资源环境年度指标

刘召峰 *

本报告利用图表的形式对 2014 年度上海能源、环境指标进行简要的直观表示，反映近五年来，上海环境质量、能源效率所发生的变化，并结合上海 "十二五" 规划，来评价和判断上海在资源环境方面取得的成绩、不足和未来的发展趋势。本报告选取的资源环境指标包括大气环境、水环境、固体废弃物、噪声、绿化、环保投入和能源等。对比上海 "十二五" 规划主要约束性资源环境指标完成情况较好，其中，化学需氧量、氨氮、二氧化硫、氮氧化物、生活垃圾无害化处理率、城镇污水处理率等提前完成 "十二五" 减排目标。

（一）环保投入

2014 年，上海市环境总投入为 699.89 亿元，比上一年增长了 15.1%，

---

* 刘召峰，上海社会科学院生态与可持续发展研究所，博士。

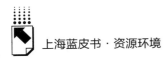

占该年 GDP 的 3.0%，其中城市环境设施建设投资下降了 4.4%，而污染源防治投资上升了 8.6%。

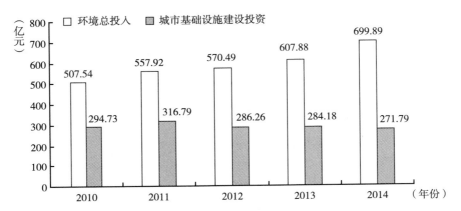

图 1　2010 年上海市环保投入及环境基础设施投资所占比重

资料来源：上海市环境保护局，2010～2014 年《上海环境状况公报》。

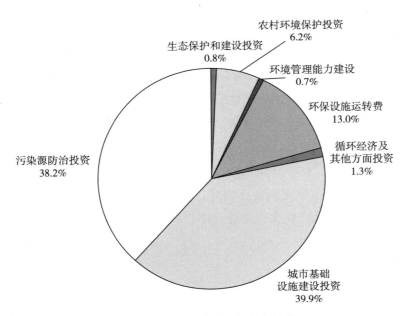

图 2　2014 年上海市环保投入结构

资料来源：上海市环境保护局，2010～2014 年《上海环境状况公报》。

（二）大气环境

2014 年，上海市环境空气质量指数优良天数为 281 天，优良率为 77.0%，比上一年度上涨了 11%。全年细微颗粒、可吸入颗粒物、二氧化氮、二氧化硫年度浓度分别为 52 微克/立方米、71 微克/立方米、45 微克/立方米与 18 微克/立方米，前三个指标达到国家环境空气质量二级标准。

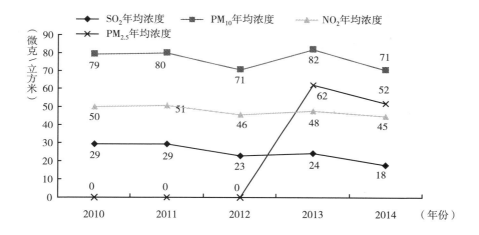

图 3　2014 年上海环境空气质量中主要污染物浓度

资料来源：上海市环境保护局，2010～2014 年《上海环境状况公报》。

2014 年，上海市二氧化硫排放总量 18.81 万吨，比上一年度下降 12.81%；氮氧化物排放总量 33.26 万吨，比上一年度下降 12.52%，此两项主要污染物控制指标完成国家下达给上海的"十二五"减排目标。

（三）水环境

2014 年，上海化学需氧量与氨氮的排放总量分别为 22.44 万吨和 4.46 万吨，比上一年减少了 4.78% 与 2.57%，提前完成国家下达给上海的"十二五"减排目标。

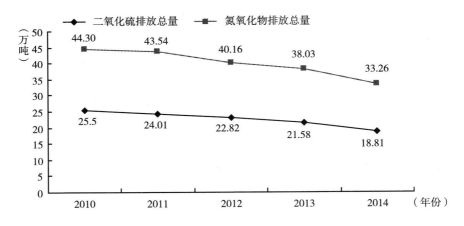

图4 2014年上海二氧化硫与氮氧化物排放总量

资料来源：上海市环境保护局，2010～2014年《上海环境状况公报》。

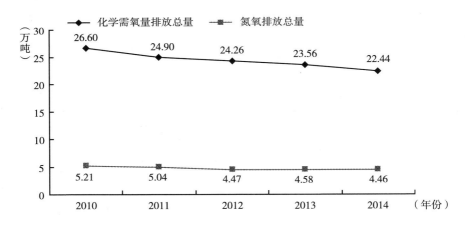

图5 2010～2014年上海化学需氧量与氨氮排放总量

资料来源：上海市环境保护局，2010～2014年《上海环境状况公报》。

2014年，上海建成区未纳管污染源截污纳管改造工程累计完成总目标的63.8%，城镇污水处理率达到89%以上。

（四）固体废弃物

2014年，上海工业废弃物产生量1924.79万吨，综合利用率97.48%。

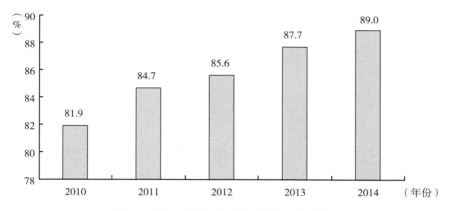

图6 2010～2014年上海城镇污水处理率

资料来源：上海水务局，2010～2014年《水资源公报》。

工业废弃物中以冶炼废渣、粉煤灰、脱硫石膏为主，占总产生量的65.9%。近五年来，工业固体废弃物产生量总体呈下降趋势。

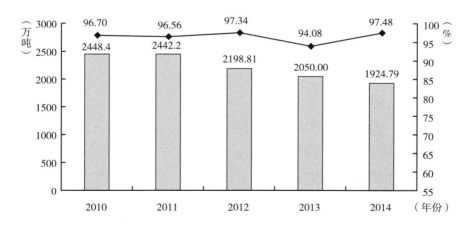

图7 2010～2014年上海工业废弃物产生量及综合利用率

资料来源：上海环保局，2010～2014年固体废物污染环境防治信息。

2014年，危险废弃物产生量62.84万吨，比上一年增加16.8%。近五年，上海市工业危险废弃物产生量总体呈上升趋势，这对上海工业废弃物治理带来了不小的压力。

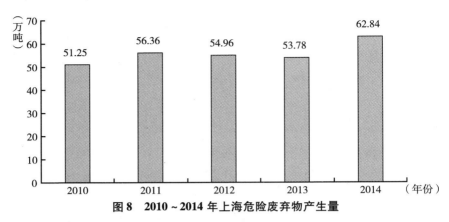

图 8　2010～2014 年上海危险废弃物产生量

资料来源：上海市环境保护局，2010～2014 年固体废物污染环境防治信息。

2014 年，上海生活垃圾产生量为 742.65 万吨，无害化处理率达95.0%。其中，生活垃圾卫生填埋与焚烧处理分别占无害化处理量的46.6%、33.8%。

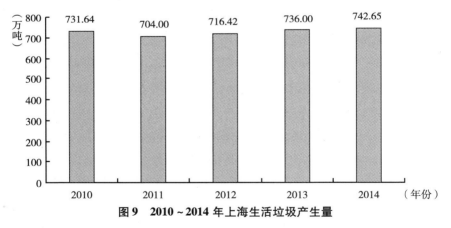

图 9　2010～2014 年上海生活垃圾产生量

资料来源：上海市环境保护局，2010～2014 年固体废物污染环境防治信息。

（五）能源

2014 年，上海市万元地区生产总值能耗比上一年下降 8.71%、万元工业增加值能耗降低 7.63%、万元地区生产总值电耗降低 9.30%。

B.16
大事记（2015年2～11月）

曹莉萍*

2015年2月　环境保护部发布2014年重点区域和74个城市空气质量状况，长三角区域25个地级及以上城市的空气超标天数中以$PM_{2.5}$为首要污染物天数最多，其次是O_3和PM_{10}。

2015年3月　长三角城市经济协调会第15次市长联席会议在安徽马鞍山市召开，会议发布了长三角城市群与国际城市群的比较研究报告，报告认为长三角区域内尚未建立有效的生态补偿制度。

2015年3月　《江苏省大气污染防治条例》《安徽省大气污染防治条例》同步开始实施，条例内容包括了建立区域大气污染联防联控机制，浙江省也将启动相关立法工作。

2015年4月　国务院《水污染防治行动计划》正式公布。行动计划不仅提出了大气污染防治的总体要求、工作目标和主要指标，还推出了十大方面、35个具体层面的措施。到2020年，京津冀、长三角、珠三角等区域水生态环境状况有所好转。

2015年4月　长三角大气污染防治协作机制办公室第四次会议在杭州召开，长三角将加强煤炭消费总量控制和清洁能源替代、煤电节能减排升级与改造、工业结构调整和污染防治、机动车污染防治、秸秆焚烧和扬尘污染治理5项工作。

2015年4月　"2015长三角污染场地修复研讨会"在南京召开，大会主题为"污染场地修复产业发展模式探讨"，包括"污染场地修复责任与管

---

* 曹莉萍，上海社会科学院生态与可持续发展研究所，博士。

理模式探讨"和"污染场地市场现状与商业模式分析"两大议题。与会专家呼吁，尽快出台专项法律应对土壤污染，同时健全产业体系，由污染修复企业发挥主要作用。

2015年4月　环境保护部部长陈吉宁在上海市召开长三角环境保护工作座谈会。陈吉宁指出长三角地区的环保工作已有良好的基础，但同时也面临着不小的挑战。要进一步突出环保核心业务，强化地方政府的环保责任，协调各部门共同推进环保工作，提高环境管理精细化水平，切实解决环境突出问题，打好环境保护这场攻坚战。

2015年6月　环保部发布《2014中国环境状况公报》，公报显示京津冀、长三角、珠三角空气质量状况比上一年有明显改善，各项污染指标均有所下降，体现了整体改善的趋势。

2015年6月　以"对接'一带一路'，融入长江经济带——认证监管区域一体化建设"为主题的第十次泛长三角区域认证监管工作联席会议在上海召开，会议签署了《泛长三角区域认证监管一体化建设合作备忘录》，举行了"一处认证，处处认可——泛长三角区域认证监管一体化建设"局长论坛。这标志着泛长合作机制从原来的区域联动全面转型升级为一体化建设。

2015年6月　环境保护部发布2015年5月京津冀、长三角、珠三角区域和直辖市、省会城市及计划单列市共74个城市空气质量状况。其中，长三角区域25个地级及以上城市，空气超标天数中以O_3为首要污染物的天数最多，其次是$PM_{2.5}$。

2015年6月　环保部研究制定了《关于加强工业园区环境保护工作的指导意见》（公开征求意见稿），意见稿明确，2017年年底前，工业园区应按规定建成污水集中处理设施，并安装自动在线监控装置，京津冀、长三角、珠三角等区域提前一年完成。

2015年7月　上海社会科学院联合新华网、新华社上海分社、中国金融信息中心共同发布《长三角城市环境绩效指数》，该报告通过定量计量的方法，帮助相关部门精确"诊断"环境治理的薄弱环节，为长三角城市群未来的环境治理和合作指明方向。

2015年9月　长三角三省一市针对环保领域的国控重点企业的奖惩联动机制试点工作已经启动。环保国控重点企业将建立统一的信用"数据清单"与"数据应用"，失信企业将被纳入"黑名单"，在整个长三角地区"寸步难行"。

2015年9月　上海市交通委、上海市环保局、上海市公安局在沪组织召开"长三角区域协同推进机动车和船舶大气污染防治工作会议"。会议商讨长三角黄标车和老旧车辆管理平台建设方案及船舶信息共享方案，为推动长三角区域机动车、船的环保治理联防联控提供支撑。

2015年10月　长三角区域大气污染防治协作小组办公室第五次会议在合肥召开，会上总结了年度协作工作重点以及协同推进高污染车辆环保治理、港口船舶大气污染防治，共同协作确保重大社会活动空气质量等工作。

2015年10月　2015年长三角地区合作与发展联席会议在马鞍山召开，会议审议并通过了《2015年长三角地区合作与发展联席会议纪要》。其中包括加强生态环境保护，继续完善新安江流域环境保护合作补偿机制，继续加强区域大气污染联防联控联治。

2015年10月　环保部根据严守空间红线、总量红线、准入红线（"三条铁线"）的要求，在京召开了京津冀、长三角、珠三角三大地区战略环境评价项目启动会。

2015年11月　环境保护部召开京津冀、长三角、珠三角三大地区战略环境评价项目启动会暨环境保护部环境影响评价专家咨询组成立会议。按照严守空间红线、总量红线、准入红线"三条铁线"的要求，对京津冀、长三角、珠三角三大地区进行战略环境影响评价。

Abstract

Regional ecological environment is an integral whole, in which various factors influence with each other. With the rapid development of economy, environment pollution and ecological damage had become a common problem that many areas faced in our country. The regional and integrated features of ecological environment objectively require us to break the administrative boundaries. Strengthening regional environment management cooperation, with promoting the coordinated development of economic integration and environmental protection, is a necessary requirement to achieve the goal of regional ecological civilization construction. Regional environment management cooperation is a state or process to integrate the environment protection in a single area into an ecological area of cross-administrative regions. In this ecological area, institutional barriers are weakened or even eliminated, environmental management elements are tend to flow freely. Since the reform and opening-up, with the rapid development of industrialization and urbanization, Yangtze River Delta has become one of the regions with high economic level and comprehensive strength. At the same time, the uncertainty and complexity of regional ecological environmental problems are increasing, and how to solve the problem of regional ecological environment is becoming more and more urgent. From the Cooperation Agreement on Environmental Protection in the Yangtze River Delta Region (2009 – 2010) to establishing air pollution control cooperation mechanism, the environmental protection cooperation in the Yangtze River Delta region has carried out various forms of communication, consultation and coordination, promoted regional environmental cooperation implementation, and achieved some positive results. However, as being influenced by the constraints of the administrative barriers, the regional differences in economic development and social governance capacity, the collaborative development of environmental protection is still facing a big challenge in the Yangtze River Delta.

In order to objectively evaluate the level and trend of environmental protection in different areas of the Yangtze River Delta, the general report of Blue Book this year constructed a synergetic development evaluation system of regional environmental protection, the results were as follows: The environmental protection level of the three provinces and one city in the Yangtze River Delta is constantly moving towards the orderly development, and in terms of the improvement extent of the order degree of environment protection, Shanghai performed best, while the other three provinces were inferior comparatively and the upward trend is not very significant, though they also improved to some extent. The environmental protection among the three provinces and one city of the Yangtze River Delta is in a state of co-evolution in general, but the numerical values of the coordination degree of environmental protection in these regions are all relatively small, the biggest is just 0. 266 which means the level of regional environmental protection cooperation development is still relatively low. Among these three provinces and one city in the Yangtze River Delta, the coordination degree between Shanghai and Zhejiang is the highest, and the degrees between Anhui and other two provinces and one city are at a relatively low level.

At present, the air pollution control cooperation act mainly in accordance with the regional air pollution joint prevention and control mechanism set up in 2014, and then on the basis of it, "Yangtze River Delta region to implement air pollution control action plan" and "the Yangtze River Delta region air pollution emergency linkage work program" were promulgated successively. Furthermore, the construction of the regional air quality forecasting system was also started up and made the stage progress. Yangtze River Delta regional water environment cooperation is mainly in two ways: one is the spontaneous consultation model among the three provinces and one city, the main part of which is the special mechanism of environmental protection cooperation under the Yangtze River Delta regional cooperation and development joint conference. The other is the river basin cooperation led by central ministries, such as the Taihu River Basin and Xin'An river basin's water environment comprehensive control. The regional cooperation of air pollution control and water environment control in Yangtze

River Delta is facing many similar obstacles, mainly includes: the legal system of environmental cooperation is not perfect that results the lack of responsibility mechanism and compulsory force; the regional environmental management is difficult to implement for the reason of administration division; the function of the environmental management agency is limited so that unable to effectively undertake the responsibilities of comprehensive coordination and supervision and management; the supervision and administration institution with regional law enforcement authority is lacking; the market mechanism has not been fully played a role in regional environmental governance cooperation. Moreover, the air pollution control and water environment management in the Yangtze River Delta are also facing new problems and tasks respectively, such as many kinds of industrial park has become an important engine of economic development in the Yangtze River Delta in which great impact was on the water environment of the river basin. Due to the confusion of the management system, some of the industrial parks have a large water environment risk. There are a large number of motor vehicles and ships in the Yangtze River Delta region, the influence to the atmospheric environment by the pollutant discharge is remarkable, and the law enforcement supervision to the mobile pollution sources is difficult as its strong mobility.

Currently, the integrated development of the Yangtze River Delta has been promoted to the national strategic level. Accelerating the process of regional integration in the Yangtze River Delta region, which makes the inter regional interdependence gradually enhanced, has brought this region a good opportunity to establish environmental protection cooperation mechanism, optimize the allocation of resources, innovate environmental management technology, and construct regional integrated environmental protection market, etc. It will also effectively promote the development of regional environmental protection cooperation. The cooperation of environmental protection in Yangtze River Delta should focus to solve the problem of time and space. We should coordinate the development gap between regions in space and firstly breakthrough in some key areas. While in time it should promote cooperation steadily in stages, starting with the outstanding environmental issues of common concern, and then gradually cover the whole field of environmental protection. With the promotion of economic and social integration in the Yangtze River Delta, establishing the overall planning of regional environmental protection, constructing the ecological compensation mechanism in the river basin, co-constructing and sharing the regional environmental protection infrastructure, developing the regional environmental protection industry and opening the market, constructing the regional emissions trading market, optimizing the regional energy structure, building eco industrial park cooperatively, and building the intercity low carbon green transportation, etc, will become the key areas of environmental protection cooperation in the Yangtze River Delta region.

In the aspect of River Basin Water Environment Management Innovation, first of all, it should improve the drainage basin coordination mechanism and implementation framework, and comprehensively establish a coordination and supervision mechanism of "central leading, local participating, and drainage basin agency organizing". Secondly, it should implement the regional water environment co-governance strategy, overall manage the objectives and the function layout, strengthen the unity and rationality of water environment management standards, and establish environmental monitoring and early warning mechanism of water linkage in River Basin. Thirdly, it should also pay attention to the water management innovation of river basin Industry Park, implement the main responsibility of water environment protection and total pollutant emission reduction targets in Industry Park, improve the water management organization system of the park, and establish and improve the environmental statistical system of river basin Industry Park.

In the aspect of regional atmospheric joint prevention and control, firstly, it should strengthen the top-level design, break the bottleneck of the administrative area segmentation, and establish two levels organization and management system of "vertical and horizontal". Secondly, it should strengthen the regional coordination linkage and implement the regional unified planning, unified control, unified supervision, unified assessment and unified supervision. Thirdly, it should strengthen the regional linkage of mobile pollution sources control, feel out the emission status and its environmental impact that of the air pollutant emissions from ships and motor vehicles in Yangtze River Delta, establish the sharing platform of

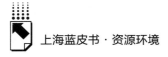

the regional mobile pollution sources information, strengthen the supervision of local vehicle fuel quality, introduce regional uniform pollution control standards, and study to establish the Yangtze River Delta regional cooperation area of vehicle and vessel pollution prevention.

Keywords：Yangtze River Delta；Environmental Management Cooperation；River Basin Water Treatment；Joint Prevention and Control of Air Pollution

Contents

I General Report

Abstract: The environmental protection of Yangtze River Delta is facing a complicated and grim situation, atmospheric compound pollution and water pollution have become common problems faced by the region. Thus, the regional environmental co-governance became an important part of environmental protection of Yangtze River Delta in recent years. In order to evaluate the levels and trends of the environmental co-governance in Yangtze River Delta, an ordering degree of regional environmental protection subsystem model and a synergistic degree of complex system model are constructed. The evaluation results showed that: the environmental protection of Yangtze River Delta is constantly towards the direction of development in an orderly, and the ordering degree of Shanghai improved significantly. In study period, environmental protection of Yangtze River Delta regions showed a co-evolution state, but the synergy degree is small, the level of the environmental co-governance in Yangtze River Delta is still relatively low. However, the coordinated development of environmental protection in Yangtze River Delta still face many constraints, such as administrative barriers, regional differences in economic development and imbalance of social participating environment protection. Therefore, promotion of the level of the environmental co-governance in Yangtze River Delta depends on the following points: Firstly, enhancing the top-level design of regional environmental cooperation, considering the differences of regional development in environmental objectives setting, making use of the experience of selected units to promote work in the entire area, and then sharing of environmental protection information through a unified regional environmental monitoring network.

Keywords: Environmental Collaboration; Yangtze River Delta; Environmental Treatment Synergy Degree

II　On General View

B. 2　Research on the Key Areas of Environmental Management
　　　in the Context of the Integration of Yangtze
　　　River Delta　　　　　　　　　　　　　　　*Cheng Jin* / 020

Abstract: Abstract: Yangtze River Delta plays an important role in China's economic development, with the rapid economic development, Yangtze River Delta faces enormous pressure on the ecological environment, and the integrated features of ecological environment determine that Yangtze River Delta has to strengthen regional cooperation in environmental Treatment. The current development of Yangtze River Delta integration has been upgraded to a national strategic level, the process of regional integration of Yangtze River Delta is speeding up, and the inter-regional interdependence gradually increased, all these bring good opportunities to establish inter-regional environmental cooperation mechanism, optimize resource allocation, innovative environmental control technologies, and promote the process of environmental protection markets integration. In this context, the key fields of regional environmental cooperation include the overall planning of the regional environmental protection, construction of ecological compensation mechanism, sharing of regional environmental infrastructure, environmental protection industry development and market opening, the regional emissions trading markets, co-construction of ecological industrial parks, and low-carbon green intercity traffic.

Keywords: Regional Integration; Environmental Governance; Regional Cooperation

B. 3 Research on Regional Cooperation Mechanism of Water Environment Management in Yangtze River Delta

Ai Lili, Zhu Yongqing / 044

Abstract: It is difficult to solve all environmental issues of Yangtze River locally. In this study, the necessity of establishment of the coordination mechanism in the region will be discussed based on the deepened analysis of surface water resources, water quality and pollution characteristics in Yangtze River Delta region. It is suggested that we should further promote regional cooperation, improve the cooperation mechanism, continuously enhance the level and depth of the cooperation, further unify the water environmental planning and standard, improve information sharing, to achieve the sustainable development of the region.

Keywords: Yangtze Delta; Water Environmental Protection; Coordination Mechanism

B. 4 Deepen the Air Pollution Joint Prevention and Control Mechanism and Countermeasures in the Yangtze River Delta

Li Li, Lin Li, Huang Cheng and Chen Yiran / 064

Abstract: Yangtze River Delta is one of the most economically developed regions in eastern China, and it is one of the most seriously polluted areas with high energy consumption and dense air pollutant emissions. It is faced with high environmental pressure due to the industrial chain and dense transportation network. Joint prevention and control mechanism was established in January 2014 in order to resolve the heavy air pollution, and it has pushed forward significant regional air pollution control progress. Although the mechanism has accomplished remarkable achievements, there are still some key bottlenecks related to mechanisms, policies and supervision. Based on analysis of the regional air pollution issues, achievements and shortcomings, and survey of the joint air pollution control experiences both at home and abroad, some suggestions which may improve the mechanism are proposed in this article.

Keywords: Yangtze River Delta; Air Pollution Complex; Joint prevention and control

III   On Special Topic

B. 5   Research on the Cooperation and Management of Ship Waste Pollution in Yangtze River Delta　　　　*Huang Cheng* / 091

Abstract: The Ship has become an important source of air pollution in China's coastal areas. The joint prevention and control work is needed to be done on the regional level for the lack of measures. Developed countries have been gradually control the air pollution from ships by establishing emission control area, transferring low sulfur oil, constructing shore power and formulating ship emission standard. However, the ship air pollution prevention work have not yet started in the Yangtze River Delta region and the country as well. Problems lie in low-quality fuel, lack of emission standards, and slow speed of shore power construction while the regional cooperation mechanism has not been established. In order to further improve the air quality in Yangtze River Delta Region, ship air pollution control should be promoted as soon as possible, the joint prevention measures of which include emission control area, ship air emission standard, shore power construction and ship supervision.

Keywords: Yangtze River Delta; Ships; Air Pollution; Collaborative Treatment

Abstract: Based on definition of United Nations Environment Programme (UNEP), industrial parks in this thesis include all kinds of industrial parks, development areas, industrial bases, industrial lands and so on in our country. With the rapid advance of industrialization and urbanization in China, Industries and enterprises show obvious agglomeration trend, various types of industrial parks have become important engines for the development of industrial economy in China. Jiangsu province, Zhejiang province and Shanghai city in Taihu Basin approximately gathered nearly 2000 various levels of industrial parks, which account for more than 60% of their industrial output value. Meanwhile, annual wastewater discharge exceeds 2.5 billion tons, which makes tremendous impact on water environment in this river basin. What's more, a large number of industrial parks in this river basin have confused management systems. Performance appraisal and management system has not been established. They are short of park environmental management agencies and regulatory power. Therefore, some industrial parks have a large environmental risk. This thesis takes water environmental performance evaluation of industrial parks as the starting point with a view to establishing water environment performance evaluation index system that can scientifically and comprehensively reflect the water resources use and water environment protection in industrial parks of this river basin. In the end, in order to ensure the water environment performance evaluation and improve the industrial park water environment performance, this thesis puts forward some suggestions for improving key management systems. We should implement main responsibility of water environment protection of the park management agency. We should make industrial parks conduct total pollutant emission reduction targets. We should set up water environment target in industrial parks according to basin control principles. We should establish a sound environmental statistical system for industrial parks in the basin.

Keywords: Taihu; Basin; Industrial Parks; Water Environment; Performance Evaluation; Performance Management

B. 7　The Problems and Suggestions of Taihu Basin Industrial Parks Implying Alliance for Water Stewardship Standard

Liu Zhaofeng / 125

Abstract: Taihu Basin, as an important part of Yangtze River Delta Region, has more important water issues. Although many of industrial parks in this region have created high proportion of economic value with lots of water resource and pollutants, the pattern and level of water management in industrial park is different from each other, which leads to uncoordinated issues in regional water environmental governance. Integrated water resources management as the starting point of the most stringent water management and Alliance for Water Stewardship Standard has implied in industrial park. The core of AWS standard are from the viewpoint of the basin－level water resources management, emphasizing the whole process of management, while focusing on stakeholder participation, to play the role of supply chain management, balancing social, economic and ecological benefits, thus the formation of bottom water management. This paper analyzes the main problems facing the industrial park water management, such as lack of water management related planning, the lack of inter－sectoral coordination, lack of public participation, with little regard for its impact on the watershed, the ability of environment management weak, so it is necessary to imply AWS in industrial parks. To identify how AWS standards fit the industrial park, we have built from the collection of data, planning, implementation, evaluation and information disclosure. Finally, we provide five suggestions: strengthen system security, to promote the park to carry out AWS standards, adhere to both process evaluation and outcome evaluation, water management organizations to improve the park system, and strengthen supervision assessment, public participation, building the basin water management consultation platform.

Keywords: Alliance for Water Stewardship Standards (AWS); Industrial Park; Stakeholder participation;

B. 8 Construction and Application of the Assessment System for Dongtiaoxi River Fish Integrity and River Health

Li Jianhua, Huang Liangliang and Cao Wenbiao / 148

Abstract: The Taihu lake basin span across Jiangsu, Zhejiang, Shanghai, it is one of the most densely populated, well developed in agricultural and industrial production, GDP and per capita income of the fastest growing regions in China. After the outbreak of Taihu lake water crisis, in the end of may, 2007, joint efforts were taken to Taihu governance and it achieved initial results., the safety of drinking water were effectively ensured and the water environmental quality was improved. The government just concern about water quality index for a long time, but ignored the aquatic ecosystem health and biodiversity protection. East Tiaoxi River is one of important rivers into the Taihu Lake, intensified human activities in recent years resulting in river basin water environment deterioration, Taihu lake fish diversity declination and community structure simplification. in this paper, River health of East Tiaoxi River Basin was as the research object, on the foundation of fish and fish habitat types diversity research and their relation with environmental stress factors, index evaluation method based on fish biological integrity index (F - IBI) was presented, and through the field investigation, selection and assignment, a suitable evaluation index system of the region was established. Through practical application on river basin scale, the index system has proved that it can be used as a common tool in different types of river ecosystem health evaluation of Taihu lake basin.

Keywords: Taihu Lake; River health Evaluation; Fish; Biological Integrity

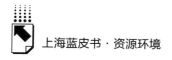

B. 9　Study on the System Design of the Compensation for the use and Trading of Emission Rights in the Yangtze River Delta region

Ji Xin / 163

Abstract：The payment of emission rights and emission trading system is vital to the mechanism innovation and institutional reform in China's environmental and resource field, and it is also important for the construction of ecological civilization institution in China. Under more than twenty years' practices, China has accumulated experience in emission trading and obtained achievements. The Yangtze River Delta is one of the earliest pilot regions to implement the emission trading system, of which Zhejiang Province and Jiangsu Province has formed the institutional framework and detailed policy design on setting allowance cap, identifying the scope, verifying and allocating emission rights, pricing and trading emission rights, supervising and managing emission trading system. This paper summarizes and evaluates the existing institutional framework and policy design of the payment of emission rights and emission trading system in the Yangtze River Delta. There are several problems based on the above analysis, including the lack of legal protection, the unreasonable cap setting, the lack of technical manual on verifying and pricing emission rights, Poorly developed secondary market, the difficulty in verifying the actual emission level, the ambiguous punishment and so on. The emission trading system based on the administrative division can result in lots of problems, such as the ineffective allocation of the resources among different administrative divisions, the inactive of emission trading market. Besides, primary pollutants will transfer to other places through the river and air. Thus, from the perspective of the integration development of the Yangtze River Delta, it is necessary to establish trans - regional emission trading market. And policy suggestions are proposed to improve the policy design, including ensuring the legal status of emission trading, building basic data and statistics system of primary pollutants emissions, formulating the technical manual of verifying and pricing emission rights, increasing market liquidity, setting reasonable punishment criteria.

Keywords: The Payment of Emission Rights; Emission Trading; Policy Design

Ⅳ   On Case

B. 10   Comparison of International Cases of Water Treatment in River Basin   *Yu Hongyuan* / 192

Abstract: The water resource issue not only imposes an impact on national relations, but also bringing about influence among other issues. Water Resouce has direct influence on regional governance, affecting the sustainable development of social economy. Thus, China should recognize the co − existing character of water resource from a strategic perspective, and also adopting a systematic cooperation approach to deal with the degrading trend of water governance. From the cases of the United States, Japan, Austrilia, Canada and Russia, this paper has a review of different governance models of foreign countries, such as centralized governance model, decentralized governance model and centralized − decentralized governance model

Keywords: Water Governance; Gentralized Govenance; Decentralized Governance; Mixed Govenance

B. 11   Development of Regional Environmental Cooperation in Tokyo and Its Implications to Shanghai

Liu Zhaofeng / 214

Abstract: In the background of the Yangtze River Delta regional integration, regional environmental cooperation is particularly important. The current framework of the Yangtze River Delta regional environmental cooperation has been initially established, and for the management of air pollution target, and achieved remarkable results. Through study for the regional environment in Tokyo, we analysis the relationship between environment strategies and regional development, in which we have acquired some the useful experience. Combined with Shanghai and the Yangtze River Delta, we propose that regional environment cooperation and urban environment strategies mutually reinforcing; clean energy strategy is the core of regional environmental cooperation; regional environment cooperation should be combined with regional planning; major event is an excellent opportunity for the city and the regional environmental problem solving; low-carbon urban construction to solve traditional environmental problems.

Keywords: Regional Environmental Cooperation; Environment Strategy; Region Development.

B. 12　The Experience of Environmental Management in
　　　London Metropolitan Area and Its Revelation

Cheng Jin / 231

Abstract: The environmental governance of London have four development stages: the governance of environmental hazards, restructuring of industrial structure and energy structure, Improving of environmental criteria institutional system, low-carbon and adaptation to climate change. In future, municipal waste, additional energy supply needs, public transport needs will become urban major environmental pressures and challenges, wisdom environmental management and green development become the development direction of environmental management for the future of London. In the development process of London environmental governance, promoting of the central city population and industrial activities to the periphery ease is an important part of London environmental governance. Through the cooperation of the center city and outlying Metro, optimizing of resource allocation and city function orientation has make a contribution to easing the pressure on the urban environment.

Keywords: Environmental Governance; London; Implications

B. 13 Enrironmental Management and Environmental
Cooperation in New York City and Its
Enlightenment to Shanghai   *Chen Ning* / 246

Abstract: Beginning with research on socio-economic development of New York, this paper studies the intrinsic logics among socio-economic background, environmental quality and environmental protection measures of that city. In the past one century, the evolution history of New York's environmental protection can be divided into four phases: respectively environmental protection capacity building phase, pollution-abatement-oriented phase, environmental-quality-oriented phase and residents-health-oriented phase, and this paper analyzes environmental policies and measures in different phases. Meantime, socio-economic development of New York City is closely linked with the neighboring areas of the metropolis; the city is the powerful engine of regional economic development and benefits from the inter-linked transportation system, talented labor force and mature infrastructure in the metropolis circle. In recent years, the tendency of closer socio-economic cooperation arises in New York Metropolis Circle, but segregation of administrative jurisdiction hinders implementation of regional planning and deeper cooperation in key fields such as transportation, energy, telecommunication and ecological protection. So, for many years, New York Metropolis Circle is exploring environmental cooperation scheme with New York City as the leader, the financial system as the bond and the special agency as the main executant.

Keywords: New York City; Metropolis Circle; Environmental Cooperation; Environmental Governance; Implications

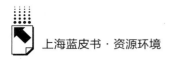
B. 14   The Experience, Lessons and Implications of
         Environmental Governance in Pairs
         Metropolitan Area   *Cao Liping* / 265

Abstract: Environmental governance integration is an important mechanism
for regional environmental cooperation. Comparison of different stages since the
formation of the international metropolitan circle environmental problems and
environmental strategy, with global city as the center of Paris metropolitan area
environmental governance summarize experiences and lessons, explore Paris
metropolitan area environmental governance implementation of integration path and
the effect, and the management of water pollution, air pollution management and
environmental management three aspects to our country in Shanghai as the center
of the Yangtze river delta region environmental cooperation, in order to the local
governments in Yangtze river delta and the environmental protection department to
provide the reference.

Keywords: Paris   Metropolitan   Area; Environmental   Governance;
Experiences and Lessons; Implications

V   Appendix

B. 15   Annual Index of Shanghai Resources and
         Environment   *Liu Zhaofeng* / 293

B. 16   Big Events   *Cao Liping* / 299

❖ 皮书起源 ❖

"皮书"起源于十七、十八世纪的英国，主要指官方或社会组织正式发表的重要文件或报告，多以"白皮书"命名。在中国，"皮书"这一概念被社会广泛接受，并被成功运作、发展成为一种全新的出版形态，则源于中国社会科学院社会科学文献出版社。

❖ 皮书定义 ❖

皮书是对中国与世界发展状况和热点问题进行年度监测，以专业的角度、专家的视野和实证研究方法，针对某一领域或区域现状与发展态势展开分析和预测，具备原创性、实证性、专业性、连续性、前沿性、时效性等特点的公开出版物，由一系列权威研究报告组成。

❖ 皮书作者 ❖

皮书系列的作者以中国社会科学院、著名高校、地方社会科学院的研究人员为主，多为国内一流研究机构的权威专家学者，他们的看法和观点代表了学界对中国与世界的现实和未来最高水平的解读与分析。

❖ 皮书荣誉 ❖

皮书系列已成为社会科学文献出版社的著名图书品牌和中国社会科学院的知名学术品牌。2011年，皮书系列正式列入"十二五"国家重点出版规划项目；2012~2015年，重点皮书列入中国社会科学院承担的国家哲学社会科学创新工程项目；2016年，46种院外皮书使用"中国社会科学院创新工程学术出版项目"标识。

中国皮书网

www.pishu.cn

发布皮书研创资讯，传播皮书精彩内容
引领皮书出版潮流，打造皮书服务平台

栏目设置：

☐ 资讯：皮书动态、皮书观点、皮书数据、
　　　　皮书报道、皮书发布、电子期刊
☐ 标准：皮书评价、皮书研究、皮书规范
☐ 服务：最新皮书、皮书书目、重点推荐、在线购书
☐ 链接：皮书数据库、皮书博客、皮书微博、在线书城
☐ 搜索：资讯、图书、研究动态、皮书专家、研创团队

　　中国皮书网依托皮书系列"权威、前沿、原创"的优质内容资源，通过文字、图片、音频、视频等多种元素，在皮书研创者、使用者之间搭建了一个成果展示、资源共享的互动平台。

　　自 2005 年 12 月正式上线以来，中国皮书网的 IP 访问量、PV 浏览量与日俱增，受到海内外研究者、公务人员、商务人士以及专业读者的广泛关注。

　　2008 年、2011 年中国皮书网均在全国新闻出版业网站荣誉评选中获得"最具商业价值网站"称号；2012 年，获得"出版业网站百强"称号。

　　2014 年，中国皮书网与皮书数据库实现资源共享，端口合一，将提供更丰富的内容，更全面的服务。

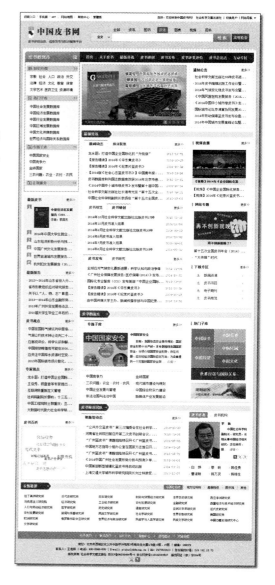

法 律 声 明

　　"皮书系列"（含蓝皮书、绿皮书、黄皮书）之品牌由社会科学文献出版社最早使用并持续至今，现已被中国图书市场所熟知。"皮书系列"的 LOGO（■）与"经济蓝皮书""社会蓝皮书"均已在中华人民共和国国家工商行政管理总局商标局登记注册。"皮书系列"图书的注册商标专用权及封面设计、版式设计的著作权均为社会科学文献出版社所有。未经社会科学文献出版社书面授权许可，任何使用与"皮书系列"图书注册商标、封面设计、版式设计相同或者近似的文字、图形或其组合的行为均系侵权行为。

　　经作者授权，本书的专有出版权及信息网络传播权为社会科学文献出版社享有。未经社会科学文献出版社书面授权许可，任何就本书内容的复制、发行或以数字形式进行网络传播的行为均系侵权行为。

　　社会科学文献出版社将通过法律途径追究上述侵权行为的法律责任，维护自身合法权益。

　　欢迎社会各界人士对侵犯社会科学文献出版社上述权利的侵权行为进行举报。电话：010－59367121，电子邮箱：fawubu@ ssap. cn。

社会科学文献出版社

权威报告·热点资讯·特色资源

皮书数据库
ANNUAL REPORT(YEARBOOK)
DATABASE

当代中国与世界发展高端智库平台

S 子库介绍
ub-Database Introduction

中国经济发展数据库

涵盖宏观经济、农业经济、工业经济、产业经济、财政金融、交通旅游、商业贸易、劳动经济、企业经济、房地产经济、城市经济、区域经济等领域，为用户实时了解经济运行态势、把握经济发展规律、洞察经济形势、做出经济决策提供参考和依据。

中国社会发展数据库

全面整合国内外有关中国社会发展的统计数据、深度分析报告、专家解读和热点资讯构建而成的专业学术数据库。涉及宗教、社会、人口、政治、外交、法律、文化、教育、体育、文学艺术、医药卫生、资源环境等多个领域。

中国行业发展数据库

以中国国民经济行业分类为依据，跟踪分析国民经济各行业市场运行状况和政策导向，提供行业发展最前沿的资讯，为用户投资、从业及各种经济决策提供理论基础和实践指导。内容涵盖农业，能源与矿产业，交通运输业，制造业，金融业，房地产业，租赁和商务服务业，科学研究，环境和公共设施管理，居民服务业，教育，卫生和社会保障，文化、体育和娱乐业等 100 余个行业。

中国区域发展数据库

以特定区域内的经济、社会、文化、法治、资源环境等领域的现状与发展情况进行分析和预测。涵盖中部、西部、东北、西北等地区，长三角、珠三角、黄三角、京津冀、环渤海、合肥经济圈、长株潭城市群、关中—天水经济区、海峡经济区等区域经济体和城市圈，北京、上海、浙江、河南、陕西等 34 个省份。

中国文化传媒数据库

包括文化事业、文化产业、宗教、群众文化、图书馆事业、博物馆事业、档案事业、语言文字、文学、历史地理、新闻传播、广播电视、出版事业、艺术、电影、娱乐等多个子库。

世界经济与国际政治数据库

以皮书系列中涉及世界经济与国际政治的研究成果为基础，全面整合国内外有关世界经济与国际政治的统计数据、深度分析报告、专家解读和热点资讯构建而成的专业学术数据库。包括世界经济、世界政治、世界文化、国际社会、国际关系、国际组织、区域发展、国别发展等多个子库。

社长
致辞

我们是图书出版者，更是人文社会科学内容资源供应商；

我们背靠中国社会科学院，面向中国与世界人文社会科学界，坚持为人文社会科学的繁荣与发展服务；

我们精心打造权威信息资源整合平台，坚持为中国经济与社会的繁荣与发展提供决策咨询服务；

我们以读者定位自身，立志让爱书人读到好书，让求知者获得知识；

我们精心编辑、设计每一本好书以形成品牌张力，以优秀的品牌形象服务读者，开拓市场；

我们始终坚持"创社科经典，出传世文献"的经营理念，坚持"权威、前沿、原创"的产品特色；

我们"以人为本"，提倡阳光下创业，员工与企业共享发展之成果；

我们立足于现实，认真对待我们的优势、劣势，我们更着眼于未来，以不断的学习与创新适应不断变化的世界，以不断的努力提升自己的实力；

我们愿与社会各界友好合作，共享人文社会科学发展之成果，共同推动中国学术出版乃至内容产业的繁荣与发展。

社会科学文献出版社社长
中国社会学会秘书长

2016 年 1 月

社会科学文献出版社
SOCIAL SCIENCES ACADEMIC PRESS (CHINA)

社会科学文献出版社成立于1985年，是直属于中国社会科学院的人文社会科学专业学术出版机构。

成立以来，特别是1998年实施第二次创业以来，依托于中国社会科学院丰厚的学术出版和专家学者两大资源，坚持"创社科经典，出传世文献"的出版理念和"权威、前沿、原创"的产品定位，社科文献立足内涵式发展道路，从战略层面推动学术出版五大能力建设，逐步走上了智库产品与专业学术成果系列化、规模化、数字化、国际化、市场化发展的经营道路。

先后策划出版了著名的图书品牌和学术品牌"皮书"系列、"列国志"、"社科文献精品译库"、"全球化译丛"、"全面深化改革研究书系"、"近世中国"、"甲骨文"、"中国史话"等一大批既有学术影响又有市场价值的系列图书，形成了较强的学术出版能力和资源整合能力。2015年社科文献出版社发稿5.5亿字，出版图书约2000种，承印发行中国社科院院属期刊74种，在多项指标上都实现了较大幅度的增长。

凭借着雄厚的出版资源整合能力，社科文献出版社长期以来一直致力于从内容资源和数字平台两个方面实现传统出版的再造，并先后推出了皮书数据库、列国志数据库、"一带一路"数据库、中国田野调查数据库、台湾大陆同乡会数据库等一系列数字产品。数字出版已经初步形成了产品设计、内容开发、编辑标引、产品运营、技术支持、营销推广等全流程体系。

在国内原创著作、国外名家经典著作大量出版，数字出版突飞猛进的同时，社科文献出版社从构建国际话语体系的角度推动学术出版国际化。先后与斯普林格、博睿、牛津、剑桥等十余家国际出版机构合作面向海外推出了"皮书系列""改革开放30年研究书系""中国梦与中国发展道路研究丛书""全面深化改革研究书系"等一系列在世界范围内引起强烈反响的作品；并持续致力于中国学术出版走出去，组织学者和编辑参加国际书展，筹办国际性学术研讨会，向世界展示中国学者的学术水平和研究成果。

此外，社科文献出版社充分利用网络媒体平台，积极与中央和地方各类媒体合作，并联合大型书店、学术书店、机场书店、网络书店、图书馆，逐步构建起了强大的学术图书内容传播平台。学术图书的媒体曝光率居全国之首，图书馆藏率居于全国出版机构前十位。

上述诸多成绩的取得，有赖于一支以年轻的博士、硕士为主体，一批从中国社科院刚退出科研一线的各学科专家为支撑的300多位高素质的编辑、出版和营销队伍，为我们实现学术立社，以学术品位、学术价值来实现经济效益和社会效益这样一个目标的共同努力。

作为已经开启第三次创业梦想的人文社会科学学术出版机构，我们将以改革发展为动力，以学术资源建设为中心，以构建智慧型出版社为主线，以"整合、专业、分类、协同、持续"为各项工作指导原则，全力推进出版社数字化转型，坚定不移地走专业化、数字化、国际化发展道路，全面提升出版社核心竞争力，为实现"社科文献梦"奠定坚实基础。

经 济 类

经济类皮书涵盖宏观经济、城市经济、大区域经济，
提供权威、前沿的分析与预测

经济蓝皮书

2016 年中国经济形势分析与预测

李 扬 / 主编　　2015 年 12 月出版　　定价 :79.00 元

◆　　本书为总理基金项目，由著名经济学家李扬领衔，联合中国社会科学院等数十家科研机构、国家部委和高等院校的专家共同撰写，系统分析了 2015 年的中国经济形势并预测 2016 年我国经济运行情况。

世界经济黄皮书

2016 年世界经济形势分析与预测

王洛林　张宇燕 / 主编　　2015 年 12 月出版　　定价 :79.00 元

◆　　本书由中国社会科学院世界经济与政治研究所的研究团队撰写，2015 年世界经济增长继续放缓，增长格局也继续分化，发达经济体与新兴经济体之间的增长差距进一步收窄。2016 年世界经济增长形势不容乐观。

产业蓝皮书

中国产业竞争力报告（2016）NO.6

张其仔 / 主编　　2016 年 12 月出版　　估价 :98.00 元

◆　　本书由中国社会科学院工业经济研究所研究团队在深入实际、调查研究的基础上完成。通过运用丰富的数据资料和最新的测评指标，从学术性、系统性、预测性上分析了 2015 年中国产业竞争力，并对未来发展趋势进行了预测。

G20 国家创新竞争力黄皮书

二十国集团（G20）国家创新竞争力发展报告（2016）

李建平　李闽榕　赵新力／主编　　2016 年 11 月出版　估价 :138.00 元

◆　本报告在充分借鉴国内外研究者的相关研究成果的基础上，紧密跟踪技术经济学、竞争力经济学、计量经济学等学科的最新研究动态，深入分析 G20 国家创新竞争力的发展水平、变化特征、内在动因及未来趋势，同时构建了 G20 国家创新竞争力指标体系及数学模型。

国际城市蓝皮书

国际城市发展报告（2016）

屠启宇／主编　　2016 年 1 月出版　　估价 :79.00 元

◆　本书作者以上海社会科学院从事国际城市研究的学者团队为核心，汇集同济大学、华东师范大学、复旦大学、上海交通大学、南京大学、浙江大学相关城市研究专业学者。立足动态跟踪介绍国际城市发展实践中，最新出现的重大战略、重大理念、重大项目、重大报告和最佳案例。

金融蓝皮书

中国金融发展报告（2016）

李　扬　王国刚／主编　2015 年 12 月出版　定价 :79.00 元

◆　　本书由中国社会科学院金融研究所组织编写，概括和分析了 2015 年中国金融发展和运行中的各方面情况，研讨和评论了 2015 年发生的主要金融事件。本书由业内专家和青年精英联合编著，有利于读者了解掌握 2015 年中国的金融状况，把握 2016 年中国金融的走势。

农村绿皮书

中国农村经济形势分析与预测（2015 ~ 2016）

中国社会科学院农村发展研究所　国家统计局农村社会经济调查司／著
2016 年 4 月出版　估价 :69.00 元

◆　　本书描述了 2015 年中国农业农村经济发展的一些主要指标和变化，以及对 2016 年中国农业农村经济形势的一些展望和预测。

西部蓝皮书

中国西部发展报告（2016）

姚慧琴　徐璋勇 / 主编　　2016 年 7 月出版　　估价 :89.00 元

◆　本书由西北大学中国西部经济发展研究中心主编，汇集了源自西部本土以及国内研究西部问题的权威专家的第一手资料，对国家实施西部大开发战略进行年度动态跟踪，并对 2016 年西部经济、社会发展态势进行预测和展望。

民营经济蓝皮书

中国民营经济发展报告 No.12（2015 ~ 2016）

王钦敏 / 主编　　2016 年 1 月出版　　估价 :75.00 元

◆　改革开放以来，民营经济从无到有、从小到大，是最具活力的增长极。本书是中国工商联课题组的研究成果，对 2015 年度中国民营经济的发展现状、趋势进行了详细的论述，并提出了合理的建议。是广大民营企业进行政策咨询、科学决策和理论创新的重要参考资料，也是理论工作者进行理论研究的重要参考资料。

经济蓝皮书夏季号

中国经济增长报告（2015 ~ 2016）

李　扬 / 主编　　2016 年 8 月出版　　估价 :69.00 元

◆　中国经济增长报告主要探讨 2015~2016 年中国经济增长问题，以专业视角解读中国经济增长，力求将其打造成一个研究中国经济增长、服务宏微观各级决策的周期性、权威性读物。

中三角蓝皮书

长江中游城市群发展报告（2016）

秦尊文 / 主编　　2016 年 10 月出版　　估价 :69.00 元

◆　本书是湘鄂赣皖四省专家学者共同研究的成果，从不同角度、不同方位记录和研究长江中游城市群一体化，提出对策措施，以期为将"中三角"打造成为继珠三角、长三角、京津冀之后中国经济增长第四极奉献学术界的聪明才智。

社 会 政 法 类

社会政法类皮书聚焦社会发展领域的热点、难点问题，
提供权威、原创的资讯与视点

社会蓝皮书

2016 年中国社会形势分析与预测

李培林　陈光金　张　翼/主编　2015 年 12 月出版　定价：79.00 元

◆　本书由中国社会科学院社会学研究所组织研究机构专家、高校学者和政府研究人员撰写，聚焦当下社会热点，对2015 年中国社会发展的各个方面内容进行了权威解读，同时对 2016 年社会形势发展趋势进行了预测。

法治蓝皮书

中国法治发展报告 No.14（2016）

李　林　田　禾/主编　　2016 年 3 月出版　　估价：105.00 元

◆　本年度法治蓝皮书回顾总结了 2015 年度中国法治发展取得的成就和存在的不足，并对 2016 年中国法治发展形势进行了预测和展望。

反腐倡廉蓝皮书

中国反腐倡廉建设报告 No.6

李秋芳　张英伟/主编　2017 年 1 月出版　　估价：79.00 元

◆　本书抓住了若干社会热点和焦点问题，全面反映了新时期新阶段中国反腐倡廉面对的严峻局面，以及中国共产党反腐倡廉建设的新实践新成果。根据实地调研、问卷调查和舆情分析，梳理了当下社会普遍关注的与反腐败密切相关的热点问题。

生态城市绿皮书

中国生态城市建设发展报告（2016）

刘举科　孙伟平　胡文臻 / 主编　2016 年 6 月出版　估价 :98.00 元

◆　报告以绿色发展、循环经济、低碳生活、民生宜居为理念，以更新民众观念、提供决策咨询、指导工程实践、引领绿色发展为宗旨，试图探索一条具有中国特色的城市生态文明建设新路。

公共服务蓝皮书

中国城市基本公共服务力评价（2016）

钟　君　吴正杲 / 主编　2016 年 12 月出版　估价 :79.00 元

◆　中国社会科学院经济与社会建设研究室与华图政信调查组成联合课题组，从 2010 年开始对基本公共服务力进行研究，研创了基本公共服务力评价指标体系，为政府考核公共服务与社会管理工作提供了理论工具。

教育蓝皮书

中国教育发展报告（2016）

杨东平 / 主编　2016 年 5 月出版　估价 :79.00 元

◆　本书由国内的中青年教育专家合作研究撰写。深度剖析 2015 年中国教育的热点话题，并对当下中国教育中出现的问题提出对策建议。

生态文明绿皮书

中国省域生态文明建设评价报告（ECI 2016）

严耕 / 主编　　2016 年 12 月出版　　估价 :85.00 元

◆　本书基于国家最新发布的权威数据，对我国的生态文明建设状况进行科学评价，并开展相应的深度分析，结合中央的政策方针和各省的具体情况，为生态文明建设推进，提出针对性的政策建议。

行业报告类

行业报告类皮书立足重点行业、新兴行业领域，
提供及时、前瞻的数据与信息

房地产蓝皮书

中国房地产发展报告 No.13（2016）

魏后凯　李景国 / 主编　2016 年 5 月出版　估价 :79.00 元

◆　蓝皮书秉承客观公正、科学中立的宗旨和原则，追踪 2015
年我国房地产市场最新资讯，深度分析，剖析因果，谋划对策，
并对 2016 年房地产发展趋势进行了展望。

旅游绿皮书

2015 ~ 2016 年中国旅游发展分析与预测

宋　瑞 / 主编　2016 年 1 出版　估价 :98.00 元

◆　本书中国社会科学院旅游研究中心组织相关专家编写的年
度研究报告，对 2015 年旅游行业的热点问题进行了全面的综
述并提出专业性建议，并对 2016 年中国旅游的发展趋势进行
展望。

互联网金融蓝皮书

中国互联网金融发展报告（2016）

李东荣 / 主编　2016 年 8 月出版　估价 :79.00 元

◆　近年来，许多基于互联网的金融服务模式应运而生并对
传统金融业产生了深刻的影响和巨大的冲击，"互联网金融"
成为社会各界关注的焦点。本书探析了 2015 年互联网金融
的特点和 2016 年互联网金融的发展方向和亮点。

资产管理蓝皮书

中国资产管理行业发展报告（2016）

智信资产管理研究院 / 编著　　2016 年 6 月出版　　估价 :89.00 元

◆　　中国资产管理行业刚刚兴起，未来将中国金融市场最有看点的行业，也会成为快速发展壮大的行业。本书主要分析了 2015 年度资产管理行业的发展情况，同时对资产管理行业的未来发展做出科学的预测。

老龄蓝皮书

中国老龄产业发展报告（2016）

吴玉韶　党俊武 / 编著
2016 年 9 月出版　估价 :79.00 元

◆　　本书着眼于对中国老龄产业的发展给予系统介绍，深入解析，并对未来发展趋势进行预测和展望，力求从不同视角、不同层面全面剖析中国老龄产业发展的现状、取得的成绩、存在的问题以及重点、难点等。

金融蓝皮书

中国金融中心发展报告（2016）

王　力　黄育华 / 编著　　2017 年 11 月出版　　估价 :75.00 元

◆　　本报告将提升中国金融中心城市的金融竞争力作为研究主线，全面、系统、连续地反映和研究中国金融中心城市发展和改革的最新进展，展示金融中心理论研究的最新成果。

流通蓝皮书

中国商业发展报告（2016）

荆林波 / 编著　2016 年 5 月出版　　估价 :89.00 元

◆　　本书是中国社会科学院财经院与利丰研究中心合作的成果，从关注中国宏观经济出发，突出了中国流通业的宏观背景，详细分析了批发业、零售业、物流业、餐饮产业与电子商务等产业发展状况。

国别与地区类

国别与地区类皮书关注全球重点国家与地区，提供全面、独特的解读与研究

美国蓝皮书

美国研究报告（2016）

黄平　郑秉文/主编　2016年7月出版　估价：89.00元

◆　本书是由中国社会科学院美国所主持完成的研究成果，它回顾了美国2015年的经济、政治形势与外交战略，对2016年以来美国内政外交发生的重大事件以及重要政策进行了较为全面的回顾和梳理。

拉美黄皮书

拉丁美洲和加勒比发展报告（2015~2016）

吴白乙/主编　2016年5月出版　估价：89.00元

◆　本书对2015年拉丁美洲和加勒比地区诸国的政治、经济、社会、外交等方面的发展情况做了系统介绍，对该地区相关国家的热点及焦点问题进行了总结和分析，并在此基础上对该地区各国2016年的发展前景做出预测。

日本经济蓝皮书

日本经济与中日经贸关系研究报告（2016）

王洛林　张季风/编著　2016年5月出版　估价：79.00元

◆　本书系统、详细地介绍了2015年日本经济以及中日经贸关系发展情况，在进行了大量数据分析的基础上，对2016年日本经济以及中日经贸关系的大致发展趋势进行了分析与预测。

俄罗斯黄皮书

俄罗斯发展报告（2016）

李永全 / 编著　2016 年 7 月出版　估价 :79.00 元

◆　本书系统介绍了 2015 年俄罗斯经济政治情况，并对 2015 年该地区发生的焦点、热点问题进行了分析与回顾；在此基础上，对该地区 2016 年的发展前景进行了预测。

国际形势黄皮书

全球政治与安全报告（2016）

李慎明　张宇燕 / 主编　2015 年 12 月出版　定价 :69.00 元

◆　本书旨在对本年度全球政治及安全形势的总体情况、热点问题及变化趋势进行回顾与分析，并提出一定的预测及对策建议。作者通过事实梳理、数据分析、政策分析等途径,阐释了本年度国际关系及全球安全形势的基本特点，并在此基础上提出了具有启示意义的前瞻性结论。

德国蓝皮书

德国发展报告（2016）

郑春荣　伍慧萍 / 主编　2016 年 6 月出版　估价 :69.00 元

◆　本报告由同济大学德国研究所组织编撰，由该领域的专家学者对德国的政治、经济、社会文化、外交等方面的形势发展情况，进行全面的阐述与分析。

中欧关系蓝皮书

中欧关系研究报告（2016）

周弘 / 编著　2016 年 12 月出版　估价 :98.00 元

◆　本书由欧洲所暨欧洲学会推出，旨在分析、评估和预测年度中欧关系发展态势。本报告的作者均为欧洲方面的专家，他们对欧洲与中国在各个领域的发展情况进行了深入地分析和研究，对读者了解和把握中欧关系是非常有益的参考。

地方发展类

北京蓝皮书

北京公共服务发展报告（2015~2016）

施昌奎 / 主编　　2016 年 1 月出版　　估价：69.00 元

◆　本书是由北京市政府职能部门的领导、首都著名高校的教授、知名研究机构的专家共同完成的关于北京市公共服务发展与创新的研究成果。

河南蓝皮书

河南经济发展报告（2016）

河南省社会科学院 / 编著　　2016 年 12 月出版　　估价：79.00 元

◆　本书以国内外经济发展环境和走向为背景，主要分析当前河南经济形势，预测未来发展趋势，全面反映河南经济发展的最新动态、热点和问题，为地方经济发展和领导决策提供参考。

京津冀蓝皮书

京津冀发展报告（2016）

文　魁　祝尔娟 / 编著　　2016 年 4 月出版　　估价：89.00 元

◆　京津冀协同发展作为重大的国家战略，已进入顶层设计、制度创新和全面推进的新阶段。本书以问题为导向，围绕京津冀发展中的重要领域和重大问题，研究如何推进京津冀协同发展。

文 化 传 媒 类

 文化传媒类皮书透视文化领域、文化产业，探索文化大繁荣、大发展的路径

新媒体蓝皮书

中国新媒体发展报告 No.7（2016）

唐绪军 / 主编　　2016 年 6 月出版　　估价 :79.00 元

◆　本书是由中国社会科学院新闻与传播研究所组织编写的关于新媒体发展的最新年度报告，旨在全面分析中国新媒体的发展现状，解读新媒体的发展趋势，探析新媒体的深刻影响。

移动互联网蓝皮书

中国移动互联网发展报告（2016）

官建文 / 编著　　2016 年 6 月出版　　估价 :79.00 元

◆　本书着眼于对中国移动互联网 2015 年度的发展情况做深入解析，对未来发展趋势进行预测，力求从不同视角、不同层面全面剖析中国移动互联网发展的现状、年度突破以及热点趋势等。

文化蓝皮书

中国文化产业发展报告（2016）

张晓明　王家新　章建刚 / 主编　　2016 年 4 月出版　　估价 :79.00 元

◆　本书由中国社会科学院文化研究中心编写。从 2012 年开始，中国社会科学院文化研究中心设立了国内首个文化产业的研究类专项资金——"文化产业重大课题研究计划"，开始在全国范围内组织多学科专家学者对我国文化产业发展重大战略问题进行联合攻关研究。本书集中反映了该计划的研究成果。

经济类

G20国家创新竞争力黄皮书
二十国集团（G20）国家创新竞争力发展报告（2016）
著(编)者:李建平 李闽榕 赵新力
2016年11月出版 / 估价:138.00元

产业蓝皮书
中国产业竞争力报告（2016）NO.6
著(编)者:张其仔　2016年12月出版 / 估价:98.00元

城市创新蓝皮书
中国城市创新报告（2016）
著(编)者:周天勇 旷建伟　2016年8月出版 / 估价:69.00元

城市蓝皮书
中国城市发展报告 NO.9
著(编)者:潘家华 魏后凯　2016年9月出版 / 估价:69.00元

城市群蓝皮书
中国城市群发展指数报告（2016）
著(编)者:刘士林 刘新静　2016年10月出版 / 估价:69.00元

城乡一体化蓝皮书
中国城乡一体化发展报告（2015～2016）
著(编)者:汝信 付崇兰　2016年7月出版 / 估价:85.00元

城镇化蓝皮书
中国新型城镇化健康发展报告（2016）
著(编)者:张占斌　2016年5月出版 / 估价:79.00元

创新蓝皮书
创新型国家建设报告（2015～2016）
著(编)者:詹正茂　2016年11月出版 / 估价:69.00元

低碳发展蓝皮书
中国低碳发展报告（2016）
著(编)者:齐晔　2016年3月出版 / 估价:89.00元

低碳经济蓝皮书
中国低碳经济发展报告（2016）
著(编)者:薛进军 赵忠秀　2016年6月出版 / 估价:85.00元

东北蓝皮书
中国东北地区发展报告（2016）
著(编)者:马克 黄文艺　2016年8月出版 / 估价:79.00元

工业化蓝皮书
中国工业化进程报告（2016）
著(编)者:黄群慧 吕铁 李晓华 等
2016年11月出版 / 估价:89.00元

管理蓝皮书
中国管理发展报告（2016）
著(编)者:张晓东　2016年9月出版 / 估价:98.00元

国际城市蓝皮书
国际城市发展报告（2016）
著(编)者:屠启宇　2016年1月出版 / 估价:79.00元

国家创新蓝皮书
中国创新发展报告（2016）
著(编)者:陈劲　2016年9月出版 / 估价:69.00元

金融蓝皮书
中国金融发展报告（2016）
著(编)者:李扬 王国刚　2015年12月出版 / 定价:79.00元

京津冀产业蓝皮书
京津冀产业协同发展报告（2016）
著(编)者:中智科博（北京）产业经济发展研究院
2016年6月出版 / 估价:69.00元

京津冀蓝皮书
京津冀发展报告（2016）
著(编)者:文魁 祝尔娟　2016年4月出版 / 估价:89.00元

经济蓝皮书
2016年中国经济形势分析与预测
著(编)者:李扬　2015年12月出版 / 定价:79.00元

经济蓝皮书·春季号
2016年中国经济前景分析
著(编)者:李扬　2016年5月出版 / 估价:79.00元

经济蓝皮书·夏季号
中国经济增长报告（2015～2016）
著(编)者:李扬　2016年8月出版 / 估价:99.00元

经济信息绿皮书
中国与世界经济发展报告（2016）
著(编)者:杜平　2015年12月出版 / 定价:89.00元

就业蓝皮书
2016年中国本科生就业报告
著(编)者:麦可思研究院　2016年6月出版 / 估价:98.00元

就业蓝皮书
2016年中国高职高专生就业报告
著(编)者:麦可思研究院　2016年6月出版 / 估价:98.00元

临空经济蓝皮书
中国临空经济发展报告（2016）
著(编)者:连玉明　2016年11月出版 / 估价:79.00元

民营经济蓝皮书
中国民营经济发展报告 NO.12（2015～2016）
著(编)者:王钦敏　2016年1月出版 / 估价:75.00元

农村绿皮书
中国农村经济形势分析与预测（2015～2016）
著(编)者:中国社会科学院农村发展研究所
　　　　国家统计局农村社会经济调查司
2016年4月出版 / 估价:69.00元

农业应对气候变化蓝皮书
气候变化对中国农业影响评估报告 No.2
著(编)者:矫梅燕　2016年8月出版 / 估价:98.00元

企业公民蓝皮书
中国企业公民报告 NO.4
著(编)者:邹东涛　2016年1月出版 / 估价:79.00元

气候变化绿皮书
应对气候变化报告（2016）
著(编)者:王伟光 郑国光　2016年11月出版 / 估价:98.00元

区域蓝皮书
中国区域经济发展报告（2015～2016）
著(编)者:梁昊光　2016年5月出版 / 估价:79.00元

全球环境竞争力绿皮书
全球环境竞争力报告（2016）
著(编)者:李建平 李闽榕 王金南
2016年12月出版 / 估价:198.00元

人口与劳动绿皮书
中国人口与劳动问题报告 NO.17
著(编)者:蔡昉 张车伟　2016年11月出版 / 估价:69.00元

商务中心区蓝皮书
中国商务中心区发展报告 NO.2（2016）
著(编)者:魏后凯 李国红　2016年1月出版 / 估价:89.00元

世界经济黄皮书
2016年世界经济形势分析与预测
著(编)者:王洛林 张宇燕　2015年12月出版 / 定价:79.00元

世界旅游城市绿皮书
世界旅游城市发展报告（2016）
著(编)者:鲁勇 周正宇 宋宇　2016年6月出版 / 估价:88.00元

西北蓝皮书
中国西北发展报告（2016）
著(编)者:孙发平 苏海红 鲁顺元
2015年12月出版 / 估价:79.00元

西部蓝皮书
中国西部发展报告（2016）
著(编)者:姚慧琴 徐璋勇　2016年7月出版 / 估价:89.00元

县域发展蓝皮书
中国县域经济增长能力评估报告（2016）
著(编)者:王力　2016年10月出版 / 估价:69.00元

新型城镇化蓝皮书
新型城镇化发展报告（2016）
著(编)者:李伟 宋敏 沈体雁　2016年11月出版 / 估价:98.00元

新兴经济体蓝皮书
金砖国家发展报告（2016）
著(编)者:林跃勤 周文　2016年7月出版 / 估价:79.00元

长三角蓝皮书
2016年全面深化改革中的长三角
著(编)者:张伟斌　2016年10月出版 / 估价:69.00元

中部竞争力蓝皮书
中国中部经济社会竞争力报告（2016）
著(编)者:教育部人文社会科学重点研究基地
　　　　南昌大学中国中部经济社会发展研究中心
2016年10月出版 / 估价:79.00元

中部蓝皮书
中国中部地区发展报告（2016）
著(编)者:宋亚平　2016年12月出版 / 估价:78.00元

中国省域竞争力蓝皮书
中国省域经济综合竞争力发展报告（2015～2016）
著(编)者:李建平 李闽榕 高燕京
2016年2月出版 / 估价:198.00元

中三角蓝皮书
长江中游城市群发展报告（2016）
著(编)者:秦尊文　2016年10月出版 / 估价:69.00元

中小城市绿皮书
中国中小城市发展报告（2016）
著(编)者:中国城市经济学会中小城市经济发展委员会
　　　　中国城镇化促进会中小城市发展委员会
　　　　《中国中小城市发展报告》编纂委员会
　　　　中小城市发展战略研究院
2016年10月出版 / 估价:98.00元

中原蓝皮书
中原经济区发展报告（2016）
著(编)者:李英杰　2016年6月出版 / 估价:88.00元

自贸区蓝皮书
中国自贸区发展报告（2016）
著(编)者:王力 王吉培　2016年10月出版 / 估价:69.00元

社会政法类

北京蓝皮书
中国社区发展报告（2016）
著(编)者:于燕燕　2017年2月出版 / 估价:79.00元

殡葬绿皮书
中国殡葬事业发展报告（2016）
著(编)者:李伯森　2016年4月出版 / 估价:158.00元

城市管理蓝皮书
中国城市管理报告（2016）
著(编)者:谭维克 刘林　2017年2月出版 / 估价:118.00元

城市生活质量蓝皮书
中国城市生活质量报告（2016）
著(编)者:张连城 张平 杨春学 郎丽华
2016年7月出版 / 估价:89.00元

城市政府能力蓝皮书
中国城市政府公共服务能力评估报告（2016）
著(编)者:何艳玲　2016年7月出版 / 估价:69.00元

创新蓝皮书
中国创业环境发展报告（2016）
著(编)者:姚凯 曹祎遐　2016年1月出版 / 估价:69.00元

慈善蓝皮书
中国慈善发展报告（2016）
著(编)者:杨团　2016年6月出版 / 估价:79.00元

地方法治蓝皮书
中国地方法治发展报告 NO.2（2016）
著(编)者:李林 田禾　2016年1月出版 / 估价:98.00元

法治蓝皮书
中国法治发展报告 NO.14（2016）
著(编)者:李林 田禾　2016年3月出版 / 估价:105.00元

反腐倡廉蓝皮书
中国反腐倡廉建设报告 NO.6
著(编)者:李秋芳 张英伟　2017年1月出版 / 估价:79.00元

非传统安全蓝皮书
中国非传统安全研究报告（2015～2016）
著(编)者:余潇枫 魏志江　2016年5月出版 / 估价:79.00元

妇女发展蓝皮书
中国妇女发展报告 NO.6
著(编)者:王金玲　2016年9月出版 / 估价:148.00元

妇女教育蓝皮书
中国妇女教育发展报告 NO.3
著(编)者:张李玺　2016年10月出版 / 估价:78.00元

妇女绿皮书
中国性别平等与妇女发展报告（2016）
著(编)者:谭琳　2016年12月出版 / 估价:99.00元

公共服务蓝皮书
中国城市基本公共服务力评价（2016）
著(编)者:钟君 吴正杲　2016年12月出版 / 估价:79.00元

公共管理蓝皮书
中国公共管理发展报告（2016）
著(编)者:贡森 李国强 杨维富
2016年4月出版 / 估价:69.00元

公共外交蓝皮书
中国公共外交发展报告（2016）
著(编)者:赵启正 雷蔚真　2016年4月出版 / 估价:89.00元

公民科学素质蓝皮书
中国公民科学素质报告（2016）
著(编)者:李群 许佳军　2016年3月出版 / 估价:79.00元

公益蓝皮书
中国公益发展报告（2016）
著(编)者:朱健刚　2016年5月出版 / 估价:78.00元

国际人才蓝皮书
海外华侨华人专业人士报告（2016）
著(编)者:王辉耀 苗绿　2016年8月出版 / 估价:69.00元

国际人才蓝皮书
中国国际移民报告（2016）
著(编)者:王辉耀　2016年2月出版 / 估价:79.00元

国际人才蓝皮书
中国海归发展报告（2016）NO.3
著(编)者:王辉耀 苗绿　2016年10月出版 / 估价:69.00元

国际人才蓝皮书
中国留学发展报告（2016）NO.5
著(编)者:王辉耀 苗绿　2016年10月出版 / 估价:79.00元

国家公园蓝皮书
中国国家公园体制建设报告（2016）
著(编)者:苏杨 张玉钧 石金莲 刘锋 等
2016年10月出版 / 估价:69.00元

海洋社会蓝皮书
中国海洋社会发展报告（2016）
著(编)者:崔凤 宋宁而　2016年7月出版 / 估价:89.00元

行政改革蓝皮书
中国行政体制改革报告（2016）NO.5
著(编)者:魏礼群　2016年4月出版 / 估价:98.00元

华侨华人蓝皮书
华侨华人研究报告（2016）
著(编)者:贾益民　2016年12月出版 / 估价:98.00元

环境竞争力绿皮书
中国省域环境竞争力发展报告（2016）
著(编)者:李建平 李闽榕 王金南
2016年11月出版 / 估价:198.00元

环境绿皮书
中国环境发展报告（2016）
著(编)者:刘鉴强　2016年5月出版 / 估价:79.00元

基金会蓝皮书
中国基金会发展报告（2016）
著(编)者:刘忠祥　2016年4月出版 / 估价:69.00元

基金会绿皮书
中国基金会发展独立研究报告（2016）
著(编)者:基金会中心网 中央民族大学基金会研究中心
2016年6月出版 / 估价:88.00元

基金会透明度蓝皮书
中国基金会透明度发展研究报告（2016）
著(编)者:基金会中心网 清华大学廉政与治理研究中心
2016年9月出版 / 估价:85.00元

教师蓝皮书
中国中小学教师发展报告（2016）
著(编)者:曾晓东 鱼霞　2016年6月出版 / 估价:69.00元

教育蓝皮书
中国教育发展报告（2016）
著(编)者:杨东平　2016年5月出版 / 估价:79.00元

科普蓝皮书
中国科普基础设施发展报告（2016）
著(编)者:任福君　2016年6月出版 / 估价:69.00元

科学教育蓝皮书
中国科学教育发展报告（2016）
著(编)者:罗晖　王康友　2016年10月出版 / 估价:79.00元

劳动保障蓝皮书
中国劳动保障发展报告（2016）
著(编)者:刘燕斌　2016年8月出版 / 估价:158.00元

连片特困区蓝皮书
中国连片特困区发展报告（2016）
著(编)者:游俊　冷志明　丁建军
2016年3月出版 / 估价:98.00元

民间组织蓝皮书
中国民间组织报告（2016）
著(编)者:黄晓勇　2016年12月出版 / 估价:79.00元

民调蓝皮书
中国民生调查报告（2016）
著(编)者:谢耘耕　2016年5月出版 / 估价:128.00元

民族发展蓝皮书
中国民族发展报告（2016）
著(编)者:郝时远　王延中　王希恩
2016年4月出版 / 估价:98.00元

女性生活蓝皮书
中国女性生活状况报告 NO.10（2016）
著(编)者:韩湘景　2016年4月出版 / 估价:79.00元

汽车社会蓝皮书
中国汽车社会发展报告（2016）
著(编)者:王俊秀　2016年1月出版 / 估价:69.00元

青年蓝皮书
中国青年发展报告（2016）NO.4
著(编)者:廉思　等　2016年4月出版 / 估价:69.00元

青少年蓝皮书
中国未成年人互联网运用报告（2016）
著(编)者:李文革　沈杰　季为民
2016年11月出版 / 估价:89.00元

青少年体育蓝皮书
中国青少年体育发展报告（2016）
著(编)者:郭建军　杨桦　2016年9月出版 / 估价:69.00元

区域人才蓝皮书
中国区域人才竞争力报告 NO.2
著(编)者:桂昭明　王辉耀
2016年6月出版 / 估价:69.00元

群众体育蓝皮书
中国群众体育发展报告（2016）
著(编)者:刘国永　杨桦　2016年10月出版 / 估价:69.00元

人才蓝皮书
中国人才发展报告（2016）
著(编)者:潘晨光　2016年9月出版 / 估价:85.00元

人权蓝皮书
中国人权事业发展报告 NO.6（2016）
著(编)者:李君如　2016年9月出版 / 估价:128.00元

社会保障绿皮书
中国社会保障发展报告（2016）NO.8
著(编)者:王延中　2016年4月出版 / 估价:99.00元

社会工作蓝皮书
中国社会工作发展报告（2016）
著(编)者:民政部社会工作研究中心
2016年8月出版 / 估价:79.00元

社会管理蓝皮书
中国社会管理创新报告 NO.4
著(编)者:连玉明　2016年11月出版 / 估价:89.00元

社会蓝皮书
2016年中国社会形势分析与预测
著(编)者:李培林　陈光金　张翼
2015年12月出版 / 定价:79.00元

社会体制蓝皮书
中国社会体制改革报告（2016）NO.4
著(编)者:龚维斌　2016年4月出版 / 估价:79.00元

社会心态蓝皮书
中国社会心态研究报告（2016）
著(编)者:王俊秀　杨宜音　2016年10月出版 / 估价:69.00元

社会组织蓝皮书
中国社会组织评估发展报告（2016）
著(编)者:徐家良　廖鸿　2016年12月出版 / 估价:69.00元

生态城市绿皮书
中国生态城市建设发展报告（2016）
著(编)者:刘举科　孙伟平　胡文臻
2016年9月出版 / 估价:148.00元

生态文明绿皮书
中国省域生态文明建设评价报告（ECI 2016）
著(编)者:严耕　2016年12月出版 / 估价:85.00元

世界社会主义黄皮书
世界社会主义跟踪研究报告（2015～2016）
著(编)者:李慎明　2016年4月出版 / 估价:258.00元

水与发展蓝皮书
中国水风险评估报告（2016）
著(编)者:王浩　2016年9月出版 / 估价:69.00元

体育蓝皮书
长三角地区体育产业发展报告（2016）
著(编)者:张林 2016年4月出版 / 估价:79.00元

体育蓝皮书
中国公共体育服务发展报告（2016）
著(编)者:戴健 2016年12月出版 / 估价:79.00元

土地整治蓝皮书
中国土地整治发展研究报告 NO.3
著(编)者:国土资源部土地整治中心
2016年5月出版 / 估价:89.00元

土地政策蓝皮书
中国土地政策发展报告（2016）
著(编)者:高延利 李宪文 唐健
2016年12月出版 / 估价:69.00元

危机管理蓝皮书
中国危机管理报告（2016）
著(编)者:文学国 范正青 2016年8月出版 / 估价:89.00元

形象危机应对蓝皮书
形象危机应对研究报告（2016）
著(编)者:唐钧 2016年6月出版 / 估价:149.00元

医改蓝皮书
中国医药卫生体制改革报告（2016）
著(编)者:文学国 房志武 2016年11月出版 / 估价:98.00元

医疗卫生绿皮书
中国医疗卫生发展报告 NO.7（2016）
著(编)者:申宝忠 韩玉珍 2016年4月出版 / 估价:75.00元

政治参与蓝皮书
中国政治参与报告（2016）
著(编)者:房宁 2016年7月出版 / 估价:108.00元

政治发展蓝皮书
中国政治发展报告（2016）
著(编)者:房宁 杨海蛟 2016年5月出版 / 估价:88.00元

智慧社区蓝皮书
中国智慧社区发展报告（2016）
著(编)者:罗昌智 张辉德 2016年7月出版 / 估价:69.00元

中国农村妇女发展蓝皮书
农村流动女性城市生活发展报告（2016）
著(编)者:谢丽华 2016年12月出版 / 估价:79.00元

宗教蓝皮书
中国宗教报告（2016）
著(编)者:邱永辉 2016年5月出版 / 估价:79.00元

行业报告类

保健蓝皮书
中国保健服务产业发展报告 NO.2
著(编)者:中国保健协会 中共中央党校
2016年7月出版 / 估价:198.00元

保健蓝皮书
中国保健食品产业发展报告 NO.2
著(编)者:中国保健协会
　　　　中国社会科学院食品药品产业发展与监管研究中心
2016年7月出版 / 估价:198.00元

保健蓝皮书
中国保健用品产业发展报告 NO.2
著(编)者:中国保健协会
　　　　国务院国有资产监督管理委员会研究中心
2016年2月出版 / 估价:198.00元

保险蓝皮书
中国保险业创新发展报告（2016）
著(编)者:项俊波 2016年12月出版 / 估价:69.00元

保险蓝皮书
中国保险业竞争力报告（2016）
著(编)者:项俊波 2015年12月出版 / 估价:99.00元

采供血蓝皮书
中国采供血管理报告（2016）
著(编)者:朱永明 耿鸿武 2016年8月出版 / 估价:69.00元

彩票蓝皮书
中国彩票发展报告（2016）
著(编)者:益彩基金 2016年4月出版 / 估价:98.00元

餐饮产业蓝皮书
中国餐饮产业发展报告（2016）
著(编)者:邢颖 2016年4月出版 / 估价:69.00元

测绘地理信息蓝皮书
测绘地理信息转型升级研究报告（2016）
著(编)者:库热西·买合苏提 2016年12月出版 / 估价:98.00元

茶业蓝皮书
中国茶产业发展报告（2016）
著(编)者:杨江帆 李闽榕 2016年10月出版 / 估价:78.00元

产权市场蓝皮书
中国产权市场发展报告（2015～2016）
著(编)者:曹和平 2016年5月出版 / 估价:89.00元

产业安全蓝皮书
中国出版传媒产业安全报告（2016）
著(编)者:北京印刷学院文化产业安全研究院
2016年4月出版 / 估价:69.00元

产业安全蓝皮书
中国文化产业安全报告（2016）
著(编)者:北京印刷学院文化产业安全研究院
2016年4月出版 / 估价:89.00元

产业安全蓝皮书
中国新媒体产业安全报告（2016）
著(编)者:北京印刷学院文化产业安全研究院
2016年5月出版 / 估价:69.00元

大数据蓝皮书
网络空间和大数据发展报告（2016）
著(编)者:杜平　2016年2月出版 / 估价:69.00元

电子商务蓝皮书
中国电子商务服务业发展报告 NO.3
著(编)者:荆林波 梁春晓　2016年5月出版 / 估价:69.00元

电子政务蓝皮书
中国电子政务发展报告（2016）
著(编)者:洪毅 杜平　2016年11月出版 / 估价:79.00元

杜仲产业绿皮书
中国杜仲橡胶资源与产业发展报告（2016）
著(编)者:杜红岩 胡文臻 俞锐
2016年1月出版 / 估价:85.00元

房地产蓝皮书
中国房地产发展报告 NO.13（2016）
著(编)者:魏后凯 李景国　2016年5月出版 / 估价:79.00元

服务外包蓝皮书
中国服务外包产业发展报告（2016）
著(编)者:王晓红 刘德军
2016年6月出版 / 估价:89.00元

服务外包蓝皮书
中国服务外包竞争力报告（2016）
著(编)者:王力 刘春生 黄育华
2016年11月出版 / 估价:85.00元

工业和信息化蓝皮书
世界网络安全发展报告（2016）
著(编)者:洪京一　2016年4月出版 / 估价:69.00元

工业和信息化蓝皮书
世界信息化发展报告（2016）
著(编)者:洪京一　2016年4月出版 / 估价:69.00元

工业和信息化蓝皮书
世界信息技术产业发展报告（2016）
著(编)者:洪京一　2016年4月出版 / 估价:79.00元

工业和信息化蓝皮书
世界制造业发展报告（2016）
著(编)者:洪京一　2016年4月出版 / 估价:69.00元

工业和信息化蓝皮书
移动互联网产业发展报告（2016）
著(编)者:洪京一　2016年4月出版 / 估价:79.00元

工业设计蓝皮书
中国工业设计发展报告（2016）
著(编)者:王晓红 于炜 张立群
2016年9月出版 / 估价:138.00元

互联网金融蓝皮书
中国互联网金融发展报告（2016）
著(编)者:李东荣　2016年8月出版 / 估价:79.00元

会展蓝皮书
中外会展业动态评估年度报告（2016）
著(编)者:张敏　2016年1月出版 / 估价:78.00元

节能汽车蓝皮书
中国节能汽车产业发展报告（2016）
著(编)者:中国汽车工程研究院股份有限公司
2016年12月出版 / 估价:69.00元

金融监管蓝皮书
中国金融监管报告（2016）
著(编)者:胡滨　2016年4月出版 / 估价:89.00元

金融蓝皮书
中国金融中心发展报告（2016）
著(编)者:王力 黄育华　2017年11月出版 / 估价:75.00元

金融蓝皮书
中国商业银行竞争力报告（2016）
著(编)者:王松奇　2016年5月出版 / 估价:69.00元

经济林产业绿皮书
中国经济林产业发展报告（2016）
著(编)者:李芳东 胡文臻 乌云塔娜 杜红岩
2016年12月出版 / 估价:69.00元

客车蓝皮书
中国客车产业发展报告（2016）
著(编)者:姚蔚　2016年2月出版 / 估价:85.00元

老龄蓝皮书
中国老龄产业发展报告（2016）
著(编)者:吴玉韶 党俊武　2016年9月出版 / 估价:79.00元

流通蓝皮书
中国商业发展报告（2016）
著(编)者:荆林波　2016年5月出版 / 估价:89.00元

旅游安全蓝皮书
中国旅游安全报告（2016）
著(编)者:郑向敏 谢朝武　2016年5月出版 / 估价:128.00元

旅游绿皮书
2015～2016年中国旅游发展分析与预测
著(编)者:宋瑞　2016年1月出版 / 估价:98.00元

煤炭蓝皮书
中国煤炭工业发展报告（2016）
著(编)者:岳福斌　2016年12月出版 / 估价:79.00元

民营企业社会责任蓝皮书
中国民营企业社会责任年度报告（2016）
著(编)者:中华全国工商业联合会
2016年7月出版 / 估价:69.00元

民营医院蓝皮书
中国民营医院发展报告（2016）
著(编)者:庄一强　　2016年10月出版 / 估价:75.00元

能源蓝皮书
中国能源发展报告（2016）
著(编)者:崔民选 王军生 陈义和
2016年8月出版 / 估价:79.00元

农产品流通蓝皮书
中国农产品流通产业发展报告（2016）
著(编)者:贾敬敦 张东科 张玉玺 张鹏毅 周伟
2016年1月出版 / 估价:89.00元

期货蓝皮书
中国期货市场发展报告(2016)
著(编)者:李群 王在荣　　2016年11月出版 / 估价:69.00元

企业公益蓝皮书
中国企业公益研究报告（2016）
著(编)者:钟宏武 汪杰 顾一 黄晓娟 等
2016年12月出版 / 估价:69.00元

企业公众透明度蓝皮书
中国企业公众透明度报告 (2016) NO.2
著(编)者:黄速建 王晓光 肖红军
2016年1月出版 / 估价:98.00元

企业国际化蓝皮书
中国企业国际化报告（2016）
著(编)者:王辉耀　　2016年11月出版 / 估价:98.00元

企业蓝皮书
中国企业绿色发展报告 NO.2（2016）
著(编)者:李红玉 朱光辉　　2016年8月出版 / 估价:79.00元

企业社会责任蓝皮书
中国企业社会责任研究报告（2016）
著(编)者:黄群慧 钟宏武 张蒽 等
2016年11月出版 / 估价:79.00元

企业社会责任能力蓝皮书
中国上市公司社会责任能力成熟度报告（2016）
著(编)者:肖红军 王晓光 李伟阳
2016年11月出版 / 估价:69.00元

汽车安全蓝皮书
中国汽车安全发展报告（2016）
著(编)者:中国汽车技术研究中心
2016年7月出版 / 估价:89.00元

汽车电子商务蓝皮书
中国汽车电子商务发展报告（2016）
著(编)者:中华全国工商业联合会汽车经销商商会
　　　　北京易观智库网络科技有限公司
2016年5月出版 / 估价:128.00元

汽车工业蓝皮书
中国汽车工业发展年度报告（2016）
著(编)者:中国汽车工业协会 中国汽车技术研究中心
　　　　丰田汽车（中国）投资有限公司
2016年4月出版 / 估价:128.00元

汽车蓝皮书
中国汽车产业发展报告（2016）
著(编)者:国务院发展研究中心产业经济研究部
　　　　中国汽车工程学会 大众汽车集团（中国）
2016年8月出版 / 估价:158.00元

清洁能源蓝皮书
国际清洁能源发展报告（2016）
著(编)者:苏树辉 袁国林 李玉崙
2016年11月出版 / 估价:99.00元

人力资源蓝皮书
中国人力资源发展报告（2016）
著(编)者:余兴安　　2016年12月出版 / 估价:79.00元

融资租赁蓝皮书
中国融资租赁业发展报告（2015～2016）
著(编)者:李光荣 王力　　2016年1月出版 / 估价:89.00元

软件和信息服务业蓝皮书
中国软件和信息服务业发展报告（2016）
著(编)者:洪京一　　2016年12月出版 / 估价:198.00元

商会蓝皮书
中国商会发展报告NO.5（2016）
著(编)者:王钦敏　　2016年7月出版 / 估价:89.00元

上市公司蓝皮书
中国上市公司社会责任信息披露报告（2016）
著(编)者:张旺 张杨　　2016年11月出版 / 估价:69.00元

上市公司蓝皮书
中国上市公司质量评价报告（2015～2016）
著(编)者:张跃文 王力　　2016年11月出版 / 估价:118.00元

设计产业蓝皮书
中国设计产业发展报告（2016）
著(编)者:陈冬亮 梁昊光　　2016年3月出版 / 估价:89.00元

食品药品蓝皮书
食品药品安全与监管政策研究报告（2016）
著(编)者:唐民皓　　2016年7月出版 / 估价:69.00元

世界能源蓝皮书
世界能源发展报告（2016）
著(编)者:黄晓勇　　2016年6月出版 / 估价:99.00元

水利风景区蓝皮书
中国水利风景区发展报告（2016）
著(编)者:兰思仁　　2016年8月出版 / 估价:69.00元

私募市场蓝皮书
中国私募股权市场发展报告（2016）
著(编)者:曹和平　　2016年12月出版 / 估价:79.00元

碳市场蓝皮书
中国碳市场报告（2016）
著(编)者:宁金彪　　2016年11月出版 / 估价:69.00元

体育蓝皮书
中国体育产业发展报告（2016）
著(编)者:阮伟 钟秉枢　2016年7月出版 / 估价:69.00元

投资蓝皮书
中国投资发展报告（2016）
著(编)者:谢平　2016年4月出版 / 估价:128.00元

土地市场蓝皮书
中国农村土地市场发展报告（2016）
著(编)者:李光荣 高传捷　2016年1月出版 / 估价:69.00元

网络空间安全蓝皮书
中国网络空间安全发展报告（2016）
著(编)者:惠志斌 唐涛　2016年4月出版 / 估价:79.00元

物联网蓝皮书
中国物联网发展报告（2016）
著(编)者:黄桂田 龚六堂 张全升
2016年1月出版 / 估价:69.00元

西部工业蓝皮书
中国西部工业发展报告（2016）
著(编)者:方行明 甘犁 刘方健 姜凌 等
2016年9月出版 / 估价:79.00元

西部金融蓝皮书
中国西部金融发展报告（2016）
著(编)者:李忠民　2016年8月出版 / 估价:75.00元

协会商会蓝皮书
中国行业协会商会发展报告（2016）
著(编)者:景朝阳 李勇　2016年4月出版 / 估价:99.00元

新能源汽车蓝皮书
中国新能源汽车产业发展报告（2016）
著(编)者:中国汽车技术研究中心
　　　　日产（中国）投资有限公司 东风汽车有限公司
2016年8月出版 / 估价:89.00元

新三板蓝皮书
中国新三板市场发展报告（2016）
著(编)者:王力　2016年6月出版 / 估价:69.00元

信托市场蓝皮书
中国信托业市场报告（2015～2016）
著(编)者:用益信托工作室
2016年2月出版 / 估价:198.00元

信息安全蓝皮书
中国信息安全发展报告（2016）
著(编)者:张晓东　2016年2月出版 / 估价:69.00元

信息化蓝皮书
中国信息化形势分析与预测（2016）
著(编)者:周宏仁　2016年8月出版 / 估价:98.00元

信用蓝皮书
中国信用发展报告（2016）
著(编)者:章政 田侃　2016年4月出版 / 估价:99.00元

休闲绿皮书
2016年中国休闲发展报告
著(编)者:宋瑞
2016年10月出版 / 估价:79.00元

药品流通蓝皮书
中国药品流通行业发展报告（2016）
著(编)者:佘鲁林 温再兴
2016年8月出版 / 估价:158.00元

医药蓝皮书
中国中医药产业园战略发展报告（2016）
著(编)者:裴长洪 房书亭 吴滁心
2016年3月出版 / 估价:89.00元

邮轮绿皮书
中国邮轮产业发展报告（2016）
著(编)者:汪泓　2016年10月出版 / 估价:79.00元

智能养老蓝皮书
中国智能养老产业发展报告（2016）
著(编)者:朱勇　2016年10月出版 / 估价:89.00元

中国SUV蓝皮书
中国SUV产业发展报告（2016）
著(编)者:靳军　2016年12月出版 / 估价:69.00元

中国金融行业蓝皮书
中国债券市场发展报告（2016）
著(编)者:谢多　2016年7月出版 / 估价:69.00元

中国上市公司蓝皮书
中国上市公司发展报告（2016）
著(编)者:中国社会科学院上市公司研究中心
2016年9月出版 / 估价:98.00元

中国游戏蓝皮书
中国游戏产业发展报告（2016）
著(编)者:孙立军 刘跃军 牛兴侦
2016年4月出版 / 估价:69.00元

中国总部经济蓝皮书
中国总部经济发展报告（2015～2016）
著(编)者:赵弘　2016年9月出版 / 估价:79.00元

资本市场蓝皮书
中国场外交易市场发展报告（2016）
著(编)者:高峦　2016年8月出版 / 估价:79.00元

资产管理蓝皮书
中国资产管理行业发展报告（2016）
著(编)者:智信资产管理研究院
2016年6月出版 / 估价:89.00元

文化传媒类

传媒竞争力蓝皮书
中国传媒国际竞争力研究报告（2016）
著(编)者:李本乾 刘强
2016年11月出版 / 估价:148.00元

传媒蓝皮书
中国传媒产业发展报告（2016）
著(编)者:崔保国 2016年5月出版 / 估价:98.00元

传媒投资蓝皮书
中国传媒投资发展报告（2016）
著(编)者:张向东 谭云明
2016年6月出版 / 估价:128.00元

动漫蓝皮书
中国动漫产业发展报告（2016）
著(编)者:卢斌 郑玉明 牛兴侦
2016年7月出版 / 估价:79.00元

非物质文化遗产蓝皮书
中国非物质文化遗产发展报告（2016）
著(编)者:陈平 2016年5月出版 / 估价:98.00元

广电蓝皮书
中国广播电影电视发展报告（2016）
著(编)者:国家新闻出版广电总局发展研究中心
2016年7月出版 / 估价:98.00元

广告主蓝皮书
中国广告主营销传播趋势报告 NO.9
著(编)者:黄升民 杜国清 邵华冬 等
2016年10月出版 / 估价:148.00元

国际传播蓝皮书
中国国际传播发展报告（2016）
著(编)者:胡正荣 李继东 姬德强
2016年11月出版 / 估价:89.00元

纪录片蓝皮书
中国纪录片发展报告（2016）
著(编)者:何苏六 2016年10月出版 / 估价:79.00元

科学传播蓝皮书
中国科学传播报告（2016）
著(编)者:詹正茂 2016年7月出版 / 估价:69.00元

两岸创意经济蓝皮书
两岸创意经济研究报告（2016）
著(编)者:罗昌智 董泽平 2016年12月出版 / 估价:98.00元

两岸文化蓝皮书
两岸文化产业合作发展报告（2016）
著(编)者:胡惠林 李保宗 2016年7月出版 / 估价:79.00元

媒介与女性蓝皮书
中国媒介与女性发展报告(2015~2016)
著(编)者:刘利群 2016年8月出版 / 估价:118.00元

媒体融合蓝皮书
中国媒体融合发展报告（2016）
著(编)者:梅宁华 宋建武 2016年7月出版 / 估价:79.00元

全球传媒蓝皮书
全球传媒发展报告（2016）
著(编)者:胡正荣 李继东 唐晓芬
2016年12月出版 / 估价:79.00元

少数民族非遗蓝皮书
中国少数民族非物质文化遗产发展报告（2016）
著(编)者:肖远平（彝） 柴立（满）
2016年6月出版 / 估价:128.00元

视听新媒体蓝皮书
中国视听新媒体发展报告（2016）
著(编)者:国家新闻出版广电总局发展研究中心
2016年7月出版 / 估价:98.00元

文化创新蓝皮书
中国文化创新报告（2016）NO.7
著(编)者:于平 傅才武 2016年7月出版 / 估价:98.00元

文化建设蓝皮书
中国文化发展报告（2016）
著(编)者:江畅 孙伟平 戴茂堂
2016年4月出版 / 估价:108.00元

文化科技蓝皮书
文化科技创新发展报告（2016）
著(编)者:于平 李凤亮 2016年10月出版 / 估价:89.00元

文化蓝皮书
中国公共文化服务发展报告（2016）
著(编)者:刘新成 张永新 张旭 2016年10月出版 / 估价:98.00元

文化蓝皮书
中国公共文化投入增长测评报告（2016）
著(编)者:王亚南 2016年12月出版 / 估价:79.00元

文化蓝皮书
中国少数民族文化发展报告（2016）
著(编)者:武翠英 张晓明 任乌晶
2016年9月出版 / 估价:69.00元

文化蓝皮书
中国文化产业发展报告（2016）
著(编)者:张晓明 王家新 章建刚
2016年4月出版 / 估价:79.00元

文化蓝皮书
中国文化产业供需协调检测报告（2016）
著(编)者:王亚南 2016年2月出版 / 估价:79.00元

文化蓝皮书
中国文化消费需求景气评价报告（2016）
著(编)者:王亚南 2016年2月出版 / 估价:79.00元

文化品牌蓝皮书
中国文化品牌发展报告（2016）
著(编)者:欧阳友权　2016年4月出版 / 估价:89.00元

文化遗产蓝皮书
中国文化遗产事业发展报告（2016）
著(编)者:刘世锦　2016年3月出版 / 估价:89.00元

文学蓝皮书
中国文情报告（2015~2016）
著(编)者:白烨　2016年5月出版 / 估价:69.00元

新媒体蓝皮书
中国新媒体发展报告NO.7（2016）
著(编)者:唐绪军　2016年7月出版 / 估价:79.00元

新媒体社会责任蓝皮书
中国新媒体社会责任研究报告（2016）
著(编)者:钟瑛　2016年10月出版 / 估价:79.00元

移动互联网蓝皮书
中国移动互联网发展报告（2016）
著(编)者:官建文　2016年6月出版 / 估价:79.00元

舆情蓝皮书
中国社会舆情与危机管理报告（2016）
著(编)者:谢耘耕　2016年8月出版 / 估价:98.00元

地方发展类

安徽经济蓝皮书
芜湖创新型城市发展报告（2016）
著(编)者:张志宏　2016年4月出版 / 估价:69.00元

安徽蓝皮书
安徽社会发展报告（2016）
著(编)者:程桦　2016年4月出版 / 估价:89.00元

安徽社会建设蓝皮书
安徽社会建设分析报告（2015~2016）
著(编)者:黄家海　王开玉　蔡宪
2016年4月出版 / 估价:89.00元

澳门蓝皮书
澳门经济社会发展报告（2015~2016）
著(编)者:吴志良　郝雨凡　2016年5月出版 / 估价:79.00元

北京蓝皮书
北京公共服务发展报告（2015~2016）
著(编)者:施昌奎　2016年1月出版 / 估价:69.00元

北京蓝皮书
北京经济发展报告（2015~2016）
著(编)者:杨松　2016年6月出版 / 估价:79.00元

北京蓝皮书
北京社会发展报告（2015~2016）
著(编)者:李伟东　2016年7月出版 / 估价:79.00元

北京蓝皮书
北京社会治理发展报告（2015~2016）
著(编)者:殷星辰　2016年6月出版 / 估价:79.00元

北京蓝皮书
北京文化发展报告（2015~2016）
著(编)者:李建盛　2016年5月出版 / 估价:79.00元

北京旅游绿皮书
北京旅游发展报告（2016）
著(编)者:北京旅游学会　2016年7月出版 / 估价:88.00元

北京人才蓝皮书
北京人才发展报告（2016）
著(编)者:于淼　2016年12月出版 / 估价:128.00元

北京社会心态蓝皮书
北京社会心态分析报告（2015~2016）
著(编)者:北京社会心理研究所
2016年8月出版 / 估价:79.00元

北京社会组织管理蓝皮书
北京社会组织发展与管理（2015~2016）
著(编)者:黄江松　2016年4月出版 / 估价:78.00元

北京体育蓝皮书
北京体育产业发展报告（2016）
著(编)者:钟秉枢　陈杰　杨铁黎
2016年10月出版 / 估价:79.00元

北京养老产业蓝皮书
北京养老产业发展报告（2016）
著(编)者:周明明　冯喜良　2016年4月出版 / 估价:69.00元

滨海金融蓝皮书
滨海新区金融发展报告（2016）
著(编)者:王爱俭　张锐钢　2016年9月出版 / 估价:79.00元

城乡一体化蓝皮书
中国城乡一体化发展报告·北京卷（2015~2016）
著(编)者:张宝秀　黄序　2016年5月出版 / 估价:79.00元

创意城市蓝皮书
北京文化创意产业发展报告（2016）
著(编)者:张京成　王国华　2016年12月出版 / 估价:69.00元

创意城市蓝皮书
青岛文化创意产业发展报告（2016）
著(编)者:马达　张丹妮　2016年6月出版 / 估价:79.00元

创意城市蓝皮书
台北文化创意产业发展报告（2016）
著(编)者:陈耀竹 邱琪瑄　2016年11月出版 / 估价:89.00元

创意城市蓝皮书
无锡文化创意产业发展报告（2016）
著(编)者:谭军 张鸣年　2016年10月出版 / 估价:79.00元

创意城市蓝皮书
武汉文化创意产业发展报告（2016）
著(编)者:黄永林 陈汉桥　2016年12月出版 / 估价:89.00元

创意城市蓝皮书
重庆创意产业发展报告（2016）
著(编)者:程宇宁　2016年4月出版 / 估价:89.00元

地方法治蓝皮书
南宁法治发展报告（2016）
著(编)者:杨维超　2016年12月出版 / 估价:69.00元

福建妇女发展蓝皮书
福建省妇女发展报告（2016）
著(编)者:刘群英　2016年11月出版 / 估价:88.00元

甘肃蓝皮书
甘肃经济发展分析与预测（2016）
著(编)者:朱智文 罗哲　2016年1月出版 / 估价:79.00元

甘肃蓝皮书
甘肃社会发展分析与预测（2016）
著(编)者:安文华 包晓霞　2016年1月出版 / 估价:79.00元

甘肃蓝皮书
甘肃文化发展分析与预测（2016）
著(编)者:安文华 周小华　2016年1月出版 / 估价:79.00元

甘肃蓝皮书
甘肃县域社会发展评价报告（2016）
著(编)者:刘进军 柳民 王建兵
2016年1月出版 / 估价:79.00元

甘肃蓝皮书
甘肃舆情分析与预测（2016）
著(编)者:陈双梅 郝树声　2016年1月出版 / 估价:79.00元

甘肃蓝皮书
甘肃商务发展报告（2016）
著(编)者:杨志武 王福生 王晓芳
2016年1月出版 / 估价:69.00元

广东蓝皮书
广东全面深化改革发展报告（2016）
著(编)者:周林生 涂成林　2016年11月出版 / 估价:69.00元

广东蓝皮书
广东社会工作发展报告（2016）
著(编)者:罗观翠　2016年6月出版 / 估价:89.00元

广东蓝皮书
广东省电子商务发展报告（2016）
著(编)者:程晓 邓顺国　2016年7月出版 / 估价:79.00元

广东社会建设蓝皮书
广东省社会建设发展报告（2016）
著(编)者:广东省社会工作委员会
2016年12月出版 / 估价:99.00元

广东外经贸蓝皮书
广东对外经济贸易发展研究报告（2015~2016）
著(编)者:陈万灵　2016年5月出版 / 估价:89.00元

广西北部湾经济区蓝皮书
广西北部湾经济区开放开发报告（2016）
著(编)者:广西北部湾经济区规划建设管理委员会办公室
　　　广西社会科学院广西北部湾发展研究院
2016年10月出版 / 估价:79.00元

广州蓝皮书
2016年中国广州经济形势分析与预测
著(编)者:庾建设 沈奎 谢博能　2016年6月出版 / 估价:79.00元

广州蓝皮书
2016年中国广州社会形势分析与预测
著(编)者:张强 陈怡霓 杨秦　2016年6月出版 / 估价:79.00元

广州蓝皮书
广州城市国际化发展报告（2016）
著(编)者:朱名宏　2016年11月出版 / 估价:69.00元

广州蓝皮书
广州创新型城市发展报告（2016）
著(编)者:尹涛　2016年10月出版 / 估价:69.00元

广州蓝皮书
广州经济发展报告（2016）
著(编)者:朱名宏　2016年7月出版 / 估价:69.00元

广州蓝皮书
广州农村发展报告（2016）
著(编)者:朱名宏　2016年8月出版 / 估价:69.00元

广州蓝皮书
广州汽车产业发展报告（2016）
著(编)者:杨再高 冯兴亚　2016年9月出版 / 估价:69.00元

广州蓝皮书
广州青年发展报告（2015~2016）
著(编)者:魏国华 张强　2016年7月出版 / 估价:69.00元

广州蓝皮书
广州商贸业发展报告（2016）
著(编)者:李江涛 肖振宇 荀振英
2016年7月出版 / 估价:69.00元

广州蓝皮书
广州社会保障发展报告（2016）
著(编)者:蔡国萱　2016年10月出版 / 估价:65.00元

广州蓝皮书
广州文化创意产业发展报告（2016）
著(编)者:甘新　2016年8月出版 / 估价:79.00元

广州蓝皮书
中国广州城市建设与管理发展报告（2016）
著(编)者:董皞 陈小钢 李江涛　2016年7月出版 / 估价:69.00元

广州蓝皮书
中国广州科技和信息化发展报告（2016）
著(编)者:邹采荣 马正勇 冯 元 2016年8月出版 / 估价:79.00元

广州蓝皮书
中国广州文化发展报告（2016）
著(编)者:徐俊忠 陆志强 顾涧清 2016年7月出版 / 估价:69.00元

贵阳蓝皮书
贵阳城市创新发展报告·白云篇（2016）
著(编)者:连玉明 2016年10月出版 估价:89.00元

贵阳蓝皮书
贵阳城市创新发展报告·观山湖篇（2016）
著(编)者:连玉明 2016年10月出版 估价:89.00元

贵阳蓝皮书
贵阳城市创新发展报告·花溪篇（2016）
著(编)者:连玉明 2016年10月出版 估价:89.00元

贵阳蓝皮书
贵阳城市创新发展报告·开阳篇（2016）
著(编)者:连玉明 2016年10月出版 估价:89.00元

贵阳蓝皮书
贵阳城市创新发展报告·南明篇（2016）
著(编)者:连玉明 2016年10月出版 估价:89.00元

贵阳蓝皮书
贵阳城市创新发展报告·清镇篇（2016）
著(编)者:连玉明 2016年10月出版 估价:89.00元

贵阳蓝皮书
贵阳城市创新发展报告·乌当篇（2016）
著(编)者:连玉明 2016年10月出版 估价:89.00元

贵阳蓝皮书
贵阳城市创新发展报告·息烽篇（2016）
著(编)者:连玉明 2016年10月出版 估价:89.00元

贵阳蓝皮书
贵阳城市创新发展报告·修文篇（2016）
著(编)者:连玉明 2016年10月出版 估价:89.00元

贵阳蓝皮书
贵阳城市创新发展报告·云岩篇（2016）
著(编)者:连玉明 2016年10月出版 估价:89.00元

贵州房地产蓝皮书
贵州房地产发展报告NO.3（2016）
著(编)者:武廷方 2016年6月出版 / 估价:89.00元

贵州蓝皮书
册亨经济社会发展报告 (2016)
著(编)者:黄德林 2016年1月出版 / 估价:69.00元

贵州蓝皮书
贵安新区发展报告（2016）
著(编)者:马长青 吴大华 2016年4月出版 / 估价:69.00元

贵州蓝皮书
贵州法治发展报告（2016）
著(编)者:吴大华 2016年5月出版 / 估价:79.00元

贵州蓝皮书
贵州民航业发展报告（2016）
著(编)者:申振东 吴大华 2016年10月出版 / 估价:69.00元

贵州蓝皮书
贵州人才发展报告（2016）
著(编)者:于杰 吴大华 2016年9月出版 / 估价:69.00元

贵州蓝皮书
贵州社会发展报告（2016）
著(编)者:王兴骥 2016年5月出版 / 估价:79.00元

海淀蓝皮书
海淀区文化和科技融合发展报告（2016）
著(编)者:陈名杰 孟景伟 2016年5月出版 / 估价:75.00元

海峡西岸蓝皮书
海峡西岸经济区发展报告（2016）
著(编)者:福建省人民政府发展研究中心
福建省人民政府发展研究中心咨询服务中心
2016年9月出版 / 估价:65.00元

杭州都市圈蓝皮书
杭州都市圈发展报告（2016）
著(编)者:董祖德 沈翔 2016年5月出版 / 估价:89.00元

杭州蓝皮书
杭州妇女发展报告（2016）
著(编)者:魏颖 2016年4月出版 / 估价:79.00元

河北经济蓝皮书
河北省经济发展报告（2016）
著(编)者:马树强 金浩 刘兵 张贵
2016年3月出版 / 估价:89.00元

河北蓝皮书
河北经济社会发展报告（2016）
著(编)者:周文夫 2016年1月出版 / 估价:79.00元

河北食品药品安全蓝皮书
河北食品药品安全研究报告（2016）
著(编)者:丁锦霞 2016年6月出版 / 估价:79.00元

河南经济蓝皮书
2016年河南经济形势分析与预测
著(编)者:胡五岳 2016年2月出版 / 估价:69.00元

河南蓝皮书
2016年河南社会形势分析与预测
著(编)者:刘道兴 牛苏林 2016年4月出版 / 估价:69.00元

河南蓝皮书
河南城市发展报告（2016）
著(编)者:谷建全 王建国 2016年3月出版 / 估价:79.00元

河南蓝皮书
河南法治发展报告（2016）
著(编)者:丁同民 闫德民 2016年6月出版 / 估价:79.00元

河南蓝皮书
河南工业发展报告（2016）
著(编)者:龚绍东 赵西三 2016年1月出版 / 估价:79.00元

河南蓝皮书
河南金融发展报告（2016）
著(编)者:河南省社会科学院
2016年6月出版 / 估价:69.00元

河南蓝皮书
河南经济发展报告（2016）
著(编)者:河南省社会科学院
2016年12月出版 / 估价:79.00元

河南蓝皮书
河南农业农村发展报告（2016）
著(编)者:吴海峰　　2016年4月出版 / 估价:69.00元

河南蓝皮书
河南文化发展报告（2016）
著(编)者:卫绍生　2016年3月出版 / 估价:79.00元

河南商务蓝皮书
河南商务发展报告（2016）
著(编)者:焦锦淼 穆荣国　2016年4月出版 / 估价:88.00元

黑龙江产业蓝皮书
黑龙江产业发展报告（2016）
著(编)者:于渤　2016年10月出版 / 估价:79.00元

黑龙江蓝皮书
黑龙江经济发展报告（2016）
著(编)者:曲伟　2016年1月出版 / 估价:79.00元

黑龙江蓝皮书
黑龙江社会发展报告（2016）
著(编)者:张新颖　　2016年1月出版 / 估价:79.00元

湖南城市蓝皮书
区域城市群整合（主题待定）
著(编)者:童中贤 韩未名　2016年12月出版 / 估价:79.00元

湖南蓝皮书
2016年湖南产业发展报告
著(编)者:梁志峰　　2016年5月出版 / 估价:98.00元

湖南蓝皮书
2016年湖南电子政务发展报告
著(编)者:梁志峰　　2016年5月出版 / 估价:98.00元

湖南蓝皮书
2016年湖南经济展望
著(编)者:梁志峰　　2016年5月出版 / 估价:128.00元

湖南蓝皮书
2016年湖南两型社会与生态文明发展报告
著(编)者:梁志峰　　2016年5月出版 / 估价:98.00元

湖南蓝皮书
2016年湖南社会发展报告
著(编)者:梁志峰　　2016年5月出版 / 估价:88.00元

湖南蓝皮书
2016年湖南县域经济社会发展报告
著(编)者:梁志峰　　2016年5月出版 / 估价:98.00元

湖南蓝皮书
湖南城乡一体化发展报告（2016）
著(编)者:陈文胜 刘祚祥 邝奕轩 等
2016年7月出版 / 估价:89.00元

湖南县域绿皮书
湖南县域发展报告 NO.3
著(编)者:袁准 周小毛　2016年9月出版 / 估价:69.00元

沪港蓝皮书
沪港发展报告（2015～2016）
著(编)者:尤安山　2016年4月出版 / 估价:89.00元

吉林蓝皮书
2016年吉林经济社会形势分析与预测
著(编)者:马克　2016年2月出版 / 估价:89.00元

济源蓝皮书
济源经济社会发展报告（2016）
著(编)者:喻新安　2016年4月出版 / 估价:69.00元

健康城市蓝皮书
北京健康城市建设研究报告（2016）
著(编)者:王鸿春　2016年4月出版 / 估价:79.00元

江苏法治蓝皮书
江苏法治发展报告 NO.5（2016）
著(编)者:李力 龚廷泰　2016年9月出版 / 估价:98.00元

江西蓝皮书
江西经济社会发展报告（2016）
著(编)者:张勇 姜玮 梁勇　2016年10月出版 / 估价:79.00元

江西文化产业蓝皮书
江西文化产业发展报告（2016）
著(编)者:张圣才 汪春翔　2016年10月出版 / 估价:128.00元

经济特区蓝皮书
中国经济特区发展报告（2016）
著(编)者:陶一桃　2016年12月出版 / 估价:89.00元

辽宁蓝皮书
2016年辽宁经济社会形势分析与预测
著(编)者:曹晓峰 张晶 梁启东
2016年12月出版 / 估价:79.00元

拉萨蓝皮书
拉萨法治发展报告（2016）
著(编)者:车明怀　2016年7月出版 / 估价:79.00元

洛阳蓝皮书
洛阳文化发展报告（2016）
著(编)者:刘福兴 陈启明　2016年7月出版 / 估价:79.00元

南京蓝皮书
南京文化发展报告（2016）
著(编)者:徐宁　2016年12月出版 / 估价:79.00元

内蒙古蓝皮书
内蒙古反腐倡廉建设报告 NO.2
著(编)者:张志华 无极　2016年12月出版 / 估价:69.00元

浦东新区蓝皮书
上海浦东经济发展报告（2016）
著(编)者:沈开艳　陆沪根　　2016年1月出版 / 估价:69.00元

青海蓝皮书
2016年青海经济社会形势分析与预测
著(编)者:赵宗福　　2015年12月出版 / 估价:69.00元

人口与健康蓝皮书
深圳人口与健康发展报告（2016）
著(编)者:陆杰华　罗乐宣　苏杨
2016年11月出版 / 估价:89.00元

山东蓝皮书
山东经济形势分析与预测（2016）
著(编)者:李广杰　　2016年11月出版 / 估价:89.00元

山东蓝皮书
山东社会形势分析与预测（2016）
著(编)者:涂可国　　2016年6月出版 / 估价:89.00元

山东蓝皮书
山东文化发展报告（2016）
著(编)者:张华　唐洲雁　　2016年6月出版 / 估价:98.00元

山西蓝皮书
山西资源型经济转型发展报告（2016）
著(编)者:李志强　　2016年5月出版 / 估价:89.00元

陕西蓝皮书
陕西经济发展报告（2016）
著(编)者:任宗哲　白宽犁　裴成荣
2016年1月出版 / 估价:69.00元

陕西蓝皮书
陕西社会发展报告（2016）
著(编)者:任宗哲　白宽犁　牛昉
2016年1月出版 / 估价:69.00元

陕西蓝皮书
陕西文化发展报告（2016）
著(编)者:任宗哲　白宽犁　王长寿
2016年1月出版 / 估价:65.00元

陕西蓝皮书
丝绸之路经济带发展报告（2016）
著(编)者:任宗哲　石英　白宽犁
2016年8月出版 / 估价:79.00元

上海蓝皮书
上海传媒发展报告（2016）
著(编)者:强荧　焦雨虹　　2016年1月出版 / 估价:69.00元

上海蓝皮书
上海法治发展报告（2016）
著(编)者:叶青　　2016年5月出版 / 估价:69.00元

上海蓝皮书
上海经济发展报告（2016）
著(编)者:沈开艳　　2016年1月出版 / 估价:69.00元

上海蓝皮书
上海社会发展报告（2016）
著(编)者:杨雄　周海旺　　2016年1月出版 / 估价:69.00元

上海蓝皮书
上海文化发展报告（2016）
著(编)者:荣跃明　　2016年1月出版 / 估价:74.00元

上海蓝皮书
上海文学发展报告（2016）
著(编)者:陈圣来　　2016年1月出版 / 估价:69.00元

上海蓝皮书
上海资源环境发展报告（2016）
著(编)者:周冯琦　汤庆合　任文伟
2016年1月出版 / 估价:69.00元

上饶蓝皮书
上饶发展报告（2015～2016）
著(编)者:朱寅健　　2016年3月出版 / 估价:128.00元

社会建设蓝皮书
2016年北京社会建设分析报告
著(编)者:宋贵伦　冯虹　　2016年7月出版 / 估价:79.00元

深圳蓝皮书
深圳法治发展报告（2016）
著(编)者:张骁儒　　2016年5月出版 / 估价:69.00元

深圳蓝皮书
深圳经济发展报告（2016）
著(编)者:张骁儒　　2016年6月出版 / 估价:89.00元

深圳蓝皮书
深圳劳动关系发展报告（2016）
著(编)者:汤庭芬　　2016年6月出版 / 估价:79.00元

深圳蓝皮书
深圳社会建设与发展报告（2016）
著(编)者:张骁儒　陈东平　　2016年6月出版 / 估价:79.00元

深圳蓝皮书
深圳文化发展报告(2016)
著(编)者:张骁儒　　2016年1月出版 / 估价:69.00元

四川法治蓝皮书
四川依法治省年度报告 NO.2（2016）
著(编)者:李林　杨天宗　田禾
2016年3月出版 / 估价:108.00元

四川蓝皮书
2016年四川经济形势分析与预测
著(编)者:杨钢　　2016年1月出版 / 估价:89.00元

四川蓝皮书
四川城镇化发展报告（2016）
著(编)者:侯水平　范秋美　　2016年4月出版 / 估价:79.00元

四川蓝皮书
四川法治发展报告（2016）
著(编)者:郑泰安　　2016年1月出版 / 估价:69.00元

四川蓝皮书
四川企业社会责任研究报告（2015～2016）
著(编)者:侯水平 盛毅　2016年4月出版 / 估价:79.00元

四川蓝皮书
四川社会发展报告（2016）
著(编)者:郭晓鸣　2016年4月出版 / 估价:79.00元

四川蓝皮书
四川生态建设报告（2016）
著(编)者:李晟之　2016年4月出版 / 估价:79.00元

四川蓝皮书
四川文化产业发展报告（2016）
著(编)者:侯水平　2016年4月出版 / 估价:79.00元

体育蓝皮书
上海体育产业发展报告（2015～2016）
著(编)者:张林 黄海燕　2016年10月出版 / 估价:79.00元

体育蓝皮书
长三角地区体育产业发展报告（2015～2016）
著(编)者:张林　2016年4月出版 / 估价:79.00元

天津金融蓝皮书
天津金融发展报告（2016）
著(编)者:王爱俭 孔德昌　2016年9月出版 / 估价:89.00元

图们江区域合作蓝皮书
图们江区域合作发展报告（2016）
著(编)者:李铁　2016年4月出版 / 估价:98.00元

温州蓝皮书
2016年温州经济社会形势分析与预测
著(编)者:潘忠强 王春光 金浩　2016年4月出版 / 估价:69.00元

扬州蓝皮书
扬州经济社会发展报告（2016）
著(编)者:丁纯　2016年12月出版 / 估价:89.00元

长株潭城市群蓝皮书
长株潭城市群发展报告（2016）
著(编)者:张萍　2016年10月出版 / 估价:69.00元

郑州蓝皮书
2016年郑州文化发展报告
著(编)者:王哲　2016年9月出版 / 估价:65.00元

中医文化蓝皮书
北京中医药文化传播发展报告（2016）
著(编)者:毛嘉陵　2016年5月出版 / 估价:79.00元

珠三角流通蓝皮书
珠三角商圈发展研究报告（2016）
著(编)者:王先庆 林至颖　2016年7月出版 / 估价:98.00元

遵义蓝皮书
遵义发展报告（2016）
著(编)者:曾征 龚永育　2016年12月出版 / 估价:69.00元

国别与地区类

阿拉伯黄皮书
阿拉伯发展报告（2015～2016）
著(编)者:罗林　2016年11月出版 / 估价:79.00元

北部湾蓝皮书
泛北部湾合作发展报告（2016）
著(编)者:吕余生　2016年10月出版 / 估价:69.00元

大湄公河次区域蓝皮书
大湄公河次区域合作发展报告（2016）
著(编)者:刘稚　2016年9月出版 / 估价:79.00元

大洋洲蓝皮书
大洋洲发展报告（2015～2016）
著(编)者:喻常森　2016年10月出版 / 估价:89.00元

德国蓝皮书
德国发展报告（2016）
著(编)者:郑春荣 伍慧萍
2016年5月出版 / 估价:69.00元

东北亚黄皮书
东北亚地区政治与安全（2016）
著(编)者:黄凤志 刘清才 张慧智 等
2016年5月出版 / 估价:69.00元

东盟黄皮书
东盟发展报告（2016）
著(编)者:杨晓强 庄国土　2016年12月出版 / 估价:75.00元

东南亚蓝皮书
东南亚地区发展报告（2015～2016）
著(编)者:厦门大学东南亚研究中心　王勤
2016年4月出版 / 估价:79.00元

俄罗斯黄皮书
俄罗斯发展报告（2016）
著(编)者:李永全　2016年7月出版 / 估价:79.00元

非洲黄皮书
非洲发展报告 NO.18（2015～2016）
著(编)者:张宏明　2016年9月出版 / 估价:79.00元

国际形势黄皮书
全球政治与安全报告（2016）
著(编)者:李慎明 张宇燕
2015年12月出版 / 定价:69.00元

韩国蓝皮书
韩国发展报告（2016）
著(编)者:牛林杰 刘宝全
2016年12月出版 / 估价:89.00元

加拿大蓝皮书
加拿大发展报告（2016）
著(编)者:仲伟合 2016年4月出版 / 估价:89.00元

拉美黄皮书
拉丁美洲和加勒比发展报告（2015～2016）
著(编)者:吴白乙 2016年5月出版 / 估价:89.00元

美国蓝皮书
美国研究报告（2016）
著(编)者:郑秉文 黄平
2016年6月出版 / 估价:89.00元

缅甸蓝皮书
缅甸国情报告（2016）
著(编)者:李晨阳 2016年8月出版 / 估价:79.00元

欧洲蓝皮书
欧洲发展报告（2015～2016）
著(编)者:周弘 黄平 江时学
2016年7月出版 / 估价:89.00元

日本经济蓝皮书
日本经济与中日经贸关系研究报告（2016）
著(编)者:王洛林 张季风
2016年5月出版 / 估价:79.00元

日本蓝皮书
日本研究报告（2016）
著(编)者:李薇 2016年4月出版 / 估价:69.00元

上海合作组织黄皮书
上海合作组织发展报告（2016）
著(编)者:李进峰 吴宏伟 李伟
2016年7月出版 / 估价:98.00元

世界创新竞争力黄皮书
世界创新竞争力发展报告（2016）
著(编)者:李闽榕 李建平 赵新力
2016年1月出版 / 估价:148.00元

土耳其蓝皮书
土耳其发展报告（2016）
著(编)者:郭长刚 刘义 2016年7月出版 / 估价:69.00元

亚太蓝皮书
亚太地区发展报告（2016）
著(编)者:李向阳 2016年1月出版 / 估价:69.00元

印度蓝皮书
印度国情报告（2016）
著(编)者:吕昭义 2016年5月出版 / 估价:89.00元

印度洋地区蓝皮书
印度洋地区发展报告（2016）
著(编)者:汪戎 2016年5月出版 / 估价:89.00元

英国蓝皮书
英国发展报告（2015～2016）
著(编)者:王展鹏 2016年10月出版 / 估价:89.00元

越南蓝皮书
越南国情报告（2016）
著(编)者:广西社会科学院 罗梅 李碧华
2016年8月出版 / 估价:69.00元

越南蓝皮书
越南经济发展报告（2016）
著(编)者:黄志勇 2016年10月出版 / 估价:69.00元

以色列蓝皮书
以色列发展报告（2016）
著(编)者:张倩红 2016年9月出版 / 估价:89.00元

中东黄皮书
中东发展报告No.18（2015～2016）
著(编)者:杨光 2016年10月出版 / 估价:89.00元

中欧关系蓝皮书
中欧关系研究报告（2016）
著(编)者:周弘 2016年12月出版 / 估价:98.00元

中亚黄皮书
中亚国家发展报告（2016）
著(编)者:孙力 吴宏伟 2016年8月出版 / 估价:89.00元

❖ 皮书起源 ❖

"皮书"起源于十七、十八世纪的英国，主要指官方或社会组织正式发表的重要文件或报告，多以"白皮书"命名。在中国，"皮书"这一概念被社会广泛接受，并被成功运作、发展成为一种全新的出版形态，则源于中国社会科学院社会科学文献出版社。

❖ 皮书定义 ❖

皮书是对中国与世界发展状况和热点问题进行年度监测，以专业的角度、专家的视野和实证研究方法，针对某一领域或区域现状与发展态势展开分析和预测，具备原创性、实证性、专业性、连续性、前沿性、时效性等特点的公开出版物，由一系列权威研究报告组成。

❖ 皮书作者 ❖

皮书系列的作者以中国社会科学院、著名高校、地方社会科学院的研究人员为主，多为国内一流研究机构的权威专家学者，他们的看法和观点代表了学界对中国与世界的现实和未来最高水平的解读与分析。

❖ 皮书荣誉 ❖

皮书系列已成为社会科学文献出版社的著名图书品牌和中国社会科学院的知名学术品牌。2011 年，皮书系列正式列入"十二五"国家重点出版规划项目；2012~2015 年，重点皮书列入中国社会科学院承担的国家哲学社会科学创新工程项目；2016 年，46 种院外皮书使用"中国社会科学院创新工程学术出版项目"标识。

中国皮书网

www.pishu.cn

发布皮书研创资讯，传播皮书精彩内容
引领皮书出版潮流，打造皮书服务平台

栏目设置：

☐ 资讯：皮书动态、皮书观点、皮书数据、
　　　　皮书报道、皮书发布、电子期刊
☐ 标准：皮书评价、皮书研究、皮书规范
☐ 服务：最新皮书、皮书书目、重点推荐、在线购书
☐ 链接：皮书数据库、皮书博客、皮书微博、在线书城
☐ 搜索：资讯、图书、研究动态、皮书专家、研创团队

中国皮书网依托皮书系列"权威、前沿、原创"的优质内容资源，通过文字、图片、音频、视频等多种元素，在皮书研创者、使用者之间搭建了一个成果展示、资源共享的互动平台。

自 2005 年 12 月正式上线以来，中国皮书网的 IP 访问量、PV 浏览量与日俱增，受到海内外研究者、公务人员、商务人士以及专业读者的广泛关注。

2008 年、2011 年，中国皮书网均在全国新闻出版业网站荣誉评选中获得"最具商业价值网站"称号；2012 年，获得"出版业网站百强"称号。

2014 年，中国皮书网与皮书数据库实现资源共享，端口合一，将提供更丰富的内容，更全面的服务。

中国社会科学院 社会科学文献出版社

首页 数据库检索 学术资源群 我的文献库 皮书全动态 有奖调查 皮书报道 皮书研究 联系我们 读者帮购　搜索报告

权威报告　热点资讯　海量资源

当代中国与世界发展的高端智库平台

皮书数据库 www.pishu.com.cn

　　皮书数据库是专业的人文社会科学综合学术资源总库，以大型连续性图书——皮书系列为基础，整合国内外相关资讯构建而成。包含六大子库，涵盖两百多个主题，囊括了近十几年间中国与世界经济社会发展报告，覆盖经济、社会、政治、文化、教育、国际问题等多个领域。

　　皮书数据库以篇章为基本单位，方便用户对皮书内容的阅读需求。用户可进行全文检索，也可对文献题目、内容提要、作者名称、作者单位、关键字等基本信息进行检索，还可对检索到的篇章再做二次筛选，进行在线阅读或下载阅读。智能多维度导航，可使用户根据自己熟知的分类标准进行分类导航筛选，使查找和检索更高效、便捷。

　　权威的研究报告，独特的调研数据，前沿的热点资讯，皮书数据库已发展成为国内最具影响力的关于中国与世界现实问题研究的成果库和资讯库。

皮书俱乐部会员服务指南

1. 谁能成为皮书俱乐部成员？
● 皮书作者自动成为俱乐部会员
● 购买了皮书产品（纸质书/电子书）的个人用户

2. 会员可以享受的增值服务
● 免费获赠皮书数据库100元充值卡
● 加入皮书俱乐部，免费获赠该纸质图书的电子书
● 免费定期获赠皮书电子期刊
● 优先参与各类皮书学术活动
● 优先享受皮书产品的最新优惠

3. 如何享受增值服务？
（1）免费获赠100元皮书数据库体验卡
第1步 刮开皮书附赠充值的涂层（右下）；
第2步 登录皮书数据库网站
（www.pishu.com.cn），注册账号；

第3步 登录并进入"会员中心"—"在线充值"—"充值卡充值"，充值成功后即可使用。
（2）加入皮书俱乐部，凭数据库体验卡获赠该书的电子书
第1步 登录社会科学文献出版社官网（www.ssap.com.cn），注册账号；
第2步 登录并进入"会员中心"—"皮书俱乐部"，提交加入俱乐部申请；
第3步 审核通过后，再次进入皮书俱乐部，填写页面所需图书、体验卡信息即可自动兑换相应电子书。

4. 声明
解释权归社会科学文献出版社所有

皮书俱乐部会员可享受社会科学文献出版社其他相关免费增值服务，有任何疑问，均可与我们联系。
图书销售热线：010-59367070/7028 图书服务QQ：800045692 图书服务邮箱：duzhe@ssap.cn
数据库服务热线：400-008-6695 数据库服务QQ：2475522410 数据库服务邮箱：database@ssap.cn
欢迎登录社会科学文献出版社官网（www.ssap.com.cn）和中国皮书网（www.pishu.cn）了解更多信息